国家出版基金项目
NATIONAL PUBLICATION FOUNDATION

中国工程院重点咨询研究项目：2020-XZ-13
中国"站城融合发展"研究丛书

丛 书 主 编｜程泰宁
丛书副主编｜郑 健 李晓江
丛书执行主编｜王 静

站城融合之城市设计

Station-city Integration: Urban Design

U0254063

庄 宇 主编
戚广平 王馨竹 副主编

中国建筑工业出版社

图书在版编目（CIP）数据

站城融合之城市设计 = Station-city Integration : Urban Design / 庄宇主编；戚广平，王馨竹副主编 . —北京：中国建筑工业出版社，2022.3
（中国"站城融合发展"研究丛书 / 程泰宁主编）
ISBN 978-7-112-26976-1

Ⅰ. ①站… Ⅱ. ①庄… ②戚… ③王… Ⅲ. ①城市铁路—交通规划—关系—城市规划—建筑设计—研究—中国 Ⅳ. ①TU984.2

中国版本图书馆CIP数据核字（2021）第263761号

　　在我国大力推进"交通强国"战略的背景下，推动铁路车站与周边城市片区的协同发展刻不容缓。本书从城市设计视角，思考如何整合道路（街道）骨架、交通组织、土地利用、建筑实体、公共空间等多个城市形态要素，改变模式化的设计思维，从旅客和市民的视知觉体验和行为活动需求出发，落实车站与城市融合发展的理念、策略和方法，建立整体而非孤立、使用者为本、空间绩效和城市活力为优的设计决策观。

　　"站城融合"，是把交通枢纽和城市机能及其运营作为整体来考虑，通过空间的缝合、功能的混合、运动的整合等城市设计策略，建立站与城之间"或共构、或交织、或叠合"的协同发展关系，形成"安全、紧凑、高效、活力"的共赢目标，并具体落实在车站地区的发展策划、功能布局、运动组织和形态塑造等方面，推动车站地区不仅实现传统意义的交通节点之功用，更促发其实现作为公共生活的城市场所之价值。

　　本书可供城市策划、城市（交通）规划、城市设计、建筑设计、城市管理及相关专业人士作为参考，也可作为建筑、规划高等院校师生的学习参考资料。

策划编辑：沈元勤　高延伟
责任编辑：王　惠　陈　桦
书籍设计：锋尚设计
责任校对：芦欣甜

中国"站城融合发展"研究丛书
丛书主编｜程泰宁
丛书副主编｜郑　健　李晓江
丛书执行主编｜王　静

站城融合之城市设计
Station-city Integration: Urban Design
庄　宇　主编
戚广平　王馨竹　副主编
*
中国建筑工业出版社出版、发行（北京海淀三里河路9号）
各地新华书店、建筑书店经销
北京锋尚制版有限公司制版
北京雅昌艺术印刷有限公司印刷
*
开本：880毫米×1230毫米　1/16　印张：16¾　字数：435千字
2022年6月第一版　　2022年6月第一次印刷
定价：**119.00元**
ISBN 978-7-112-26976-1
　　　（38772）

丛书编委会

研究团队

研究负责人

庄　宇　　　　　同济大学

研究核心团队

戚广平　　　　　同济大学
王馨竹　　　　　同济大学
周玲娟　　　　　华建集团华东建筑设计研究总院
陈　杰　　　　　同济大学建筑设计研究院集团有限公司
吴景玮　　　　　上海同济城市规划设计研究院有限公司
袁　铭　　　　　中铁上海院设计院集团有限公司
唐　颢　　　　　法国阿海普 AREP 设计集团
杨森琪　　　　　同济大学
张迪凡　　　　　同济大学
赵欣冉　　　　　同济大学
陈恩山　　　　　同济大学
张灵珠　　　　　同济大学
吴珊珊　　　　　同济大学

本书由庄宇负责全书的框架构建、审阅和统稿工作

各章撰写人员

第 1、2 章　　　王馨竹
第 3 章　　　　　戚广平
第 4 章　　　　　庄　宇　赵欣冉
第 5 章　　　　　周玲娟　杨森琪
第 6 章　　　　　张迪凡　庄　宇
第 7 章　　　　　庄　宇　陈恩山
第 8 章　　　　　王馨竹

总序

　　在国土空间规划体系改革、铁路网络重构的背景下，我国城市建设和铁路网络建设迎来关键的转型发展期。为促进高铁建设与城市建设的融合发展，2014年国务院办公厅印发《关于支持铁路建设实施土地综合开发的意见》（国办发〔2014〕37号），2018年国家发展改革委、自然资源部、住房和城乡建设部、中国铁路总公司联合印发《关于推进高铁站周边区域合理开发建设的指导意见》（发改基础〔2018〕514号），明确了铁路车站周边地区采用综合开发的方式，希望形成城市发展与铁路建设相互促进的局面。2019年国家发展改革委发布《关于培育发展现代化都市圈的指导意见》（发改规划〔2019〕328号），2020年国家发展改革委等部门联合发布《关于支持民营企业参与交通基础设施建设发展的实施意见》（发改基础〔2020〕1008号），进一步指出都市圈建设中基础设施与公共服务一体化的方向，并在政策层面对交通基础设施的综合开发、多种经营予以支持。在我国建设事业高质量转型发展的背景和政策引导下，"站城融合发展"已成为热点并引发广泛的关注。

　　站城融合发展的重要意义在于它对城市发展和高铁建设所产生的"1+1＞2"的相互促进作用。对于城市发展而言，高铁站点的准确定位与规划布局将有助于提升城市综合经济实力、节约土地资源、促进城市更新转型；对于铁路建设来讲，合理的选址与规划布局可以充分发挥铁路运力，促进高铁事业快速有效发展；从城市群发展的角度来看，高速铁路压缩了城市群内的时空距离，将极大地助力"区域经济一体化"的实现。因此，在国土空间规划体系转型重构和"区域一体化"迈向高质量发展的关键时期，"站城融合发展"的提出具有极为重要的意义。

　　在我国，近年来城市与铁路的规划建设中，已反映出对"站城融合发展"的诸多探索和思考。一些重要的大型枢纽车站的规划建设，已经考虑了与航空、城际交通、城市交通等多种交通网络的衔接，考虑了所在城市区域的经济发展和产业布局的需求；在一些高铁新站的建筑设计中，比较重视站城功能的复合、高铁与城市交通系统的有机衔接，以及站城空间特色的塑造等，出现了一些较好的设计方案。这些方案标志着我国的铁路客站设计跨入了一个新的阶段，为"站城融合"的进一步提升和发展打下了很好的基础。

然而，由于规划设计理念以及体制机制等诸多原因，"站城融合发展"在理论研究、工程实践和体制机制创新等方面，仍存在诸多问题值得我们重点关注：

　　1. "站城融合发展"是一种理念，而不是一种"模式"。由于外部条件的不同，"融合"方式会有很大差异。规划设计需要考虑所在城市的社会经济发展阶段，根据城市规模与能级、客流特点、车站区位等具体情况，因地制宜、因站而异地做好规划设计。"逢站必城"，有可能造成盲目开发，少数"高铁新城"的实际效果与愿景反差巨大，值得反思；至于受国外案例影响，拘泥于站房与综合开发建筑在形式上的"一体"，并由此归结为3.0、4.0版的模式，更容易形成误导，反而弱化了对城市具体问题的分析和应对。因地制宜、因站制宜永远是"站城融合发展"的最重要的原则。

　　2. 交通组织是站城融合发展的核心问题。高铁车站是城市内外交通转换的关键地区，做好高铁与城市交通网络的有效衔接是站城融合的关键。它是一个包含多重子系统的复杂系统，其中有诸多关键问题需要我们通过深入的分析，在规划设计中提出有针对性的解决方案，例如，对于大型站而言，如何处理好进出站交通与城市过境交通分离，就是当前很多大站设计需要解决的一个重要问题。当前，我国城际铁路、市郊铁路已开始进入快速发展的时期，铁路与城市交通之间的衔接将会更加密切而复杂，铁路与城市交通的一体化设计应引起我们更多的关注。

　　3. 对于国外经验要有分析地吸收。由于国情、路情不同，我国的"站城融合发展"会走一条不同的路。尤其是近期，相较于欧洲及日本等国家和地区的高频率、中短距的特点，我国铁路旅客发送量、出行频次、平均乘距特征等差异明显；我国客流在一定时期内仍将存在"旅客数量多，候车时间长，旅行经验少，客流波动大"的特点。这些，将在很长一段时期内继续成为我们规划设计中必须考虑的重要因素，因此，我们不能简单套用国际经验，必须结合自身情况，研究适合我国"站城融合发展"特征的规划设计理论，并在实践中不断探索创新。

　　4. 对于大型站，特别是特大站而言，"站城融合发展"带来比过去车站更为复杂的建筑布局，以及防火、安全等更多棘手的技术问题。在建筑设计中，需要针对具体条件和场地特征，在站型设计、功能配置、空间引导，以及流线细化等方面，突破经验思维的惯性，有针对性地开展精细化设计，探索富有前瞻性、创新性的设计方案。例如，重视建筑空间的导向性以及标识系统的设计，更细致地思考出入站旅客的心理需求和行为方式，就是目前大型铁路客站建筑设计中需要关注的一个问题。

5. 在国家"双碳"目标的重大战略指引下，铁路站房综合体建设的节能节地问题亟需引起关注。在规划设计和站型选择上，需要研究探索站房站场的三维立体、多业态复合等设计方法，以达到集约高效的目标；在节能技术方面，需结合站房建筑体量巨大等特点，有针对性地开发相应的技术和新能源材料，以满足不断更新的站房建筑的设计需求。

6. "站城融合发展"需要以科学、务实的上位规划为基础，开发强度应避免盲目求大；同时，规划要有时序性，注意"留白"，避免由于"政绩观"导致的"毕其功于一役"的思想和做法，致使大量土地和建筑闲置。规划设计需考虑近远期结合，以形成良性的可持续发展态势。

7. 高铁站房综合体不仅是城市重要的交通节点，也是城市人群活动聚集的场所，承担着文化表达、商务服务和城市形象等功能。因此，结合城市的特色与文脉，打造彰显地域文化的城市空间，是提升客站建筑品质的重要指标。铁路客站建筑设计已不是一个单体的立面造型问题，而是一个空间群组的建构。设计中要充分考虑城市整体空间形态、山水特征和文脉转译，通过建筑创作的整体思考，形成站域空间和文化特色的深度融合。

8. "站城融合发展"需要铁路与城市部门的密切合作和市场化机制的引入。目前，铁路枢纽规划由铁路部门主导，城市规划则由地方政府主管，由于两者目标的差异性和建设周期的不匹配，以及相关法律和技术准则等协调机制的缺乏，两项规划有时会出现脱节。由此所引发的诸如车站选址、轨顶标高确定等一系列问题，为后期实施中的合理解决增加了难度。由于部门界限，车站建设和周边开发往往强调边界切割；市场化运营机制不够完善，也不利于形成有效的多元投融资和利益分配机制，使得我国更好实现"站城融合发展"步履维艰。因此，通过体制机制创新和市场化机制的探索，使有关各方的利益得到平衡，形成多部门协作的规划建设运营模式是站城融合能否得到良性健康发展的关键。

"站城融合发展"是一个复杂的巨系统，整体性思维极其重要。在规划、建设、运营的各环节中，都需要从"站城融合发展"的理念出发，进行综合整体的思考。应该说，"站城融合发展"是一个既复杂、同时也有着巨大探索空间的命题；特别是这一命题所具有的动态发展的态势，需要我们在理论研究和工程实践中不断地进行思考、探索和创新。

针对"站城融合发展"相关问题，中国工程院于2020年立项开展了重点咨询研究项目《中国"站城融合发展"战略研究》（2020-XZ-13）。研究队伍由中国工程院土木、水利与建筑工程学部（项目联系学部）和工程管理学部的8名院士领衔，吸收了来自地方和铁路方的建筑、规划、土木、交通、工程管理等学科和领域的众多专家，以及中青年优秀学者参加。研究成果编纂成丛书，分别从综合规划、交通衔接设计、城市设计和建筑设计等不同角度阐述中国的站城融合发展战略。希望本丛书的出版，能为我国新时期城市与铁路建设的融合发展提供思考与借鉴。

程泰宁

2021年4月

前言

　　铁路车站在城市中大多扮演着重要的角色，特别是在大中城市，车站往往带给人们第一印象而成为城市门户。近年来，各地纷纷修建了令人耳目一新的铁路车站，车站建筑和站前广场彰显了宏大的气势，也为人们快速出行提供了便利，但同时，车站地区似乎少了城市中那些亲切宜人的尺度和场景，缺乏让人们驻足停留或小憩或闲聊的地方，成了一座单纯承载交通功能的孤岛式街坊，从城市中游离出去。铁路车站和城市的关系是否可以更加紧密，使车站地区成为城市公共生活的一部分，这样的疑惑正是本书所希望去探索的。

　　2019年底，我们很荣幸应邀参与了中国工程院院士、全国工程勘察设计大师程泰宁先生和中国国家铁路集团有限公司郑健总工程师主持的中国工程院重点咨询研究项目——《中国"站城融合发展"战略研究》，承担其中城市设计领域的工作。同济大学课题组通过对全球80多个铁路车站地区展开了研究剖析，并结合国内开展的部分铁路车站地区城市设计和"站城一体化"工程项目，思考在我国铁路和城市运行的实际情况下，如何建构城市设计对策实现"站城协同发展"的目标，本书即是研究成果的小结。

　　我国地域幅员辽阔，铁路线网随着国家战略规划在不断发展，而车站也需要服务于经济发达地区和边远地区城市的不同诉求，因地制宜地建立站城关系。在当前我国大力推进"交通强国"战略的背景下，推动铁路车站与周边城市片区的协同发展刻不容缓。城市设计的工作是把包括车站在内的多个组成部分作为一个整体来研究，思考如何整合道路（街道）骨架、交通组织、土地利用、建筑实体、公共空间等形态要素，改变站与城各自独立的观念和设计工作中的模式化思维，从旅客和市民的视知觉体验和行为活动需求出发，落实车站与城市融合发展的理念、策略和方法，建立"整体而非孤立、以使用者为本、空间绩效和城市活力为优"的设计决策观。

　　"站城融合"的观念，正是把交通枢纽和城市机能及其运营作为整体来考虑，通过站城间运动的整合、功能的混合、空间的缝合等城市设计策略，建立站与城之间"或共构、或交织、或叠合"的协同发展关系，达成"安全、紧凑、高效、活力"的站城共赢目标，并具体落实在车站地区的发展策划、功能布局、运动组织和形态塑造等方面，从而推动车站地区不仅实现传统意义上的交通节点之功用，更促发其实现作为公共生活的城市场所之价值。

如何处理站城关系，以实现"站城融合"的目标，已然成为当下城市设计的一项工作重点。今天，我国的大量实践已印证了这项工作的实效，即通过整体地研究和组织不同城市要素之间的空间关系来实现地区的价值。探讨"站城融合"，是要探索站与城整体效应的最大化，而不是其中单方利益或效率的最大化，更不是"因此伤彼"的利害冲突，同时，"站城融合"更需要探索站和城如何在互动中激发和创造新的价值。

本书以"站城融合"观念和整体思维为线索，从车站地区的现状问题切入，归纳了站城要素构成及其组织关系和模式，并结合大量国内外案例，通过实景、图解和图示，探讨了车站地区的目标策划、功能布局、动线组织和形态塑造中的城市设计对策，推动车站地区融入城市并发挥更高价值。希望本书的出版能有助于在不同城市需求和车站布局条件下，推动多模式的站城关系在实践上的探索，也促进有条件的铁路车站能超越"快进快出的交通中心"，兼顾"城市生活发生器"之角色，在特定情况下，车站地区可以担纲成为"城市公共生活的中心"。

限于作者的水平和知识结构的局限，书中难免有谬误之处，也恳请读者们批评指正，以便加以修正、完善。

本书可供城市交通规划建设的主管部门、项目建设运营管理部门在相关研究决策时参考，也为从事铁路客站相关规划设计工作的工程技术人员提供较为实用的参考资料，还可作为规划、建筑、交通专业在校学生以及其他有兴趣的读者业余阅读了解。

2021年10月

目录　Contents

1

第1章
站与城

1.1
城市演进中的铁路及轨道交通发展趋势

1.1.1 城市间联系的加强与高铁、城际和市郊铁路的大发展

1）作为城市群联络网的高铁和城际铁路

1961年，法国地理学家简·戈特曼（Jean Gottmann）在《大都市带：城市化的美国东北海岸》（*Megalopolis: The Urbanized Northeastern Seaboard of the United States*）一书中用"megalopolis"一词描述美国东北部从波士顿绵延至华盛顿的大都市带（又名波士华走廊，Bos-Wash Corridor），用以指代城市的集群网络。集群网络中的城市通过互联互通、分工协作和资源的合理配置可以发挥出"1+1＞2"的整体优势，往往是国家乃至世界的核心区域。世界级的城市群有美国东北部大西洋沿岸城市群、北美五大湖城市群、日本太平洋沿岸城市群、英国中南部城市群、欧洲西北部城市群和我国的长三角城市群等。

2019年2月，我国国家发改委印发《关于培育发展现代化都市圈的指导意见》，指出城市群是新型城镇化主体形态，是支撑全国经济增长、促进区域协调发展、参与国际竞争合作的重要平台。除了以建设世界级城市群为目标的京津冀、长三角和粤港澳大湾区之外，中西部地区一批城市群也开始崛起，如长江中游、成渝、中原等，成为优化全国经济布局和支撑区域发展的主阵地。从世界和我国的城市演变和发展需求来看，城市未来的分工合作和集群化将进一步加强。

城市之间的合作强化了区域的整体竞争力，产业链在城市间的布局也增强了城市间的互联互通，这些联通又得益于交通工具的不断提速和交通网络的日渐完善。联通城市的交通方式有铁路、公路、水运和航空等。其中水运由于运量大、运速慢，多用于货运；航空曾作为"空中巴士"而获得一部分高端旅客的青睐，但运量小和登机转机耗时较长等特点使其在近距离的城市交通中缺乏竞争力。因此，在现代化的经济运行、人和信息的流通愈显重要的今天，公路和铁路成了城市群内部主要的交通方式。

这二者之间，铁路相较于公路的综合优势非常突出：运力大、运速快、运行稳定、经济便捷、绿色环保，因此在欧洲和日本的城市群中，铁路构成了联结城市的主要动脉（美国由于早期城市规划以公路为主，铁路系统远弱于公路系统，加上汽车工业发达、居民出行习惯等诸多因素，城市群内交通更多使用小汽车）。自铁路诞生200余年来，其运行时速从早期蒸汽火车的45km到现在高速铁路普遍达到200～350km，城市间的时空距离大为缩短，经济文化交流日益密切，乃至出现一体化的趋势，铁路的主要职能也从远距离、长时间出行为主转变为以当日往返的差旅和通勤为主。

以发展最早、城镇密度最高的英国中南部城市群为例，这是一个由诸多更小城市带或都市圈，如利物浦—曼彻斯特城市带、伯明翰都会区和伦敦都会区等集合而成的一个大型城市圈。干线铁路（Mainline，大部分是高速，类似于我国的城际铁路）将这些更小的城市带和都市圈串联在一起，使得相邻大城市的旅程短至1小时至半小时内；即使跨越多个城市，比如从最南端的伦敦到最北端的利

兹，也只需要2小时，完全满足日常和商务往来的需求。自从"欧洲之星"开通了从伦敦圣潘克拉斯车站前往布鲁塞尔和巴黎的线路后，跨国旅程缩短到2小时左右，从而连接了原本因英吉利海峡而分隔的英国中南部与欧洲西北部两大世界级城市群，并大大增加了欧洲传统发达区域的经贸合作和民间往来，促进了欧洲经济一体化、提升了欧洲的综合竞争力（图1-1）。

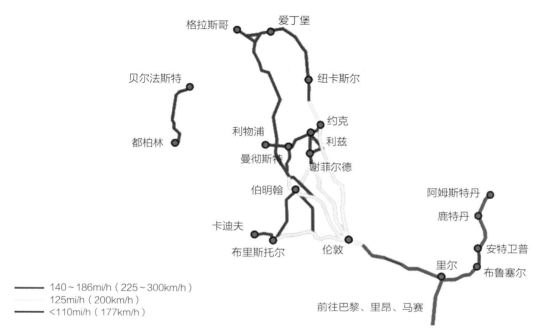

图1-1　英国已运行的高速铁路

2）作为城市通勤网的市郊铁路

在城市带和都市圈中，主要经济活动和工作机会都集中在大城市中心，而郊区的小城市和村镇由于较为低廉的房价则成为一般市民居住的场所，市郊铁路（Suburban rail，又名区域铁路，Regional rail）铁路可以方便地从干线铁路换乘，同时又具备站线分布广泛、站点密集的优点，从而方便居住在郊区小城镇中的市民去邻近的中心城区上班。

对于单一大都市圈来说，有一个较为明确的核心，市郊铁路从周边市镇汇集而来，与城市内部的轨交系统互通互联，形成由市郊铁路和城市铁路（Urban rail）共同组成的密集通勤铁路网。对于拥有多个中心城市的城市带而言，市郊铁路往往串联在一起，沟通起大城市间的多个市镇，也发挥着近似城际铁路的功效。名义上，市郊铁路联系的是单一城市的郊区和中心，但在现实使用中，许多市郊铁路已经超出了行政上划分的市区范围，事实上模糊了传统行政区划，消弭了地理空间隔阂。

都市圈的典型代表是伦敦都会区（London metropolitan area），又名伦敦通勤带（London commuter belt），其边界随着通勤距离的增加而扩大，范围超出了行政区划概念中的大伦敦（Greater London）（图1-2），相比未被通勤线路覆盖的大伦敦郊区，一些大伦敦之外却位于通勤线路上的小城镇反而与伦敦的联系更为紧密。有时候，多个城市间的通勤铁路会联系在一起。

城市带的一个例子是利物浦—曼彻斯特—利兹—谢菲尔德城市走廊，其中赫布登里奇（Hebden Bridge）虽然隶属于利兹所在的西约克郡，但乘坐直达火车前往曼彻斯特的通勤时间更短，因此镇民

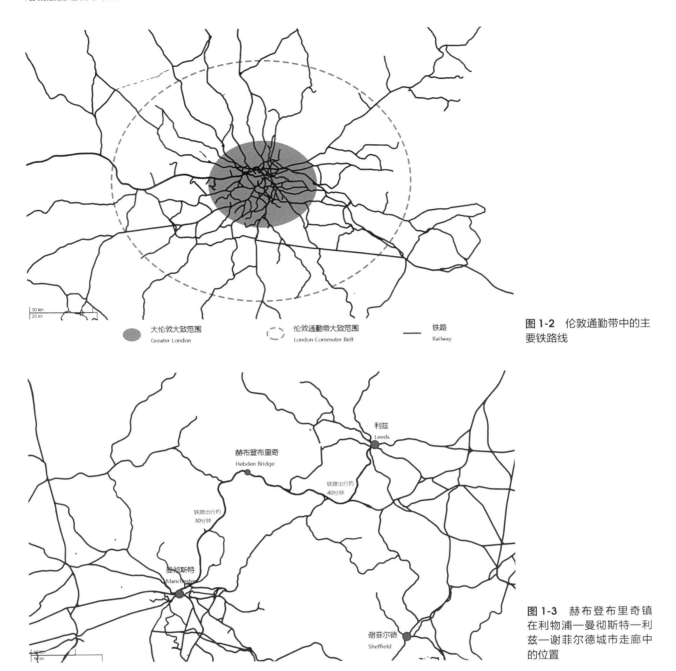

30 km
20 mi

⬤ 大伦敦大致范围　　　⬭ 伦敦通勤带大致范围　　　— 铁路
Greater London　　　　　London Commuter Belt　　　Railway

图1-2　伦敦通勤带中的主要铁路线

利兹
Leeds

赫布登布里奇
Hebden Bridge

铁路出行约
40分钟

铁路出行约
30分钟

曼彻斯特
Manchester

谢菲尔德
Sheffield

图1-3　赫布登布里奇镇在利物浦—曼彻斯特—利兹—谢菲尔德城市走廊中的位置

可以更方便地选择在利兹或是曼彻斯特工作（图1-3）。市郊铁路串联起许多与赫布登布里奇类似的小镇，使得现实生活中该城市走廊的城市边界范围变得难以界定，这也意味着城市间的互动变得更加日常和频繁。

　　与欧美和亚洲一些发达国家和地区的城市群普遍采用铁路通勤的情况相比，在21世纪之前，我国较低的城镇化水平、较小的城市建成区使得铁路通勤缺乏存在的必要，低速低频的普快列车也不具备通勤能力，铁路出行以长途差旅为主。近十余年来，我国铁路建设和城镇化同时获得飞速发展：2007年铁路第6次大提速开通动车组，主要干线时速达到200km；从2008年开通第一条具有自主知识产权和国际一流水平的高速铁路——京津城际铁路，到2018年的十年间，高铁运营里程翻了44.5倍，达到3万km；2018年的全国城镇化率达到59.58%，东部沿海发达地区则普遍达到80%以上，逼近发达国

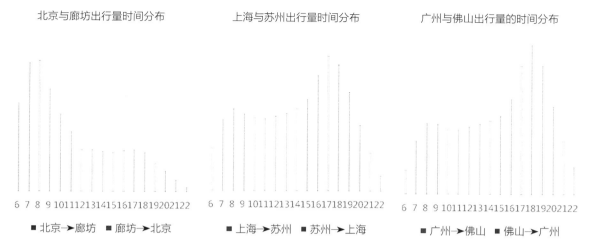

图 1-4　北京—廊坊、上海—苏州、广州—佛山出行量时间分布 [1]

家水平，并出现明显的郊区化态势（郊区人口增幅大于老城区人口增幅）。由于户籍、住房、租金等因素，越来越多的人选择居住在郊区或相邻的城市，从而催生了铁路通勤的需求，京津冀的北京—廊坊、长三角的上海—苏州和粤港澳大湾区的广州—佛山均存在由通勤构成的潮汐出行现象，从通勤量来看，北京—廊坊、广州—佛山已经完成了实质性的一体化（图1-4）。

　　然而，尽管乘坐高铁往来以上三组城市的时长都在短短的20min左右，铁路通勤方式仍未成为当前的主流，这与站线分布、站点密度、发车频次、价格、购票和换乘便利程度等因素有关。客观来看，尽管我国铁路总里程和运行速度都位居世界前列，但巨大的国土面积和人口总量使得运输压力巨大，迄今为止的铁路建设还是优先满足长途客货运输，尚不足以全面开展通勤业务，铁路系统的完善还需要时间和思路转型。《关于培育发展现代化都市圈的指导意见》指出，都市圈是城市群内部以超大特大城市或辐射带动功能强的大城市为中心、以1h通勤圈为基本范围的城镇化空间形态。通勤距离决定了都市圈的大小，意味着中心大城市对周边地区的辐射能力，从而奠定了都市圈发展的潜能。目前，北上广深通勤半径在30km左右，与东京和纽约的50km有相当差距（图1-5），更不及伦敦约70km的通勤半径，这些区域已经建设起相对密集的铁路网，依托铁路网扩展通勤圈、疏解市中心压力、促进都市圈资源共享、重塑城市群分工合作和协同发展的格局是未来大势所趋。

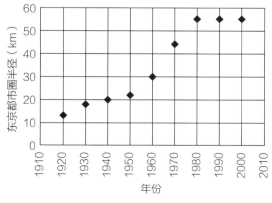
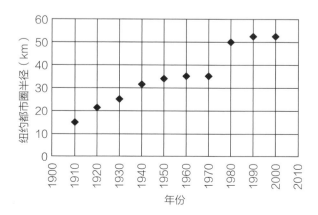

图 1-5　东京都市圈（左）和纽约都会区（右）长轴半径的演变 [2]

1.1.2 城市扩张与城市轨道交通的大发展

1）城市扩张促进城市轨道交通网络蔓延

城市扩张（Urban sprawl，又名城市蔓延）并非城市化的同义词，但它几乎是快速城市化的必然结果。在一个高速发展地区或国家里，城市发展不可避免。为容纳日益增加的城市人口，城市建筑面积必将提高。如果通过建成区再发展所能增加的建筑空间不能满足城市发展的需要，城市将不可避免地扩大其边界，或在城外建新城，或两者兼而有之[3]。20世纪50年代开始，第二次世界大战后经济和人口复苏的欧美国家和日本陆续开始了城市重建与扩张，表现为城市建筑的增加、边界的扩大和郊区新城/卫星城的发展。科技大爆炸和经贸全球化不仅为发达国家、同样也为发展中国家的城市创造了大量机会，吸引大批农村人口转化为城市人口，引发巨大的建筑与土地需求，造成世界范围内的城市扩张浪潮并持续至今。

城市扩张客观上促成了城市轨道交通网络的扩大和蔓延。作为古老的地铁（Underground）的补充，伦敦陆续开通港区轻轨（DLR）和地上铁路（Overground）。巴黎通过RER计划开通5条区域快铁，将郊区线路与市中心地铁新建部分相连，并重新利用起历史悠久的电车轨道。"二战"前，东京仅有银座线一条地铁，战后通过新建、重组构建起世界上最广泛的城市铁路网络（含国铁即JR线、私铁和地铁），在1987年和2004年先后完成了国铁分割民营化和营团地铁民营化；香港从1975年开始兴建地铁，2007年与九广铁路合并为港铁（MTR），今天拥有11条重铁和1条轻铁。

2）城市的无序蔓延和 TOD 理论的诞生

剧烈的城市扩张也带来许多负面影响，1960~1990年，美国的城市人口密度下降了20%，加拿大下降了33%，西欧国家下降了30%，澳大利亚下降了32%，日本由于人多地少，城市人口密度下降不到18%[3]，意味着城市土地扩张的速度远远快于城市人口增长的速度。人口在城市中分布并不均衡，大部分的工作机会并未迁出，尤其是服务业仍在市中心集聚。老旧的城市中心因建筑面积和基础设施无法满足大量涌入的人口，从而导致环境、健康、安全和交通的恶化的同时，郊区和新城却面临着人员稀少、产业衰退、设施匮乏、土地荒废等问题，局部甚至出现了收缩现象；城市面积的扩大加剧了人员的流动和交通的负担，尽管城市轨道交通随着城市扩张而扩张，却仍远远赶不上日益高涨的出行需求，小汽车使用数量激增，城市道路虽然也在蔓延和拓宽，道路系统和管理能力都在提升，却无力缓解城市拥堵问题。

针对城市过度扩张和土地利用效率低下问题，1993年，新城市主义学派代表人Peter Calthorpe在其著作《未来美国大都市：生态·社区·美国梦》中提出以TOD（Transit-oriented development）替代郊区蔓延的发展模式，倡导以公共交通枢纽和车站为核心，倡导高效、混合的土地利用（图1-6）。公共交通包括城市轨道交通和公共汽车，其中，城轨因运输量大、准点率高等优点又得到了更大的利用。依托完善和便捷的城市公共交通站点进行开发建设，不仅有助于优化城市空间和提升土地价值，也能够舒缓小汽车造成的交通压力和环境问题，符合健康城市、低碳城市和步行城市等理念。

相比以小汽车交通为主的美国，TOD理论在人口密集、资源紧张、对公共交通依赖程度较高的亚

洲城市得到了迅速而广泛的应用，在轨道交通
发达的欧洲也产生了许多实践。事实上，早在
TOD理论诞生之前，亚欧早已自发开始了依
托站点的混合开发进程，典型有日本的站城一
体开发和港铁（MTR）的"地铁+物业"模式。
如今，TOD也成为中国交通与城市规划、建
筑设计和地产开发领域的热门词汇，但在具体
实践中却独具本国特色。这是因为发达国家的
许多非核心城市在20世纪90年代左右时已渐
渐失去扩张动力，而且城市轨道交通建设已趋
成熟，TOD建设主要是利用或改造现有的轨

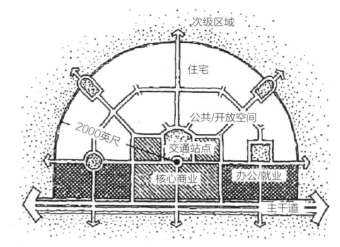

图 1-6 TOD 典型布局模式 [4]

道和车站地区，以缓解此前城市盲目扩张造成的郊区空心化等弊病；而我国内地到2000年也只有北
京、上海、广州3个城市开通了城轨，经过20年扩展到了40多个城市，总里程超6000km，但大部分
城轨仍处于建设和完善中。我国的轨道交通和车站站点周边项目的建设往往是同步规划进行的，并事
实上助长了城市扩张。

1.1.3 大铁、小铁与城市的关系

1）大铁与小铁的关系

高铁、城际铁路、市郊铁路等主要承担的是城市与外部互通人员和资源、平衡流入和输出的通道
职能，在下文中简称"大铁"；城市轨道交通是城市内部联系、调节资源配置的重要脉络，在下文中
简称"小铁"。目前，由国家铁路局直接管辖"大铁"，由地方政府管辖以地铁为主的"小铁"。

在过去很长一段时间内，中国的大铁以城市间的中长途旅行为主，小铁以城市地铁为代表，在使
用上是泾渭分明的，但近年来新建的一批以中短途城际、城郊线路，在管辖归属和实际建设、命名和
使用中却存在交叉，让旅客难以区分。比如温州市域铁路S1线以及上海的嘉闵线、机场联络线都是完
全按照城市轨道交通模式来审批的，却参照国铁技术制式来建设。浙江杭州、金华、宁波、台州地区
的市域轨道交通则正好相反，杭州地铁16号线原名杭临城际铁路，联系的是同属杭州市的临安区和余
杭区，广佛地铁又名广佛线或佛山地铁1号线，联系的却是广州和佛山两个城市。这些混淆使得大铁
和小铁之间的界限变得模糊。

事实上，城际铁路由于其区域性一般被划分为地方铁路，但其本质仍是由国家铁路局直接管辖的
国家铁路，只不过不是干线而是支线，列车为G/Z/T/K字头，实际使用中与干线铁路无异，应该归入
大铁一类；而按照我国的城市轨道交通制式分类，市域快轨与地铁、轻轨、单轨、有轨电车、磁浮、
自动导向轨道属于同类，是小铁。

在欧美和日本的一些城市中最早出现大铁、小铁交混的情况。铁路通勤化导致其功能部分与城轨
重合，私有制的铁路和城轨运营交混，在实际使用中常常出现互通、并行、共用轨道和站台等现象，
与此同时，统一的购票系统和便利的换乘让旅客难以严格区分大铁与小铁。可以预见，未来在我国

主要的城市群区域，城际铁路、市域快轨也将承担起城市间越来越频繁的中短途商旅、通勤往来的重任，随着城市群联系和都市圈一体化程度的进一步加强，城市边界进一步模糊，大铁和小铁之间有可能实现低障碍甚至无缝连接。

2）大小铁与城市的空间关系

从与城市的空间关系来看，我国早期布局的铁路线往往深入城中心或穿城而过，便捷的铁路交通为城市注入了生机，支持了快速城镇化，但孤立的站房和铁轨也造成了中心城区的空间割裂和动线混乱，难以获得更高层次的发展。近年来，我国新规划和修建了大量高铁，由于改造市中心的高成本和动迁阻力，除了部分利用城市中心现有站线进行改造的，大多数高铁都从城市边缘经过，在一些中小城市甚至是从极度偏远的郊野绕过。不同的铁路建设思路导致铁路车站分为两种典型：以早年普通火车站为主的中心型和近年高铁站为主的边缘型。

为了避免对城市空间的阻断，小铁多采用地下或高架形式，以放射网+环状覆盖全城，市中心相较于郊区，站线更加密集。越是重要的城市区域，越是多股小铁站线的交会地，铁路车站作为城市间往来互通的重要节点，大量人流于此集散，因此无论中心型还是边缘型，往往是多条城轨线路交会的地点，铁路车站从而成为联通大铁与小铁的核心节点。如此重要的节点属性使得铁路车站交通价值凸显，大铁与小铁之间的换乘流线的优化，旅客的快速集散成为铁路车站的建设重点，从宏观上看，强化节点属性有利于城市内外要素流通，但也不应片面追求交通流动的最大化而忽视铁路车站对城市发展的引导作用以及车站地区自身的发展。从国内外发展历程来看，车站地区的价值侧重一直在发生着变化。

1.2 国内外城市发展历程中的车站地区

1.2.1 国外站城区位关系的演变

1）铁路诞生初期

19世纪初，在蒸汽机车改良的背景下，英国诞生了现代铁路运输。设计之初被用于运输煤铁矿石等的斯旺西和蒙布利铁路（Swansea and Mumbles Railway）于1807年开始载客，成为世界上第一条提供客运服务的铁路，位于斯旺西的芒特火车站（The Mount Railway Station）也成为有记录最早的火车站。大洋彼岸的美国于1827年运行了第一条客货两运线路——巴尔的摩和俄亥俄铁路（Baltimore and Ohio Railroad），1830年建造了第一个车站克莱尔山站（Mount Clare Station）。欧美在19世纪三四十年代相继开始了铁路建设，早期的铁路短小，连接矿山、港口、运河等，有载客功能的火车站位于线路中间，仅仅是一个站台，与城市毫无联系。

2）铁路大发展时期

19世纪中叶的铁路大发展时期（英国相对其他主要欧美国家的铁路发展时期要早20～30年），站城区位关系的显著特点是车站由城市边缘向城市中心移动，但具体造成这一现象的原因分两种：一种是车站选址偏远造成使用不便，从而废旧站、建新站；一种是由于在车站与城市中心之间形成了新的城市发展轴，城市用地以新轴线为骨架迅速蔓延，原本位于城市边缘的车站逐渐融入城区，成为城区的一部分[5]。

废旧站、建新站的现象主要出现在最早一批铁路城市：1830年开放的英国的利物浦皇冠街火车站（Crown Street Railway Station）是世界最早的城际客运终点站，但它离市中心太远，在1836年后建于市中心附近的利物浦石灰街火车站（Lime Street Railway Station）开设后便停止了客运服务；位于同一铁路线另一终端的曼彻斯特利物浦路火车站（Liverpool Road Railway Station）离曼彻斯特市中心也有一定距离，靠马车提供接送服务保留客运功能至1844年，被市中心北部的曼彻斯特维多利亚车站（Manchester Victoria Station）取代。1852年，美国的巴尔的摩和俄亥俄铁路公司（B & O）在巴尔的摩市中心南部建设卡姆登车站（Camden Station）以替代克莱尔山站的旅客服务。

车站地区从城市边缘自然融入城区的现象主要出现在扩张迅速的城市：伦敦早期的三个终点站伦敦桥站（London Bridge Station, 1836）、瓦工武器火车站（Bricklayers Arms Railway Station, 1844）和滑铁卢桥站（Waterloo Bridge Station, 1948，今天的伦敦滑铁卢车站）建于泰晤士河南岸，密集的铁路网带动了南岸的发展，促使北岸的伦敦中心城区沿桥梁和铁道线向南蔓延。为了调和美国各铁路公司都在城市建造各自车站的局面，1851年和1853年，世界上最早的联合车站（在1948年铁路国有化之前，英国事实上存在多家运营商共同运营的车站，被称为Joint Station，但提及较少，远不及美国的Union Station）——俄亥俄州的哥伦布联合车站（Columbus Union Station）和印第安纳波利斯联合车站（Indianapolis Union Station）先后建成，但南北战争刺激铁路运输带动城市飞速发展，车站地区成为越来越拥挤的中心地带，反而造成了交通拥堵，甚至不得不通过轨道上架/下沉和车站迁移的方式来解决问题。

3）铁路车站建设全盛时期

19世纪末到20世纪上叶，为承载日益增长的旅客数量，并解决位于早期中心城区火车站规模小、数量多、分布零散的问题，一批中央车站、火车总站涌现在各大城市中，它们多采用维多利亚风格，宏大壮丽，追求纪念性，被福楼拜称之为建筑奇观（Architectural Wonders）[①]。今天欧美的主要、重要车站在这个时期基本成型，亚洲的日本在明治维新后，通过铁道国有化迎头赶上。这批车站有些建于紧邻中心城区的开发延展地带，如：1860年，伦敦维多利亚车站（London Victoria Station）在伦敦西区西敏大教堂附近开放；1874年，利物浦市区东侧的利物浦中央火车站（Liverpool Central Railway Station）取代市区西不便对外的布伦瑞克火车站（Brunswick Railway Station）开放；1888年，当时世界上最大的法兰克福火车总站 [Frankfurt（Main）Hauptbahnhof] 在城区西侧建成。有些建于旧火车站地区或老城区的贫穷地块，如：1906年，汉堡中央火车站（Hamburg Hauptbahnhof）合并了市中心的几个小车站；1907年，华盛顿联合车站（Washington Union

---

① "Railway Stations: Go into ecstasies over them, and cite them as architectural wonders." ("Gares de chemin de fer: S'extasier devant elles et les donner comme modles d'architecture.")—Flaubert, *Le dictionnaire des idées reçues [The dictionary of received ideas]*

Station）占据了国会大厦北侧的一个贫困社区；1914年，皇居和银座之间的东京站开业；1925年，芝加哥联合车站（Chicago Union Station）取代旧同名车站在城市中心运行。由于其各自的核心枢纽地位，这批车站所在区域迅速成为新的城市中心区。

4）两次世界大战之后

两次世界大战对欧洲的城市和铁路系统造成重创，汽车产业和航空运输的发展又使得欧美铁路客运发展缓慢；车站对城市发展的消极作用更加显现，城市向新区发展蔓延，车站所在的旧城市中心衰弱下去。

20世纪中叶的车站建成数量不多，建筑空间设计偏重务实，由于引入了城市功能和整合了交通换乘，车站与城市获得了较好的融合，典型例子是荷兰的鹿特丹中央车站（Rotterdam Centraal station，1957）。在百废待兴的日本，铁路及车站的重建、改建和扩建反而蒸蒸日上，成为带动战后日本经济恢复和高速发展的重要动力，1964年，世界第一条高速铁路日本东海道新干线运营成功，随后欧洲多个国家［法国（TGV）、英国（APT）、德国（ICE）等］都修建了高速铁路。铁路技术的进步加上小汽车造成的交通、能源和环境问题使铁路再度获得青睐，站城一体开发使得车站地区重新焕发活力。

国外发达国家地区的站城区位关系演变过程可大致归纳为：边缘—中心（铁路车站引导城市扩张）—中心衰落（城市发展重心转向郊区）—中心复兴。

1.2.2　国内站城区位关系的演变

1）中华人民共和国成立前

中华人民共和国成立前，我国的火车站多是由西方国家在我国开埠城市修建，著名的有1899年德国在青岛城区西侧海岸线边修建的青岛站，1903年法国在汉口城区北沿的京汉街建成的大智门站——后更名汉口火车站（旧址），1906年英国在北京东城区前门大街建成的京奉铁路正阳门东车站。当时我国的城市规模有限，并且受到同时代西方国家建设车站思路的影响，车站与城市中心联系密切。

2）中华人民共和国成立后的站城区位关系

中华人民共和国成立后，铁路车站在国内的演变进程经历了四个阶段：作为城市大门的铁路车站1.0阶段、作为交通枢纽的铁路车站2.0阶段、作为综合枢纽的铁路客站3.0阶段、作为交通的综合体铁路车站4.0阶段[6]。

第一代铁路车站以1959年竣工的北京站为代表，取代了城中的正阳门东车站，大面积铺开在城东，形成影响深远的"铁路站场+旅车站房+交通广场"三要素模式。1974年建成的广州站和1976年建成的长沙站分别位于城北和城东的边缘地带。

改革开放后到21世纪前，第二代铁路车站多是在城市中心的旧车站的基础上重建或改扩建，经典之作是1987年在原上海东站位置重建的上海站，位于闸北区（今并入静安区），采用"南北开口、高架候车"的线上式，从而节省了用地、缩短了流线。相似的还有1988年改扩建的天津站和1999年改扩建的郑州站。此外，1996年建成的北京西站是新建车站，但也位于当时已经向东西两侧延展的北京主城的丰台区内。这期间，靠近城市中心的第一、二代车站方便旅客出行，辅助了中国的城镇化进程，但也造成了中心城区环境的拥堵、混乱和品质低下。

因此，21世纪发展起来的第三代高铁车站，纷纷建于城市近郊，如2009年启用的武汉站、2010年建成的上海虹桥站和广州南站，离城市中心约10～20km。此时，中国城镇化快速发展、城市迅速扩张，这批车站与原来的城市中心之间开始形成新发展轴。之后，在一些中小城市兴起的高铁车站更加远离城市（图1-7）。正在建设的第四代高铁车站如北京城市副中心通州站、广州白云站、杭州西站也多位于城市边缘。

总体来说，我国的站城区位关系演变过程是：边缘—中心—边缘。

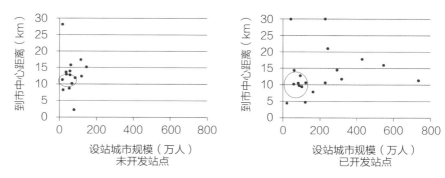

图1-7 京沪线、武广线未开发和已开发站点散点分布（除超大城市站）[7]

1.2.3　国外车站地区城市建设或更新的经验和教训

从国外车站地区的城市建设和更新历史来看，对我国的车站地区开发主要有两个方面的启示。

1）铁路车站与城市区位关系处于变动中

事实上，大部分新建铁路车站，由于高昂的地价和动迁成本，都不是位于当时的城市中心的。国外的主要车站大多集中出现在19世纪中叶到20世纪上叶，绝大部分选址都位于当年规模尚小的城区边缘，既能够方便市民乘坐，又能够有足够的空间建设得富丽堂皇。在随后城市扩张的趋势下，临近中心城区的车站地区很快变为城市的新中心，稍远的车站则很快与城市中心连接成为城市扩张的发展带，在当时是有利于城市的发展的（图1-8）。

对于具有相当规模的铁路车站而言，其选址应该依从城市的整体规划，符合城市扩张的一般规律。如果车站过度中心化，会造成许多城市问题，一方面轨道和站房割裂了城市的蔓延，另一方面也极易造成老城区的拥堵和破败，后续往往要通过城市更新来解决问题。相对应地，当车站与城市中心过度疏远时，会导致车站地区与中心城区缺乏互动，除了交通功

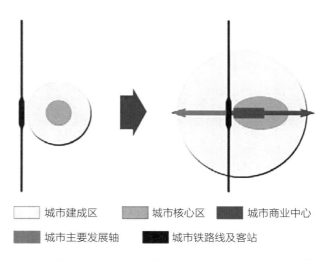

□ 城市建成区　　■ 城市核心区　　■ 城市商业中心
■ 城市主要发展轴　　■ 城市铁路线及客站

图1-8 城市单中心发展阶段铁路客运枢纽与城市发展的关系[8]

能之外的其他城市功能较难发展起来，对城市发展的引导作用微弱。一般来说，临近城市中心的发展带上的铁路车站，能有效地实现车站地区与中心城区的联动，多个车站联动还能够构建起城市运行的大动脉，对城市的运行起积极作用。

在我国，既有城市中心的老旧车站地区的环境破败、交通混乱等问题，又有新建高铁站远离城市中心、过度超前城市发展导致高铁新城空置的问题。对于规划中和未来要建的新站，选址应更为慎重，由铁总和地方政府共同商议、科学决策，对于已建成或在建车站，则要通过城市规划与设计手段削弱目前的不利影响。

2）站城融合是一个动态的过程

任何一个国家的车站和城市，并非从一开始就是融合的，也并非总是融合的。历史上，欧美铁路车站建设最辉煌的时期，站与城的关系反而是割裂的，车站被塑造成一个个令人称奇的建筑奇观，但奇观的背后是对中心城区发展的阻碍。战争对铁路和经济的破坏，使得战后的新建车站更注重实际使用而非建筑形象。近年来，各国对车站地区的城市更新聚焦于将原本封闭的车站空间打开，与城市空间互通互联形成城市的客厅或走廊，引入城市功能从而打造城市生活中心，借此带动车站地区的复兴和发展。

诚然，目前我国的站城共同发展程度不高，远远落后于日本和欧洲，也不及美国的部分站点。但是，除了部分由于我国特殊国情导致的问题，站城目前不融合的主要原因在于我国铁路和铁路车站建设的起步较晚和过于迅速所导致的发展不成熟问题，随着观念的转型和经验的不断累积，我国也能够打造出独具特色的站城融合空间。

1.2.4 我国站城关系的类型和突出问题

1）我国站城关系的类型

我国的站城关系可以归纳为以下几个类型：

（1）中心独立型

我国第一代铁路车站和伴随着20世纪80年代经济大发展快速建成的第二代铁路车站是此类型的代表，位于城市中心地带，以普速列车为主（部分在近年也引入了高铁线路），承载了重要的长途运输功能。由于交通方式、春运高峰等原因，这些车站多采用"站场＋站房＋大广场"的形式，具有较大的建筑尺度和占地面积，凸显出城市门户的形象。同时，铁轨和机动交通导致了车站空间与城市空间的割裂，同时也阻碍了城市功能的融合。

（2）边缘独立型

此类车站远离城市中心，以近年在大中小城市远郊兴建的第三代高铁站为典型。这些车站尽管有规模差异，大多仍采用宏大的站房和站前广场（已经不具备集散大量人流的功能，仅仅是作为城市与车站之间的景观轴线而存在）；车站周围快速开发了大规模的高铁新城，普遍采用大街区、宽马路和低密度形式，步行友好程度较低，站城间缺乏直接的联系。同时，高铁新城的城市功能相对单一，以会议会展中心及配套的酒店和公寓、住宅居多，许多中小城市对人口、资源的吸引力较为有限，导致业态空置。

（3）中心融合型

我国的中心型车站大部分建设年代较早，受限于当时的实际情况和建设条件，主要解决对外交通问题，其中上海老北站、哈尔滨老车站、杭州城站、重庆沙坪坝站等与城市密切融合。随着城市的扩张，部分火车站被废弃或他用了，周边建筑与车站的协调关系发生变化。然而，正如国外的站城融合也经历了漫长和波折的过程一样，随着站城融合理念在我国规划、建设部门中逐步深入并达成共识，我国的中心型车站在城市更新中与周边街区将更加融合发展。

（4）边缘融合型

近十年来在建或已建成的一批车站，如广州白云站、杭州西站等，开始采用新的设计理念，注重引入城市功能和与城市界面的接合。上海虹桥站与虹桥机场联动、带动周边虹桥天地和国家会展中心等综合商务区的发展，也是边缘融合的典型代表。

2）我国站城建设中的突出问题

从已建成的大部分车站的情况来看，我国的站城关系并不紧密，甚至可以说是割裂的，铁路与城市融合发展的效应未能得到充分发挥，站城矛盾日益凸显，突出表现在以下几个方面：

（1）在规划和建设中，站归铁路部门，城归地方部门，城市与车站的衔接不够，地铁等公共交通对车站和城市的辐射失衡，过大的车站使得换乘步程过长，铁路和车站对城市的分割现象较严重；

（2）设计上以车站单体建筑为首要彰显形象，而忽视了与周边城市的尺度协调和空间联系；

（3）车站地区的公共空间和功能空间的布局不够合理、土地利用率不高，车站与城市的使用和运作各自独立，交通功能与城市功能彼此分离，车站空间与城市综合服务功能集成度不高，影响和限制了城市建设的发展。

1.3
站与城的整体发展观

1.3.1　区域一体化指向站城共同发展

在我国的城镇化进程中，人口、经济发展要素进一步向中心城市集聚，大都市圈、城市群越来越引领经济版图，区域一体化发展时代已经到来。城市群和大都市圈的总体发展离不开交通的支撑，根据2021—2035年的《国家综合立体交通网规划纲要》，我国的主要城市群结合未来交通运输发展和空间分布特点、按照交通运输需求量级被划分为三类：京津冀、长三角、粤港澳大湾区和成渝地区双城经济圈4个地区作为极，长江中游、山东半岛、海峡西岸、中原地区、哈长、辽中南、北部湾和关中平原8个地区作为组群，呼包鄂榆、黔中、滇中、山西中部、天山北坡、兰西、宁夏沿黄、拉萨和喀什9个地区作为组团。

城市间联系的加强和区域一体化发展造就了更强烈的人口流动需求，亦反过来促进交通的发展。

在以大都市圈和城市群为版图的"123出行交通圈"（都市区1h通勤、城市群2h通达、全国主要城市3h覆盖）的基础设施网络中，铁路是主干。据国家铁路局每年发布的《铁道统计公报》显示，近5年来，我国铁路固定资产投资年均超过8000亿元，铁路运营里程数稳步提升，其中高速铁路运营里程数激增，年增幅在15%~20%；铁路客运量年均增长率约9%，并仍具有稳步增长的潜力。《中长期铁路网规划》提及到2025年，铁路网规模达到17.5万km左右，其中高速铁路3.8万km左右，2030年基本实现内外互联互通、城市快速通达的铁路网系统；《国家综合立体交通网规划纲要》又指出，到2035年，铁路要达到20万km左右。

铁路与区域一体化的联系不仅仅体现在里程数的增加。近年来，在构建现代化的都市圈战略中，国家推动城际列车服务，推动城市内外大铁和小铁的有效衔接，如设施互联、票制互通、安检互认、信息共享、支付兼容等，同时加强铁路与其他城市交通系统之间的联系，使得铁路越来越成为旅客跨城出行的首选。这就导致了我国的铁路出行模式从过去的以中长途为主开始向中长途+中短途的方向转变，尤其在主要城市群内部，2h内的中短途甚至成为主流。

铁路出行结构的改变意味着出行人群的构成和需求发生了扭转，城市群内部的中短途出行更多的是商务和通勤，这批旅客不仅对出行和换乘的效率有更高的要求，也对服务质量和出行体验有了更高要求，并且更愿意也更有能力为更好的服务付费。铁路车站作为铁路旅途中的重要节点，已经不能停留在过去仅仅提供基础的交通服务及简单的配套服务的层次上了，随着区域一体化程度的提高，人员流动的日益频繁，车站与城市的日常出行活动更紧密地联系在一起是必然的发展方向。

1.3.2　经济与城市转型进一步要求站城共同发展

"十三五"以来，我国经济增长趋势稳步放缓，从规模速度型粗放增长转向质量效率型集约增长，传统基建的边际效用持续递减。铁路建设原本是传统基建，以制造行业为主，经过数十年的发展，我国已经形成了八纵八横的完善的铁路总体网络架构，新时代的铁路建设侧重点开始转向以旅游、人才、商务、民生等服务产业推动经济发展，着重于发展城际和市域铁路，并且引入新技术，以此解决快速城镇化阶段过快扩张所造成的大城市病，建设绿色和智能城市。按照平均每年通车增加5000km，每公里投资1.5亿元估算，预计2025年城际高铁和轨道交通投资规模约4.5万亿元，相关投资累计超5.7万亿元，位列七大"新基建"领域之首。铁路车站作为铁路网布局中的重要节点，是铁路系统与城市产生资源交流的中转站，车站地区的开发定位与质量等直接影响铁路对城市经济的拉动作用。

从世界经验来看，城市化率在30%~70%之间是城镇化速度比较快的一个时期，今日我国的城镇化率是63.89%，仍在快速城镇化阶段，但也逐步走向尾声，尤其是东南沿海城市带，事实上已经达到了80%以上的城镇化率，与世界发达国家相当。快速城镇化阶段，人口大量聚集、城市空间低密度蔓延，土地城镇化路径依赖成为政府主导城市发展的主要模式[9]，而转型期的城镇化，应避免再走西方国家城市无序扩张的老路，而转向提升存量土地的利用效率和人居环境质量。尤其对比欧美等国，我国人口众多、城市土地资源和公共资源紧张，更应走上紧凑化、集约化的发展之路。一方面，车站地区作为城市中的重要功能区块，应该合理地引导城市的发展脉络；另一方面，车站地区往往占据了大面积的土地，应充分开发，提升土地价值。《关于支持铁路建设实施土地综合开发的意见》和《关于推进高铁站周边区域合理开发建设的指导意见》均提出要对车站周边进行综合开发，推动客站建设与城市发展的良性互动。

1.3.3　发展需求与车站地区现状之间的矛盾

我国城市的发展需求和铁路车站地区的现状之间，存在着较为突出的几组矛盾。

1）城市精细化发展的需求与车站区位之间的矛盾

新建铁路车站出于降低成本、线型选择等方面考虑，选址往往远离城区。2010年以来的高铁新城和新区建设可以说是地方政府城镇化惯性思维下的又一次城市大规模扩张[10]。

2）土地集约利用的需求与车站空间之间的矛盾

我国车站作为城市的大门和地方政绩的表征，往往片面追求大尺度、大广场的"形象工程"，使得其独立用地普遍过大。同时由于严格的土地性质划分，作为交通用地的车站范围内难以开发混合的业态，造成空间浪费和价值低下。

3）城市低碳化的需求与车站交通设施之间的矛盾

我国目前的大部分车站，机动交通道路占地异常庞大，铁路交通与城市公共交通的换乘通道冗长不便，步行更是不易达，使得旅客倾向选择小汽车的出行方式，有悖于低碳出行的目标。

4）活力城市的建设需求与车站使用之间的矛盾

我国的车站建设目前仅仅注重交通，快速集散人流，却没有在较多地区创造良好的环境和有吸引力的业态，形成催生系列城市活动的场所。站城协调发展的客观要求与站城分离的现状之间的矛盾，迫切要求建立站与城的整体发展观，建立起真正为人的生活服务的站与城。

本章参考文献

[1] 百度地图大数据. 中国城市群出行分析报告[R]. 2016.

[2] 李伟. 借鉴世界城市经验论北京都市圈空间发展格局[A]. 中国城市规划学会. 多元与包容——2012中国城市规划年会论文集[C]. 昆明：云南科技出版社，2012：98-111.

[3] 丁成日. 城市"摊大饼"式空间扩张的经济学动力机制[J]. 城市规划，2005（4）：56-60.

[4] Calthorpe, P. The Next American Metropolis: Ecology, Community, and the American Dream[M]. New York: Princeton Architectural Press, 1993.

[5] 桂汪洋. 大型铁路车站站域空间整体性发展途径研究[D]. 南京：东南大学，2017.

[6] 盛晖. 站与城——第四代铁路车站设计创新与实践[J]. 建筑技艺，2019（7）：18-25.

[7] 赵倩丽，陈国伟. 高铁站区位对周边地区开发的影响研究——基于京沪线和武广线的实证分析[J]. 城市规划，2015.

[8]　王昊，胡晶，赵杰. 高铁时期铁路客运枢纽分类及典型形式[J]. 城市交通，2010，8（4）：7-15.

[9]　田莉. 处于十字路口的中国土地城镇化——土地有偿使用制度建立以来的历程回顾及转型展望[J]. 城市规划，2013（5）：22-28.

[10]　丁志刚，孙经纬. 中西方高铁对城市影响的内在机制比较研究[J]. 城市规划，2015（7）：25-29.

第 2 章

站城融合的特征与
思维方法

2.1
站城融合及其影响因素

2.1.1　什么是站城融合

1）车站地区与站域空间的概念

要谈站城融合，首先要确定研究对象。传统上我们将站城融合的区域称为"车站地区"，或"枢纽地区"，但这种表述方式与站城融合的整体性思想并无直接关系。站城融合是一种观念，而非限定的某个区域，是站与城的一种在功能上互动、空间上整合、交通上协同共享，而形成共构、交织、叠合的组织关系。因此，我们应该给站城融合视角下的车站地区确定一个专属概念，以体现将车站与其周边城市作为一个整体来研究。

整体性看待车站地区的方式就是将其确定为"站域"或"站域空间"，以此作为站城融合研究的专属平台。城市规划、城市设计、市政设计、建筑设计、景观设计以及行政管理都可以统一在这个范围内，进行协同工作。

因此，在涉及站城融合时，本章将使用"站域"或"站域空间"来取代"车站地区"一词。

2）站城融合与"站城一体化"和"站城协同"的异同

铁路车站是区域整体布局中的重要节点，起到沟通城市间经济政治文化往来的重要作用；同时，铁路车站也是城际交通和城市交通的汇聚点，是城市对外交流的窗口。在铁路车站的重要战略地位的背景下，仅仅将其作为人流集散的交通枢纽，是对流通中蕴藏的价值的浪费。在城市间联系日益紧密、城镇化由量向质转变的时代背景下，依托铁路车站的交通优势在周边地区打造商业、商务、会展、休闲等功能，推进铁路车站与城市的联动发展，越来越成为城市发展与转型的重要一环。彭其渊等学者指出，站城融合的理念是基于城市中心区新型铁路客运枢纽建设发展上提出的，以满足TOD和都市经济圈的发展为出发点，将交通功能（换乘衔接）与城市功能（商业、办公、休闲等）有机融合[1]。

与站城融合相近的有另外两个常见的概念，即"站城一体化"和"站城协同"，三者之间内涵接近，有时候可以互相替代，但在具体的应用范畴上还是存在一定的差别。

站城一体化多指日本的轨道交通和城市建设相辅相成，实现"共同发展结构"的模式。区别于欧美的TOD轨道交通发展模式，日本不是由于城市无序蔓延后，出于对生态环境的考量才开始推广以轨道交通为导向的站城一体化开发，而是从20世纪20年代就开始进行了"城市建设"与"轨道交通"发展结合的探索[2]，在全球范围来看，日本的站城共同发展的程度都是首屈一指的，站城一体化可视为站与城高度融合的表现形式。站城协同是指铁路车站与城市建设相互支持，共同发展，创造出"1+1＞2"的协同效应（Synergy Effects）[3]，是实现站城融合/站城一体化的动态路径，也是站城融合/站城一体化的现实意义之所在——达成土地经济和社会价值最大化。

综上所述，站城融合可以总结为，铁路车站与周边城市地区的空间互通互联，交通功能与城市功能有机融合，车站与城市共同开发共同发展，乃至达成站中有城、城中有站的一种站城关系。

2.1.2　站城融合的影响因素

站城融合的影响因素可以分为宏观区域—中观城市—微观站域三个层级。

1）宏观层面

铁路车站所在的城市或城市群的规模与经济发展水平、人口密度和主导交通出行方式从根本上决定了站城融合的必要性，也就是说，只有在有一定经济基础的、人口较为密集，并且有相当一部分市民依托铁路中短途出行的都市圈或城市群，铁路车站才有交通溢出价值，才有以此带动周边城市发展的现实需求和可能。像日本这样城市集聚、人口众多和公共交通发达的国家，自发形成了依托公共交通站点进行城市开发的模式，站城一体化的程度在世界范围内都是最高的；美国虽然同样拥有发达的城市群，但人口相对分散且早年规划以公路为主，铁路的覆盖范围、运行速度和服务质量均不及日本和欧洲，则站与城的共同发展程度较弱（近年在新城市主义思想影响下也开始提倡依托公共交通站点进行高效土地开发）；此外，一些经济较为落后的国家和地区，缺乏有影响力的城市群落和城市间频繁互通往来的需求，铁路服务于长距离出行，出行旅客的消费层级较低，即使人口稠密，也难以具备站城共同开发的基础。

我国国情和日本有相似之处，尤其是东部人口密集的地区，随着经济发展和城镇化进程的加速，基本具备了站城融合的经济条件，强调站城融合符合时代发展需求，具有普遍意义。

2）中观层面

铁路车站与城市的空间关系决定了站城融合的基本发展模式，即先城后站，还是先站后城。

（1）先城后站

位于城市中心建成区的铁路车站及周边地区，其开发多是对现有车站的改造，由于周边城市空间和业态已经成型，出行条件和现有服务设施已经基本成熟，其开发重点是处理好车站与周边建成区域的关系。这类车站建成早，往往地位重要、体量庞大、站线庞杂，在缺乏合理的空间排布和动线规划的情况下，极易割裂城市，造成城市中心的混乱和衰败，因此需要通过车站改扩建和城市再开发，优化交通动线，整合功能空间、公共空间、景观空间，加强与周边城市空间的互动；提升站域的业态和环境品质，并引入新的业态加入以激发旧城活力，从而实现车站与城市的共同发展。伦敦维多利亚车站、斯德哥尔摩中央车站（Stockholm Central Station, 1871）、纽约宾州车站（Penn Station, 1910）、东京站、上海站等均属此类。

（2）先站后城

位于城市中心建成区边缘的铁路车站，往往与现有城市中心相连、构成城市扩张的发展延长轴。以车站作为城市触媒带动周边城区的发展，可能形成城市副中心。事实上，今天的大部分中心型铁路车站，在历史上也都是建于城市边缘的，比如：伦敦的第一个城际车站——尤斯顿车站（Euston Railway Station, 1837），建于伦敦西北方城市扩张边缘的农田地带，1839年，伦敦最早的两家铁路酒店在此开业。随着车站流量增加，车站不断扩张，城市范围一再扩大，沿尤斯顿路蔓延至此；1938年建立在伦敦西北郊的伦敦帕丁顿车站（London Paddington Station），直到1851年才开始有酒店等配套，1863年联通地铁，由于该车站的总站地位和重要的历史文化旅游价值，逐渐成为伦敦中心地区；大阪站于1887年在大阪北郊开设，随后开业了大阪站大楼等配套设施，后经过多次改造，今天的第五代站舍及周边的梅田地区已成为大阪的热门商圈。我国的新建车站中，上海虹桥站地区也初步具备了城市副中心雏形。

位于远郊的铁路车站则可能依托通勤人群围绕站点形成独立社区或新城，典型例子有：斯德哥尔摩的魏林比车站（Vällingby Metro Station, 1952）、东京东急田园都市沿线的二子玉川站和南町田站、天津滨海站等，这类车站有些是为现有社区服务，有些是为了培育新社区，从而为铁路带来更多的客流量。

3）微观层面

对于不同类型的车站，影响站城融合的具体因素是车站的规模及旅客的出行结构。

（1）从车站规模上来看

通常来说，规模越大、人流量越多的车站，对城市的辐射范围和影响力越大，如若车站与城市发展不均衡，对城市的消极影响和人流资源的浪费也是巨大的，因此更具有实现站城融合的迫切性；同时，这类车站的要素复杂，整合难度较大，但一旦完成整合，其典型作用和先行示范效应也是最明显的。规模和人流量较小的车站，对城市的辐射范围和影响力相对较小，站城融合的紧迫性相对较弱，但要素的处理也会简单一些，往往并不需要全面发展和整体开发，而是着力于一两个具有优势的发展点，打造特色街区或社区。

（2）从旅客出行结构来看

以长途客运为主的车站与以中短途商务和通勤为主的车站所面临的挑战各不相同。长途旅客通常携带大量行李，通行效率较低，同时旅客的需求集中于与交通密切相关的食宿等，总体消费层级不高，价值创造的上限较低，因此对于长途旅客车站，整合交通和快速换乘更为重要，相对来说与城市的融合度会低一些；而中短途商务和通勤车站，旅客多为中高端商务人士和目的型旅客为主，出行频率高，消费的层级和范围都会更广一些，因此中短途商务和通勤车站的站域更适合打造多样化的城市功能，推动站城融合。

2.2
站城融合的关键内容与特征

2.2.1　使用为本的布局特征

站城融合的出发点是使用者的感受，站域的布局是否符合人的使用习惯、满足多样的使用方式，是站城融合的本质特征。

人们对铁路车站站域空间的使用行为可以分为交通和城市生活两大类。交通的使用行为有购票、进出站、候车、乘降、换乘等，也包括交通行为衍生的问询、购物、简餐、住宿等行为，但这些行为都围绕交通出行进行，站域空间作为一个快速转换的场所而存在。城市生活则是指与交通行为不直接相关的其他一切使用行为，包括办公、居住、会面、游览、休闲等，这些行为也可能伴随着交通出行，但它们以在站域空间的活动为直接目的，所伴生的交通行为指向对站域空间的停驻和使用。

我国的铁路车站站域建设技术水平一直在提升，为旅客服务的交通系统变得越来越快捷便利，交通衍生的设施也日趋完善，进出站和候车体验越来越好。但是对于为市民服务的城市生活空间却始终十分匮乏，这归结于在过去的决策和规划观念中，铁路车站是交通枢纽，仅仅需要考虑旅客出行使用。因此只有当同时满足旅客和一般市民的两大类使用时，站域才同时具备站与城的双重属性，才有可能是站城融合的。一方面，是让更多旅客停留在站域，或是将站域本身作为旅行目的地，为多种多样的使用行为提供丰富的空间与选择；另一方面，是让车站周边的市民共享车站的基础设施与空间，将站域转变为城市公共生活的客厅，乃至通过技术手段消弭轨道带来的噪声、分割等不利因素，吸引更多市民在站域安居。

正因为站城融合的布局是基于使用方式，所以必须对客站的具体条件和使用人群加以区分，因人而异制定站城融合的策略。同时，人的思想和行为是与时俱进的，对站域的使用也在发生着变化，比如，站前大广场曾经作为旅客的集散地而发挥过作用，但时至今日，除了极端高峰期偶尔作为临时客区或紧急疏散区，人们已经很少选择在大广场长时间候车等待，大广场失去交通使用的价值，其存在就渐渐缺乏合理性。从使用出发，站城融合绝非单次开发所能达到，而应是一个动态且具有预判性和引导性的长期过程。

2.2.2　空间的缝合

空间缝合意味着将铁路车站内的建筑空间与车站外的城市空间相互连接，可以从以下两个方面来评判：

1）门禁空间的范围

铁路车站作为旅客检票、进站、候车和乘降的专门场所，其空间使用必然有一定的独立性，这些独立区域不能与城市空间直接连通，被称为门禁空间。对于很多小型铁路车站来说，站内建筑空间狭小、利用紧凑，站的边界即门禁空间边界，但由于站本身小巧精致，极易与周边城市空间相融；然而对于大中型铁路车站而言，门禁空间在整个车站中的占比，直接决定了车站是否能够释放出让市民自由进出使用的空间，是站城融合的根本性制约因素。

历史上，很多大型车站内部作为完整的独立空间存在，结果宏大华美的站房空间除了乘客无法为市民所用，不仅与城市空间割裂，还造成了许多闭塞的城市角落，成为藏污纳垢和滋生犯罪的场所，导致车站地区的城市中心地位下降。随着时代发展，封闭的车站空间越来越难以满足城市的发展与市民的需求，所以在车站改扩建和管理技术提升的背景下，越来越多车站开始缩减门禁空间、开放车站内部空间与城市空间交融。

今天，欧美多采用站台式候车方式，只有站台区被闸机隔开。巨大的候车厅转变成为重要的城市公共空间，乘客进站后可以自由穿行和活动，直到列车发出前的最后一刻才通过闸机进入站台；而市民和游客可以像进入任何一座公共建筑一样进入，或是像通过一道城市走廊一样穿过候车厅（图2-1）。

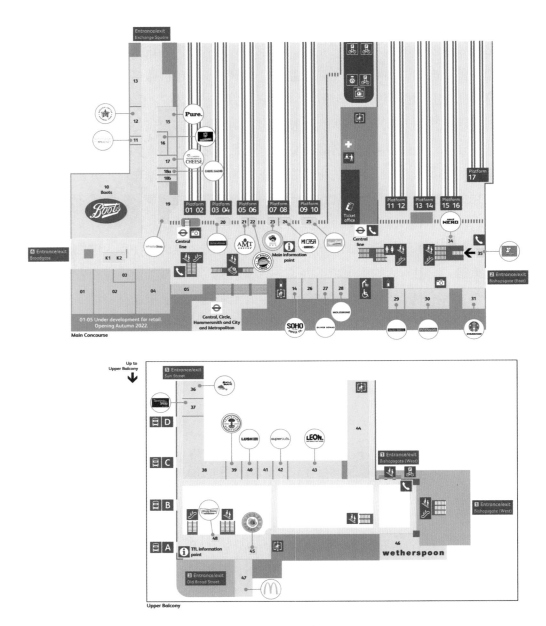

图 2-1　利物浦街站首层和二层候车厅平面示意图（黄色为商业空间）

日本的JR车站还保留了小部分独立候车的空间，乘客通过闸机后，先在候车厅内等待，再进入站台区。但也开始采用各种空间手段来促进城市空间与车站空间的接合，比如打通城市走廊、营造地下街和空中商务平台等方式，东京站"成为街市"的整体开发计划综合运用了以上空间手段（图2-2）。

我国的传统进站模式是将通过安检的大量乘客滞留在候车厅内等候上车，这一模式使得我国的车

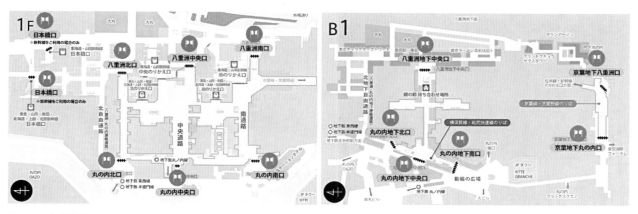

图 2-2　东京站首层和地下层平面示意图（绿线围合区域为门禁区、蓝绿标注为专属站厅，其他淡彩部分为商业空间）

站和门禁空间都非常庞大，许多车站进站即门禁，庞大的车站空间完全无法对外开放，对站城融合造成非常大的阻碍。在较为严格的安检需求下，我国铁路车站的门禁空间必将长期存在，但通过技术手段和管理手段，仍能规划部分站内空间与城市空间相连。比如上海虹桥站保留出发层与站台层为门禁区域，而到达层则与地铁、公交等外部城市空间相连通，并分布有大量餐饮店铺供市民使用。

2）车站与城市空间的耦合关系

部分铁路车站的站内空间，与城市空间分离，仅仅由少量狭窄的交通通廊连接，互相难以抵达；另外一些铁路车站空间与城市空间毗邻或是相交，人们从而能够自由地从城市的各个角落进入车站，也可以从车站快速地分散到城市的各个区域中去，打通城市与车站的联系。这些分离、毗邻或者相交的关系，就是车站与城市空间的耦合关系，且耦合程度依次升高，从而间接反映了站与城的融合程度。

2.2.3　功能的混合

在空间开放的同时，车站内部不仅作为交通空间，开始吸纳越来越多的城市功能。从最初的简单的餐饮、住宿、办公配套，到今天各具特色的商店、博物馆、剧院也纷纷进驻车站，在这种趋势下，车站将不仅仅是一个交通枢纽，而越来越演变成为城市商务、文化和生活的载体。"车站是一个完全开放的公共建筑，任何人包括不是要乘坐火车的人都可以在任何时间进入车站。同时设立了一定的商业功能等，这会导致车站担负起更多的城市功能，成为城市的一个特殊的中心。"[4]

在日本这样地少人多的亚洲城市，车站地区往往承载了多样的城市功能，乃至成为城市经济最活跃的地区。比如京都站，内部有酒店、百货、购物中心、电影院、博物馆、展览厅、地区政府办事处、停车场等，成为古老京都城的现代化展示舞台（图2-3）；又比如马德里的阿托查站（Atocha），容纳商店、咖啡馆、夜总会功能和一个4000m²的热带花园，成为马德里最具活力的生活场所和最具吸引力的旅游目的地之一（图2-4）。站城融合未来的发展方向，有可能是"站"的形体的消失，因为"站"已经完全成为城市生活的一部分。

图 2-3　京都站内的丰富业态

图 2-4　阿托查站内的热带花园

2.2.4　交通的整合

铁路车站是综合性的交通枢纽，汇集了多种交通。其中主要的交通方式除了铁路轨道交通，还包括由城市轨道交通和公共汽车组成的城市公共交通，同时也包括长途汽车交通，以及出租车、网约车和社会车辆组成的私家车系统。

多种交通的存在，一方面能强化站点的交通性能，增强车站与整体城市之间的联系，在人流聚散、资源调配方面发挥着巨大作用，另一方面也可能因为过于庞大的交通基础设施而阻断车站与周边城市地区之间的空间联系，因此，站城融合需要整合多种交通，以实现交通功能和城市功能在运转中的相互正反馈。

铁路与城市交通的衔接顺畅与否，影响着铁路车站与整体城市之间联系。当铁路与城市交通之间的换乘越是便捷快速，则会有更多时间敏感型旅客——通常为商务、通勤旅客——选择铁路作为出行方式，车站对城市发展就更可能起到积极的促进作用。因此，铁路车站与整体城市之间的融合，表现在铁路与城市交通之间的有效连接和高换乘效率。

交通基础设施所占据的空间大小和位置，影响到车站与周边城市地区之间的空间连续与否。人们是否能够快速和方便地从车站步行到周边街区，也就决定了车站的人流聚散优势是否能够作用于站域。因此，铁路车站与周边城市地区之间的融合，表现在各种交通基础设施的优化和站域的步行可达性上。一个具有一定规模的车站必然具有大面积的铁路轨道和机动车道，轨道和车道把车站与城市割裂开来，阻碍了车站与城市的互相联系。经过空间再设计和车站改造，对交通要素的再组织，可以大大提升站与城的空间融合。

针对铁路轨道，部分车站会通过抬升或下沉铁轨来改变站城空间关系，比如小仓站的高架铁轨和魏林比车站（Vällingby Metro Station）（图2-5、图2-6）的下沉轨道等；也有些车站保留了地表的铁轨，通过把车站建筑的近地面层（地下一层或地上二层）与城市空间连通，比如荷兰乌得勒支中央站（Utrecht Central Station）和日本东京涩谷站利用高差使得车站架空层与城市无缝衔接（图2-7、图2-8）。

针对机动车道，一方面可以通过鼓励公共交通出行方式减少小汽车车道数量和面积，另一方面则可以采用立体化换乘系统，以减少对空间的阻隔，东京新宿站就通过一个坡道将出租车和公共汽车的换乘场分别置于站房的三层和四层（图2-9）。

图 2-5　小仓站的高架铁轨

图 2-6　魏林比车站的下沉轨道

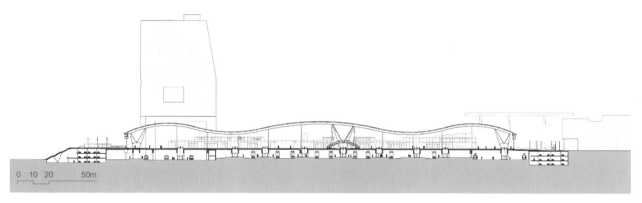

0　10　20　　　50m

图 2-7　乌得勒支中央站剖面

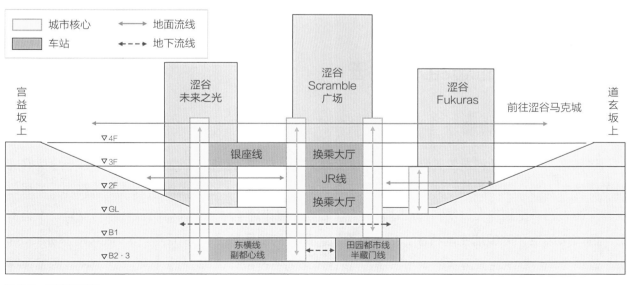

图 2-8　涩谷站剖面

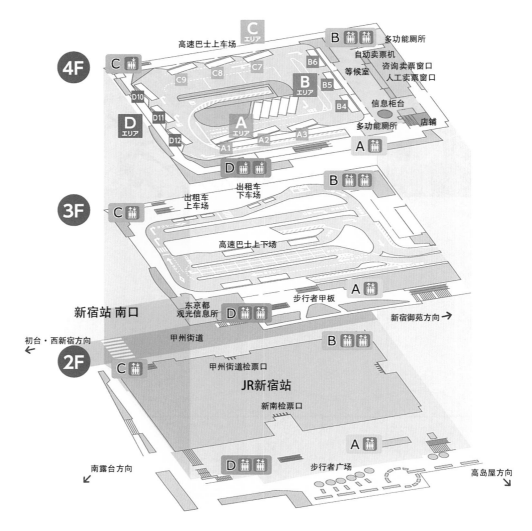

图 2-9 新宿站机动车换乘系统示意图

2.3
站城融合的思维和方法

2.3.1 整体环境观

　　建筑是人与周边环境发生关联的重要中间介质，为人的生活和城市的发展而服务。在一个良好的城市环境中，每个单体建筑可能看上去平平无奇，却共同构成了一个和谐的和有秩序的整体，令居住在其中的人们感觉到安全、便利和舒适；而一个较差的城市环境中，单体建筑各自标新立异，不具备统一的城市风格和完整的空间秩序，给人以混乱、割裂的空间感受。1982年，Jonathan Barnett提出，建筑个体应服从更高层次的城市秩序、"设计城市而不是设计建筑"[7]。这就是建筑设计的整体环境观，提出了城市·建筑一体化的命题，要求城市规划、城市设计和建筑设计通力协作，整合各类要素，达成城市整体运作的和谐与统一。

　　铁路车站是城市的是功能器官。一些中央总站，体量庞大并被赋予标志性的象征意义，使其建筑形象突出于周边环境，构成了铁路旅客进入城市的第一印象，成为城市的门户，比如维多利亚时期宏伟壮丽的车站。另一些大型枢纽比起关注铁路车站单体建筑本身，更重视与周边城市的地域环境、空间形态、功能分布等相配合，建筑外形融入城市空间之中。其实，无论铁路车站的形象是突显还是融合的，重要的是车站建筑的运作被纳入城市整体运行之中。

铁路客站是城市中重要场所、交通网中关键节点，无论新建还是改扩建，在立项之初，就须综合评定城市整体发展布局和客运变化趋势来确定或调整选址、规模与站线构成等。规划设计和实施过程中，又需要城市、建筑、交通、景观等专业通力协作。为了实现更好的整体设计效果，还需要提前将管理运营纳入考量，建立全组织流程、做好制度和过程保障。

2.3.2　从使用绩效出发

现代的城市设计实践中，从绩效出发的设计思路越来越受到重视。这是一种在建立城市空间秩序的基础上，充分利用特定的"空间资源"，打破土地划分的限制的创新思路，在世界各地都先后开展了探索。作为城市大型设计项目的站城整体设计，往往需要从三维空间的整合策略入手，将城市形态构成的多种空间要素（自然、历史、交通、公共、景观以及各类建筑功能空间等）整合形成有特色的城市形态，从而获得1+1＞2的高效率空间使用效果[8]。20世纪90年代，英国伦敦利物浦街车站（London Liverpool Street Station）将铁路轨道的上部空间开发为市民广场以及办公楼宇，获得巨大收益（图2-10）。1991年开始的法国塞纳河左岸协议开发区计划（ZAC Seine Rive Gauche），在以奥斯特里茨车站（Gare de Paris-Austerlitz）为中心的奥斯特里茨区同样实施了铁路线路上方再造城市（道路、办公、住宅、商业）的宏伟计划（图2-11）。

图 2-10　伦敦利物浦街车站上的宽门——交易所

图 2-11 巴黎左岸街区

铁路车站及周边地区的设计、建造乃至运营是由铁道交通部门、城市政府部门和各类市场主体共同参与和合作完成的，在各类要素的整合过程中，着重要强调以下几方面的使用绩效。

1）交通运行绩效

铁路车站是联系城际交通和城市交通的枢纽，承担的首要职能就是集聚与疏解人流，车站的通行效率越高，就越是能够在单位时间内集散更多的人流，充分发挥出铁路运输的优势。除了铁路，车站往往汇聚了城市轨道交通、公共汽车、出租车和私家车等多种交通类型。铁路车站的设计中，需要将这些交通动线进行立体化的整合，最大程度上方便旅客的换乘与出行，同时把对城市空间的影响降到最低。

2）土地（空间）使用绩效

大城市，尤其是亚洲大城市，人口密度高、土地资源和公共设施有限，因此要充分利用土地空间资源、实现城市中各类要素的优化配置。站域存在着多种多样的城市公共空间，充斥着多种多样的城市功能，如购物、餐饮、住宿等，有些是作为交通功能的补充，有些则服务于站域的居民。无论哪种形式，充分利用和提升这些空间的使用绩效都是城市发展的必然选择。

3）组合绩效

任何城市功能的发挥都基于互补性基础，呈现出高度分工、密切协同的组合效应，一旦脱离其他功能，单个功能将无从发挥其作用。正因为如此，无论是城市层面还是片区层面，城市用地必须基于"适当比例"和"合理布局"才能发挥效能[9]。铁路车站的建设往往与周边城市的建设与发展相挂钩，以人流优势带动周边地区的商业活力，通过联合开发提高建筑密度和抬升土地价值，这是当前许多传统车站的改造方向，也是未来车站建设的主要方向。通过强化城市功能、完善公共服务和提升空间品质，站域逐步转变为城市的商业文化中心，有些还成为独具魅力的城市门户。车站的交通功能和站域的城市功能是相辅相成、相互促进的。另外，城市的功能原本也是多种多样的，这些市绩效以合理的比例混合，边际效益递减就能够得到最大化的改善。

2.3.3 以人的感受为本

人是城市生活的主体，是城市生产的从事者，也是城市服务的最终对象，城市设计的出发点应是满足人的需求，坚持以人为本。扬·盖尔呼唤充满活力的、安全的、可持续的且健康的城市，认为21世纪的城市与20世纪的城市相比，最大的区别就在于必要性活动的减少和选择性休闲活动的加速上升[10]。对于有大量人员集散的铁路车站而言，交通乘降和换乘是必要性的活动，旅客们在必要性活动之余，也会发生食宿、休闲、问询、医疗等衍生活动。人的多种多样的活动构成了站城融合的必要条件，同时也催化和影响着站城融合的进程。

在铁路车站服务旅客、逐渐建立起相关配套的进程中，也会逐渐吸引周边市民，逐步形成有机的站城互动。当代的站城的综合设计与开发，应着重从人的感知入手，通过营造良好环境来调动人们的视、听、嗅、触等多种感官，并提供各种类型活动的场所以满足人们的身心诉求，从而塑造站城共荣的局面。

人们对站域的感受，可以分为三个层次的内容：

1）出行的安全便捷

交通是铁路车站的基础功能，停留这个层级的车站，满足了人们最基本的出行需求，但因为缺少其他吸引人停留的活动要素，人们会因为快捷的交通迅速离开，站域的发展会受到限制。

2）停留活动的体验

当铁路车站关注到换乘旅客的感官体验，为其提供一些优质的业态，如精致的餐厅、舒适的酒店、特色的纪念品商店等，旅客们会更倾向于稍作停留，因为铁路车站能满足较高水准的用餐、住宿和购物等需求，也能作为和朋友或合作伙伴简单聚会见面的场所。也就是说，停留在这个层级的车站成为一个和城市中其他区域相对等的选择，旅客可以选择在此活动，也可以选择前往他处，但一般没有旅客会将铁路车站站域当作一个专门目的地。

3）目的地的魅力

有些铁路车站站域，具有独特的吸引力，可能是因为车站建筑具有极高的观赏价值，也可能是车站旁边的商业街区是繁华的购物天堂，也可能是有一个颇具特色的美术馆、天文馆，甚至是一个雕像坐落于此，还可能是在此举办的展览、演唱会、脱口秀……又或者是以上兼顾，站域具有完整的产业，为市民的吃穿出行提供了全面和多样的选择。在这样的站域空间活动的，不再仅仅是稍作停留的旅客，而是四面八方专程前来的市民。此类站域，是城市中最核心和有活力的地块，也是城市生活的发生器。

2.4
我国车站地区存在的问题与原因

2.4.1 我国车站地区的主要特点与突出问题

我国的铁路发展起步比发达国家要晚，发展又极为迅速。尤其在高铁建设兴盛之后，各大中小城市都纷纷兴建了一批新的高铁车站以及高铁新城，高铁经济成为时下的热点词汇。在特定的历史进程和国情之下，我国车站地区区别于国外，有以下几方面的特点：

1）大站房+大广场导致车站形象独立

我国人口众多，虽然铁路总里程数位居世界前茅，但人均里程数并不高，导致铁路运载压力较大。尤其是在几个重要的节假日期间，返乡、出游、探亲访友的人数众多，会出现特大和高峰人流，客观上要求较大的建筑体量和候车空间。而且，铁路旅客人群以长距离出行为主，较少以通勤为目的。长距离出行的旅客往往会携带较多的行李，同时由于出行经验不足，对从购票到乘车的流程不熟悉，容易造成拥堵和出行效率的低下，长时间候车的旅客加剧了对更大车站规模的需求。因此，我国的车站普遍采用大站房+大广场的模式，规模庞大、占地宽广，除了客运量高的大型车站外，中小城市一些客运量并不高的车站也是如此，建筑空间利用率不高，车站周边路网密度低、街区空旷、建筑稀疏。

2）多种交通汇集导致城市空间分割和街道阻断

铁路车站地区是铁路、城市公共交通和私人交通汇集的场所，交通组织和动线复杂。出于节约开发资金以及时代所限，铁轨大多位于地面，将城市空间分割。观念问题和部分城市公共交通不发达的客观原因导致很多人选择私人交通，造成机动交通道路和停车空间占地面积较大，把城市街道阻断，步行不易达。

3）大门禁空间导致功能分界

我国的公共交通对安全的需求高，进入候车厅前有严格的安检流程，上站台和乘车也分别有检查程序。安检降低了通行速率，促使旅客延长乘车预留时间，从而增加了等候的旅客数量，导致了更大的门禁空间。站房整体对外封闭，车站与城市之间除了进站出站的通道，彼此功能无法互通。我国的铁路部门和城市部门分割管理，铁路部门负责车站内部，城市部门负责车站外部，二者之间缺乏沟通合作，也加剧了车站内外空间衔接的不畅，部分空间被闲置。

2.4.2 我国站城融合的瓶颈

站城融合最早产生于国外交通发达地区。早年从欧美兴起，中兴于二战之后，成熟于近年的欧洲城市更新地区，大力发展于日本东京、大阪以及中国香港等亚洲高密度城市。近年来，随着我国交通基础设施的大力建设，以TOD理念为基础的站城融合观念被普遍接受和应用。然而，在实践中，成功的站城融合案例并不多见，其中有诸多因素的影响，形成很多方面的瓶颈，都阻碍了我国站城融合的进一步发展。

1）观念的制约

（1）站城融合观念的错位

站城融合、协同发展是指随着交通站点建设、地区可达性提升，为城市发展提供基础条件；城市建设与车站建设相互协同，相互融入，最终形成车站带动城市建设、城市支持车站可持续发展的双赢局面。需要说明的是，"站城一体化"作为站城融合发展的一种极端模式，在站城融合发展的初期，会无形中放大了我们在实际建设和开发过程中所存在的各种矛盾，不利于问题的逐步解决。

（2）站城融合观念的滞后

随着铁路车站城市属性的逐步增强，站城融合的观念在我国正在逐渐得到认同。然而，旅客类别是决定车站城市属性的重要因素。与普速铁路时代相比，高速铁路时代的客流以公务、商务和旅游为主，接近客运总量的80%。但针对以上情况，我国车站的管理体制跟不上客流的变化，车站仅仅作为交通枢纽的观念根深蒂固，运营仍以"管理"为主，而非"服务"为主，旅客快速集散仍是车站管理的首要任务，这将很难支撑站城融合的顺利发展。

（3）站城融合观念的差异

欧洲和日本的站城融合发展起步较早，取得了较好的成效，但其发展观念其实并不相同。欧洲站城融合发展针对的问题是如何阻止城市中心区衰败并振兴城市中心地区的经济发展，是一种城市更新的手段，例如英国伯明翰新街站改造、伦敦国王十字车站改造等。而日本城市站城融合发展所要解决的问题是在高密度城市环境下，如何高效地利用城市资源和发挥出其土地的价值，例如日本京都站、大阪站等。

目前，我国站城融合发展观念背后的驱动因素仍大部分来自于地方政府政绩观的扭曲，开发商将其作为圈地赚钱手段，忽视了站城融合是发挥铁路和城市建设联动效应的战略选择，没有将我国中长期铁路建设与城市可持续发展相结合提升到一个新高度。

2）体制的制约

（1）建设主体的分离

客站建设是铁路主管部门主导，站前广场、交通及配套工程是地方政府主导，双方隶属不同的行政部门，均为了自身的利益相互博弈，在建设过程中是各自为政、相互独立。在站城融合发展的具体项目中，铁路总公司原则上不允许地方参与站房红线范围内的建设和管理，铁路方在自己的红线范围内仅满足旅客功能流线组织、自身的生产管理需要，出于今后运输安全管理的考虑，不愿赋予客站太多的城市功能，使得站域范围的管理边界与城市发展边界无法取得一致。

（2）管理体制的困局

城市的多头管理，带来权利管辖上的难以调和，使已有的规划与城市设计无法实现，严重消解了"集中力量办大事"的制度优势。反观国外以实现轨道交通与城市房地产协同开发价值最大化的市场导向，仅是经济利益的协调，没有权利分配的矛盾，很好地满足了各方面的利益诉求。虽然这样也造成了站房形式不完整，甚至站房周边区域显得比较杂乱，但确实做到了站城之间的融合发展。

（3）土地权属的差异

铁路交通设施用地属于交通建设用地，征地成本较低，而城市商业开发用地需要在土地一级市场通过"招拍挂"的程序获得。因此，对铁路土地进行综合开发涉及土地属性的转换及变更，铁路部门、地方政府想要在站房和线路上方进行开发，均需要变更土地属性。在没有利益保障的前提下，铁路主管部门不会同意在其红线范围内进行商业开发。

（4）安检标准的不同

国铁安检是我国铁路旅客进站流程的组成部分，候车安全区在保障旅客出行安全的同时也人为地阻隔了站城之间的空间连通。安检互认虽然可以打破这种空间阻隔，但由于国铁安检与地铁安检存在安全级别的差异，安检互认要求城市地铁网络的安检等级整体提高一个级别，会给地方管理带来较大困难。

3）规划的脱节

（1）规划协调较差

我国的铁路枢纽规划是由铁路部门主导，而城市发展规划由政府主导，双方各自有自己的利益诉求和权力边界。由于铁路建设速度较快，铁路枢纽规划先于城市发展规划确定，其规划为"大手笔"、粗线条。然而围绕客站区域的城市设计是一项动态精细化的工作，因此，两项规划工作经常出现脱节或低精度协同，带来土地利用的低效。

（2）交通组织复杂

随着铁路交通在我国城市发展过程中的重要性日益凸显，一些大型铁路客运枢纽所汇集的交通形式越来越多，铁路站房周边城市道路的交通流量越来越大。但是，公共交通和道路网规划建设的速度难以与铁路客站完全同步，通行缓慢和道路拥堵已经成为目前我国铁路站房周边交通的普遍现象。

（3）车站远离城市

根据对130座位于地级市市区的高铁站与市中心距离统计，平均距离在14km以上，而222座位于县（或县级市）高铁站与县城中心的平均距离更是超过了17km。京广高铁上的孝感北站，站位距离孝感市城区甚至达到90km。站与城之间的距离过大，使得站城融合"先天不足"。

究其原因，从地方规划层面：一方面，城市建成区的拆迁补偿成本高且易引发社会矛盾；另一方面，政府希望依靠开发高铁新区，通过土地出让收益，因此，地方政府的规划中往往将线路绕避城市建成区、客站则选址于城市郊区。从铁路规划层面，铁路部门总体上还是希望车站选址于城市建成区，这样有利客流保障，提高客票收益，但为了保障铁路建设周期和减少工程投资，铁路部门一般会尊重地方规划意见。因此，导致大量中小客站选址远离城市中心区。

（4）高铁新城之风

高铁新城在铁路建设的浪潮下纷纷上马，大多数中小城市在政绩观驱使下，打出"一年成名、三年成型、五年成城"的口号。在对高铁新城的定位上往往是城市商贸中心、城市副中心，由于开发商将其作为赚钱手段，实际上多数形成了居住功能为主的房地产楼盘。其结果就是，部分高铁新城由于产业结构及发展水平不高等原因，无人居住、经营惨淡而沦为空城。高铁新城之风，实际上仍然是站城融合发展缺乏科学的论证和评估。

4）条件的差异

我国目前的站城融合实践更多的是参照国外经验，但我国在"建设主体、性能诉求、客流类型、城市发展策略"等方面和国外均有很大不同，并呈现以下几方面的特异性。

（1）在建设主体方面

国外的铁路建设与城市发展都以城市更新或经济利益的市场为导向，多方利益主体经过长时间磨合已经建立了协同一致的机制，而在我国则因体制分割严重，难以在短时间内建立良好的协调机制，因此往往在车站建设和城市发展的同时，涉及权利分配和经济利益双重导向的困扰。

（2）在融合发展的诉求方面

我国是在城镇化水平42%左右的情况下快速开展高铁建设的，具有城镇化水平低和高铁发展速度快的发展特点，车站很难去等待或协调城市建设，城市发展严重滞后将导致很难从车站内部打开站城融合的大门。

（3）在客流类型方面

我国"多、长、大、少"的客流特点，即旅客多、等候时间长、客流量大、空间少的特点决定了车站的空间格局和形态特征；同时我国旅客季节性出行现象明显，也给车站周边的城市日常生活带来一定的困扰。这两方面的原因都给车站完全融入城市提出了挑战。

（4）在城市发展策略方面

由于区域经济发展不均衡，中国的站城融合发展将不体现为一种具体的模式，而需要根据具体条件因地制宜地制定发展策略。这些特点不仅增加了我国站城融合发展的复杂性，也带来了协同发展模式的多样性。

2.4.3　我国站城融合的突破

1）基于城市群的站城关系研究

城市群是城镇化的主要载体，铁路是城市群内部城市间人员交流的最稳定、便捷的交通方式。铁路客站是城市群中各城市间人员交流的主要集散点，借鉴TOD模式基本思路，将其放在城市群的区域背景下探讨站城关系，助力中国新型城镇化。

2）土地规范与制度的改革

要逐步改善因土地分割导致的空间分界问题。我国的土地被按照用途进行分类和规划，地块与地块之间性质区分明显，缺乏过渡。铁路车站属于道路与交通设施用地，周边地区往往是商业服务业设施用地和住宅用地等，在严格的土地性质划分制度之下，车站与周边地区的空间难以形成互动与交融，因此要推动用地的混合与兼容。2018年发布的《城乡用地分类与规划建设用地标准（征求意见稿）》标志着混合用地这个概念被规划行业合法写入国家标准，使得站城融合拥有了法理上的可能性。在未来的车站地区的建设中，要进一步推动规范和制度的宽松化、弹性化，制定总体开发的战略，促进车站与周边地块空间和功能的连通。

3）建立统一的管理和协调机制

围绕站城融合，组建路地双方利益共同体，建立国家、地方、企业、社会团体和第三方等多边协调机制，促成铁路枢纽规划与城市规划更有机的结合，在车站选址、站域范围界定和城市总体规划以及产业布局方向上协调一致。

在现有规划体系中，枢纽地区规划出现在总规-控规等综合性规划，以及铁路、轨道交通等专项规划中。综合性规划往往将车站作为铁路系统的一部分，其用地性质为区域交通设施用地，并未纳入城乡建设用地统一把控。而专项规划更多关注车站作为交通网络的节点功能，重视其交通属性，缺乏与周边用地的有效衔接。同时两者在编制阶段、组织部门、利益诉求等各方面经常出现错位，导致规划的全面性和连续性难以保证[11]。建立全周期的协同机制，加强铁路与城市部门团队之间的合作，引入利益相关者的参与，是实现站城融合的制度保障。在站城空间中，则可以尝试探索空间分层治理的新模式。

4）因地制宜选择站城融合模式

站城融合应根据车站规模、城市能级以及两者之间的空间关系确定站城双方的发展策略，根据所在城市区域的经济发展状况量力而行，针对中心站、边缘站、远郊站的不同类型，以及站域范围大小，合理选择站城融合的规模以及站城协同的发展模式，因地制宜地进行站城开发与建设。

5）车站运营和城市经营观念的转变

车站运营要引入互联网的"流量"观念，不要将客流视为一种"负担"，而应该将客流视作一种"资源"，将"管理"旅客转变为"服务"和"利用"旅客，大力拓展交通衍生功能服务，将车站从交通枢纽转变为城市活力中心。

同时，城市要抓住站城融合作为城市转型发展的重要契机，推动城市化由粗放型扩张向科学化、精细化方向转变，借着车站建设与开放的契机，科学导入城市功能，激发城市活力，为广大市民提供新的、更舒适、更有效率的生活和工作的场所。

6）业态策划和开发时序的统筹

国外的站城发展多为城区内既有客站改造，所在区域经过了很长时间的发展过程，目前的改造是缺什么补什么。我国站城融合发展起步较晚，综合开发也不会一蹴而就。因此，建设上需要结合发展周期的长远性，预留规划条件，才能实现站城融合的可持续发展。

7）新时代铁路客站建设的契机

随着我国新时代铁路客站遵循"畅通融合、绿色温馨、经济艺术、智能便捷"原则进行新一轮建设的契机，我们要对站域范围的交通、功能、空间与形态等诸多要素进行整体性规划与设计，重点对枢纽核心区进行科学论证和研究，努力打造具有中国特色的站城融合先导案例，为站城协同发展提供坚实的理论基础和实践经验。

本章参考文献

[1] 彭其渊，姚迪，陶思宇，等. 基于站城融合的重庆沙坪坝铁路综合客运枢纽功能布局规划研究[J]. 综合运输，2017，39（11）：96-102.

[2] 张玲. 日本站城一体化开发与轨道沿线的社区营造[J]. 世界建筑导报，2019，33（3）：8-10.

[3] 戚广平，陆冠宇. 基于站域空间耦合模型的站城协同发展模式解析[J]. 建筑技艺，2019（7）：30-35.

[4] 麦哈德·冯-格康，于尔根·希尔默. 柏林中央火车站[J]. 建筑学报，2009（4）：46-51.

[5] Breheny M. The compact city: an introduction[J]. Built Environment, 1992, 18（4）: 241.

[6] Jenks M, Burton E, Williams K. Compact cities and sustainability: an introduction[J]. The compact city: a sustainable urban form, 1996: 11-12.

[7] （美）乔纳森·巴奈特. 都市设计概论[M]. 谢庆达，庄建德，译. 台北：尚林出版社，1984.

[8] 庄宇，卢济威. 城市设计：两种实践范式的讨论[J]. 城市设计，2016（3）：72-77.

[9] 彭坤焘，赵民. 关于"城市空间绩效"及城市规划的作为[J]. 城市规划，2010，34（8）：9-17.

[10] （丹麦）扬·盖尔. 适应公共生活变化的公共空间[J]. 杨滨章，赵春丽，译. 中国园林，2010，26（8）：34-38.

[11] 徐碧颖. 城市转型期铁路枢纽地区规划思考与实践——以北京为例[A]. 中国城市规划学会，重庆市人民政府. 活力城乡 美好人居——2019中国城市规划年会论文集[C]. 北京：中国建筑工业出版社，2019.

3

第 3 章

车站地区的要素构成和
站城融合模式

3.1
车站地区的要素构成

车站地区的要素主要围绕交通、功能、空间与形态四个维度形成以下诸个体系：交通与换乘体系、功能与使用体系、环境与场所体系、空间与形态体系。站城融合是一种观念，而非限定的某个区域，是站与城的一种在功能上互动、空间上整合、交通上协同共享，而形成共构、交织、叠合的组织关系。车站地区是体现站城融合关系的核心区域。

3.1.1 交通与换乘体系

交通作为城市的"命脉"，对城市形态和空间环境产生着重要的作用，尤其在车站地区，交通的重要性相较于城市其他地区更为凸显和重要。在站城融合发展趋势下，注重交通解决方案、车站建设以及周边城市开发行为的联动，是构建车站地区城市空间形态的重要手段。

车站地区的交通根据功能属性的不同，主要由城市对外交通、城市交通以及交通换乘系统三部分构成（图3-1）。

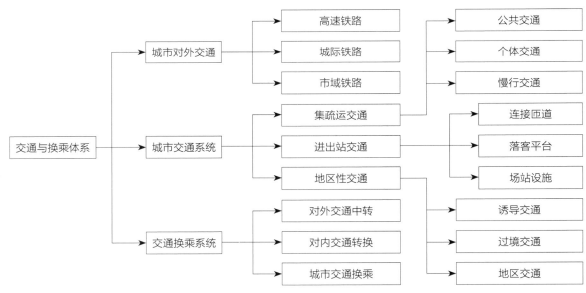

图3-1　交通与换乘体系

1）城市对外交通系统

城市对外交通起着城市与城市之间联系的重要作用，既是车站的核心功能，也是车站地区得以发展的根本。从交通网络的角度看，旅客进入车站是城市对外交通的起点，旅客从车站离开是城市对交通的终点。

（1）城市对外交通的系统构成

城市对外交通主要由高速铁路、城际铁路、市域铁路、普速铁路等多种方式组成。

①高速铁路

高速铁路按照国际铁路联盟的建议，是指通过改造原有线路使其设计速度达到200km/h，或新建线路的设计速度达到250km/h以上。中国《铁路工程基本术语标准》GB/T 50262—2013 将"高速铁路"定义为"设计速度在250km/h（含预留）及以上动车组列车，初期运营速度不小于200km/h的客运专线铁路"。高速铁路因为其运量大、运距长、乘坐舒适等优点，被普遍用于国家干线或区间干线等重要线路，也是我国目前大中型车站主要的城市对外交通方式之一。

②城际铁路

中国《铁路工程基本术语标准》GB/T 50262—2013将"城际铁路"定义为"专门服务于相邻城市间或城市群，设计速度在200km/h及以下的快速、便捷、高密度客运专线铁路"。城际铁路是根据铁路的服务地区范围划分的，属于一种支线铁路，其长度为50~200km。此外，城际铁路还作为国铁干线铁路的联络线、连接线或延长线。

③市域铁路

市域铁路又称市郊铁路，通勤铁路，属于广义的城市轨道交通范畴。根据国家发改委等部门印发的《关于促进市域（郊）铁路发展的指导意见》（发改基础〔2017〕1173号），市域铁路是指"城市中心城区连接周边城镇组团及其城镇组团之间的通勤化、快速度、大运量的轨道交通系统，提供城市公共交通服务，是城市综合交通体系的重要组成部分"。市域铁路对改善城市交通状况具有非常重要的作用。

④普速铁路

铁路建设初期并没有普速铁路的说法。只是有了"高速铁路"这个概念出现以后，为了区别传统铁路才有了"普速铁路"。中国的普速铁路一般是指200km/h以下的客货共线铁路。普速铁路一般的行驶速度较高铁慢，停站多，运量大，往往还兼带行包等功能，现在依然是世界铁路系统的主体。

（2）城市对外交通设施的构成要素

车站地区城市对外交通的主要设施是站场。站场是轨道交通车辆上下行线的进、出站信号机之间所有线路和车场的总称。站场是旅客乘降和车辆停靠作业的场所，一般由站台、站台雨篷和跨线设施等组成。

①站台

站台是旅客乘降列车的基本交通设施。对于铁路这种轨道数较多的站场，一般可分为基本站台和中间站台。基本站台是指靠近线侧站房或广场一侧无需跨线设施即可直接进出客站的侧式站台，每个客站的一侧只有一个基本站台。中间站台是指通过跨线设施与站房或广场相联系的岛式站台，一个客站可以有多个中间站台。

铁路的站台宽度一般为：岛式站台不小于12m（无柱站台不小于11.5m）；基本站台不应小于8m，但在我国，考虑小汽车能直接开上基本站台，因此其宽度一般为15m。

根据不同的交通方式，站台的长度也有所不同。其中我国的高铁列车停靠的站台以450m为标准长度；普速站台因为要考虑邮政包裹和行李车厢，因此长度在500~550m之间。城际场和市域铁路的列车一般为短编组,站台长度一般在220m左右。现阶段我国的所有站台考虑到人性化服务,高度一般为1.25m,与列车车厢高度齐平,方便旅客乘降,保证旅客的安全。

②站台雨篷

站台雨篷是指覆盖站台上方、为旅客乘降列车进行遮风挡雨的建筑构筑物。根据结构形式的不同,站台雨篷分为有站台柱和无站台柱雨篷两种形式。

传统的有站台柱雨篷一般在站台的中间设置单柱或双柱作为雨篷的结构支撑。由于在高度上不受接触网的限制,可以在限界要求下尽量压低雨篷,对站台的遮雨较为有利。其纵向结构跨度一般为9~12m,有较好的经济性,但由于柱距过密,对站台的视觉通透性有一定影响。

无站台柱雨篷比有站台柱雨篷的覆盖面广、跨度大、空间开敞、遮雨效果好,并且在雨篷造型上更自由轻盈。但是无站台柱雨篷的用钢量大,容易造成篷内噪音和风压力,因此要适当加大列车上方的透空面积,以将噪音和气流释放出去,也有利于自然采光和通风。同时,无柱式雨篷可以减少柱子对站台上人流的干扰,提高站台的通透感,顺应旅客流线更通畅的发展趋势。

③跨线设施

跨线设施是联系站房与中间站台的重要通道,它主要包括跨线天桥和地下通道,对于普通车站还有行包地道等。当旅客通道设双向出入口时,应设楼梯和自动扶梯,其宽度不宜小于8m,净高不低于3m,栏杆扶手和窗台净高不应低于1.4m。未来高速铁路客运站房的跨线设施将大大缩短,候车区直接对应站台,候车旅客经检票后经楼梯或自动扶梯,直接下到站台,减少旅客在进站过程中不必要的步行距离。

(3)站场的规模与形式

站场规模根据铁路线的方向不同与站台数量的多少,可以分为单站场和多站场两种形式。其中,多站场既可以平行并置,也可以上下叠加。同时,根据站场与城市地面的关系,又可分为地面(路基)站场、高架站场以及地下站场等多种形式。

由于站场的规模一般较大,会占用大量城市土地,噪音与污染也比较大,和其他城市功能设施有一定的排斥性。因此,城市对外交通基础设施应首选地下站场,这是一种对城市空间影响最小、最集约土地的方式;其次是高架站场,与地下站场相较,虽然对城市空间有一定影响,但此种方式不会完全割裂城市空间,土地集约化程度也较高。但无论是地下站场还是高架站场,造价均较高,对一些铁路建设成本受限的地区并不完全适宜。因此,大量的铁路站场依然采用地面或路基形式,虽然经济,但其对城市空间的割裂最为严重,土地利用率也较低,车站地区城市设计需针对这种形式的站场进行特殊性设计,以消除对城市的不利影响。

需要特别指出的是,车站地区首先要关注站场的类型、规模与形式,因为站场是整个车站地区交通设计的基础条件,其他的功能空间均围绕站场进行布置,因此,车站地区城市设计的基本要素就是要对站场进行深入研究。

2)城市交通系统

严格意义上讲,城市对外交通必须借助于城市交通才能完成旅客在城市客源地与目的地之间的转换与运输。因此,城市交通的有效接入和快速疏解是车站地区交通高效率的重要保证。根据城市交通与车站以及周边地区的关系不同，从功能上可以区分为：集疏运系统、进出站系统和地区性交通三个子系统。

（1）集疏运交通

集疏运交通的"集"是指城市交通"汇集"到车站，"疏"是指城市交通从车站"疏散"到城市中去。车站地区的集疏运交通从交通工具的属性上可以划分为公共交通、个体交通、慢行交通。

①公共交通

城市公共交通方式主要由城市轨道交通、专线巴士、常规公交以及新型捷运系统组成。其中，城市轨道交通因运量大、速度快、环境友好等优势，现已成为最主要的公共出行方式。

根据《城市公共交通分类标准》CJJ/T 114—2007，"城市轨道交通为采用轨道结构进行承重和导向的车辆运输系统，依据城市交通总体规划的要求，设置全封闭或部分封闭的专用轨道线路，以列车或单车形式，运送相当规模客流量的公共交通方式。包括地铁系统、轻轨系统、单轨系统、有轨电车、磁浮系统、自动导向轨道系统和市域快速轨道系统"。

目前世界上技术成熟、应用广泛的轨道交通方式还是地铁与轻轨。地铁是一种大运量的轨道运输系统，采用钢轮钢轨体系，标准轨距1435mm。地铁主要在大城市地下空间修筑的隧道中运行，当条件允许时，也可穿出地面，在地上或高架桥上运行。它主要负责城市范围内短距离旅客运输，可有效缓解城市内部密集客流的交通压力。轻轨与地铁类似，但其属于中运量的轨道系统，主要在城市地面和高架桥上运行。

此外，为了适应不同城市的交通需求、经济水平、地理条件以及环保要求，世界各地也出现了很多新型城市轨道交通模式，如磁浮交通、单轨交通、自动导轨交通、索轨交通、胶轮交通、直线电机轨道交通等。

②个体交通

城市在倡导公共交通出行的同时，也需要有部分的个体交通作为交通网络的有益补充和完善。车站地区的个体交通主要由出租车与社会车组成。随着共享理念的产生，网约车和共享汽车的出现，也为个体交通出行方式提供了多样性的选择。

③慢行交通

车站地区的机动车交通错综复杂、交通效率往往不高，其中一个重要的原因就是忽视了站区慢行交通的建设。所谓的慢行交通就是把步行、自行车或自动代步系统等慢速出行方式作为车站地区交通出行的主体，它可以有效解决机动车交通与人行交通的冲突问题，引导旅客或城市居民采用"步行+公交""自行车+公交"的出行方式。慢行交通是相对于快速和高速交通而言的，有时亦可称为非机动化交通，一般情况下，慢行交通是出行速度不大于15km/h的交通方式。

（2）进出站交通

进出站交通是车站与城市集疏运交通以及地区性交通相衔接的系统，其一端连接城市道路、一端连接车站的各种场站设施。进出站交通往往是车站地区交通系统的"瓶颈"，是城市交通和外部客流联系的"咽喉"部位，处理不当容易造成交通拥挤和混乱。进出站交通主要由连接城市道路的匝道、车站的落客平台以及场站设施组成。

①连接匝道

由于封闭性较好的城市快速路一般不能直达枢纽，因此在车站和快速路之间往往还需要设置专用的连接通道，如高架匝道或地下隧道等。此外，很多车站的场站设施或落客平台往往在高离地面的地方，因此需要上下匝道将其与城市地面道路进行衔接。

②落客平台

所谓的落客平台指的是供机动车停靠并乘降旅客的空间，宽度在12m以上，车道边的长度根据车站规模和客流量多少确定，一般为150~300m。落客平台的形式有两种，一种是设置在站房的侧面，往往需要跨越铁路轨行区上空，造价较高，但进出站效率也高，与城市环境友好；另一种是设置在站房的正面，与城市道路斜接容易，造价较低，但旅客进出站距离较远，割裂了车站与城市空间的连接。

③场站设施

进出站交通的场站设施按照功能可以划分为四个区，即下客区、上客区、车辆排队区和停车区。上客区和下客区作为乘客服务区，主要依据人流组织以及不同交通方式进行布局，两者可以分离；尤其是个体交通，如社会车和出租车等，其下客区往往靠近客站的进站厅，而上客区却尽量和出站厅相邻。车辆排队区和停车区作为车辆服务空间，原则上应该和乘客服务区分离。

（3）地区性交通

枢纽地区是多种交通集聚的区域，作为出行的始发终到目的地，必然产生大量的进出站交通，包括地铁、公交车为主的公共交通和小汽车为主的私人交通。而周边地区得益于这种区域交通可达优势，也会诱发一定的城市交通，如何平衡城市交通与地区进出站交通的关系，确保快捷高效，是枢纽交通集散系统的关键。

车站周边地区的交通主要由诱导交通、过境交通、地区交通三部分组成。

①诱导交通

由于紧邻车站的特殊区位，周边地区的交通可达性较高，大量城市资源，甚至是区域性资源的涌入，产生高强度土地开发与多种城市功能的使用，诱发产生较大量的城市交通，需要合理评估车站地区的交通集散等级，确定城市集散交通与城市交通之间的适度分离或混合。

②过境交通

有些车站地区位于城市中心或城市区域之间。由于城市交通网络以及道路设施水平较高，会引发车站地区一定量的过境交通。过境交通和车站的集散交通是相互矛盾的，过境交通的涌入会严重干扰车站进出站交通的效率，引发不必要的拥堵。因此必须要在城市交通集散区外围构建过境交通通道，或采用隧道、高架通道等形式，立体分离过境交通。

③地区交通

车站周边地区因为城市开发强度较高，需要完善的地区性交通网络予以支撑。车站地区的交通路网一般采用"窄街道、密路网"的形式，以增强城市建设用地的交通可达性。同时密度较高的路网结构也有利于车站交通的疏解。

3）交通换乘系统

城市对外交通网络与城市交通网络两者之间是需要衔接与相互转换的，交通换乘是车站作为枢纽最基本的核心功能。

（1）交通换乘的方式

车站作为城市对外交通和城市交通的转换场所，其交通换乘主要由城市对外交通之间的中转、城市对外交通和城市交通的转换以及城市交通方式之间的换乘三种基本方式组成。

①城市对外交通的中转

一般而言，中大型铁路车站的城市对外交通往往由高铁、普速、城际或者市域铁路等共同组成，旅客从一条线路转换到另一个方向的线路时，就存在中转换乘问题。简单的两场换乘可以通过简单的扶梯反向运行让旅客直接回到候车厅来解决；复杂的多场换乘则需设置单独的中转候车厅进行转换。中转换乘的组织原则是旅客不需要出站就可以进行换乘。

②城市对外交通与城市交通的转换

严格意义上讲，城市对外交通必须通过车站进行连接才能和城市客源地发生关系，同时出行旅客也需要通过多种城市交通方式接驳到车站，并通过交通转换才能完成城市对外交通的出行。因此，城市内外交通的换乘是车站的主要职能之一。其具体方式主要表现为国铁换地铁、公交、出租或社会车等。

③城市交通的换乘

随着车站地区交通效率的提高和多种交通方式的汇集，车站不仅要承担对外交通的出行，还要承担城市内部交通的换乘，当前国内外的交通枢纽也大多从单纯的对外交通枢纽逐渐演化为复合型的城市交通枢纽。在这个过程中，车站的交通换乘已成为车站地区的核心系统之一。城市交通之间的换乘主要表现在不同的地铁线路之间的换乘、地铁与公交的换乘或公交与公交之间的换乘。

（2）交通换乘的构成要素

枢纽的交通换乘系统是指不同交通方式、不同交通线路、不同交通方向间实现客流联运、换乘、候车，以及交通工具停放、作业、调度等的综合性区域或设施。其系统构成要素一般包括：换乘源、联络系统以及运营常理机构。

①换乘源

所谓的换乘源就是指旅客进行中转或换乘的出发地或目的地。换乘源一般由各种场站设施等组成，包括铁路的站场、城市轨道交通的站台、公交上下客区、长途车场等公共交通设施，也包括出租车、社会车、网约车、共享汽车等个体交通的停车场以及落客平台等。

②联络系统

连接各车站、站场、上下客区的设施均属于联络系统，主要包括：集散类空间，如站前集散广场、客站的进出站厅、轨道交通站厅等；通道类，包括各种衔接、换乘和出入车站的通道等，如水平换乘通道、竖向联系非楼扶梯等；此外，在一些复杂的换乘系统中还设置有专门的换乘大厅。

③运营管理机构

在上述设施的功能中，场站设施的调度与管理可以将各种交通设计一体化、整合设施的利用效率，缩短旅客的步行距离、提高旅客的换乘效率，并通过共享交通资源，集约交通用地，提升土地利用效率。

（3）交通换乘的形式

在不同交通方式之间进行换乘是车站的核心功能，换乘效率及安全舒适是衡量车站交通组织成功与否的重要指标。交通换乘的形式主要分三类，即"网络式""集中式"和"集中分布式"。

①网络式

网络式换乘就是将换乘人流按照不同目的、不同方向导入不同的换乘通道内，每一个换乘通道内的人流具有相同的换乘目的和换乘方向，类似于道路立交的定向式匝道。由于这种换乘方式是"点对点"的形式，因此称为网络式。网络式换乘的优点是换乘距离短，人流流向单一，工程投资节省；适用于换乘目的和方向性都比较少但换乘流量比较大的情况。但是当换乘方式及目的复杂多样时，采用网络式换乘则通道将变得错综复杂。

②集中式

集中式换乘是将不同换乘目的、不同换乘方向的人流导入同一个集散大厅，经过换乘大厅的转换，按照不同换乘目的、方向进入不同的换乘通道。换乘通道兼容双向换乘目的，类似商业中庭或共享大厅。集中式换乘刚好弥补网络式换乘的不足，人流进入换乘大厅后，再前往各自的目的地，只要换乘大厅的面积足够大，就可以满足多种换乘目的和方向的需求。但是，集中式换乘的主要缺点是投资较大，需要有面积足够大的换乘大厅，各种人流在大厅内比较混杂，旅客的换乘方向感也比较差。

③集中分布式

大型交通枢纽往往集中了多种交通方式及场站设施，换乘量巨大且目的和方向复杂多样。这时就应该采用集中分布式换乘。所谓集中分布式可以看作是几个集中式换乘与网络式换乘的结合体。首先根据枢纽场站设施的分布确定换乘大厅数量，每个换乘大厅都连接几个方向的场站设施。然后再将这些换乘大厅通过几根主要的换乘通道将其连接起来。集中分布式换乘既通过集中式换乘解决了换乘方向多的问题，同时也利用网络式换乘解决了换乘量大的问题。集中分布式现在已经被很多大型枢纽作为换乘系统的主要方式。

3.1.2 功能与使用体系

由于车站自身服务的人群特点决定了其对于周边地区发展带动作用存在明确的指向性，最显著的效应就是强化了由交通功能所引发的城市服务业相关职能的发展。因此，车站地区的功能与使用体系根据与交通行为的相关程度分为交通功能、交通衍生功能、城市功能三类（图3-2）。

1）交通功能

所谓的交通功能就是与交通行为密切相关的使用功能，按照具体的使用者行为的不同可以分为集散功能、等候功能与联系功能。

（1）集散功能

集散功能主要指为旅客提供集中与疏散的功能性空间。车站的进、出站厅、中转换乘厅、出站通道、城市客厅等集散空间，不仅起到人流集中和疏散引导的作用，往往还具有买票、安检、聚会与商业服务等功能，因此集散功能空间不仅要考虑人流聚集的多少，还要为安检、排队以及短时等候与商业留出足够的空间。

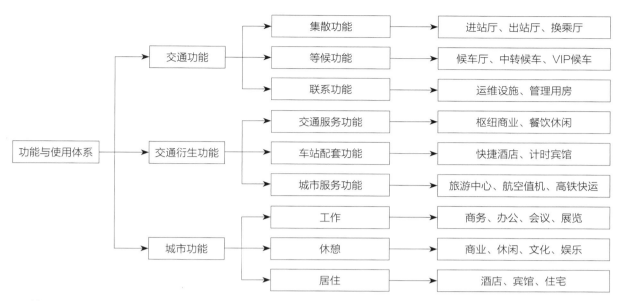

图 3-2　功能与使用体系

（2）等候功能

等候类功能主要指候车厅、中转候车厅、VIP候车厅等。我国由于季节性出行量较大，列车到发频次不高等原因，在旅客进入客站后，还需滞留一段较长时间，因此，一般的铁路客站仍需设置较大规模的候车厅。候车厅大小由最高小时聚集人数确定。其高度一般为20～30m，体量巨大，这也是造成车站在形态上与周边城市建筑比较难协调的主要原因。随着列车到发频次的增加，国外很多铁路客站采用通过式候车，或将候车功能与开放的城市公共空间及商业区混合在一起，因此可以减小甚至取消候车厅，集约了客站空间，也提高了旅客的出行效率。

（3）联系功能

车站的交通联系是指进、出站厅、候车厅或中转换乘厅与站台之间的连接部分。包括进出站通道、扶梯、天桥以及地下出站通廊等。联系空间的组织主要根据进出站厅、候车厅与站台的相对位置进行设置，方便快捷和人性化设计是其原则。

2）交通衍生功能

所谓的交通衍生功能，指的是由车站所引发的交通行为，如旅客集散、换乘等行为衍生出来的功能，主要是为车站服务或是车站拓展出的部分城市功能。

（1）交通服务功能

城市的交通枢纽作为大量人流集散的场所，本身就需要相应的配套服务设施，这为枢纽的发展创造了初始需求。交通服务设施包括：车站的商业、餐饮和休闲设施。

（2）车站配套功能

城市对外交通会给车站带来一定量的滞留旅客，因此车站需要配置一些如快捷酒店、计时宾馆等过夜设施；同时，现代枢纽的换乘区已经演化为城市公共空间的一部分，换乘人群也有一定的商业服务需求，因此沿换乘通道两侧及换乘大厅周边可以设置较大量的沿线商业及餐饮等。

（3）城市服务功能

随着枢纽的建设，会有一些与出行相关的城市功能汇集于车站。如借助交通便利形成的旅游集散中心、与交通枢纽相连通的服务设施——城市航站楼、高铁快运、区域性捷运系统等。

3）城市功能

枢纽周边用地的交通可达性较高，用地环境紧邻站前广场或城市公共空间，城市空间品质较好，从而催生出一批与交通行为相关联的城市产业，主要有工作、休憩、居住等多种功能。

（1）商业商贸功能

枢纽周边用地应充分借助枢纽交通的高可达性，形成区域性的商贸设施。同时应努力发展为区域服务的高端零售业，尤其是一些大型商业百货，主要是吸引城市其他地区的人群利用枢纽便捷的交通条件到枢纽地区来消费，将交通枢纽进一步转变为城市的经济枢纽。

（2）商务办公功能

发展面向区域的生产性服务业，不仅有利于加快城市自身现代服务业的发展步伐，也有利于区域的产业升级，使枢纽周边地区真正发挥区域功能。生产性服务业重点发展地区总部、研发技术服务、信息服务等具有较强的竞争优势的知识型制造服务业，打造辐射区域的地区总部，积极发展金融、中介、咨询等产业，形成现代服务业聚集区。

（3）会议展览功能

会展业是以区域市场为对象的产业，布局在区域性交通枢纽周边地区更容易发展成功。枢纽建成后，将成为城市乃至城镇群地区人流、物流、信息流最密集的地区之一，为会展业发展提供了优越条件。枢纽周边地区要抓住机遇，提供比其他城市功能区更加优越的会议展览场所，形成服务区域的会议展览产业。

（4）文化活动设施

社会、文化活动设施既要借助枢纽交通的高可达性，也要兼顾城市的功能需要，因此，这些功能往往布置在枢纽地区的外缘。主要包括博物馆、影剧院、文化馆等设施。但近年来在一些枢纽地区，这些文化设施往往已经不再仅仅以满足当地居民使用，而是越来越靠近枢纽，甚至成为枢纽功能复合化的一部分。

（5）酒店、公寓功能

充分发挥交通可达性高、城市环境好的优势，建设具有高标准的酒店业，满足高端商务旅客的居住和工作需要。同时，借助枢纽交通，尤其是高铁等快速交通工具所带来的同城效应，建设居住品质较高的酒店式公寓，满足城际工作人群的通勤需求。

（6）城市居住功能

在距离车站一定距离、环境比较好的区域，居住社区是比较主要的城市功能部分。一定量的城市住宅的引入，会增强车站地区功能混合度的比例。在一些城市边缘站或远郊站，城市居住甚至成为车站地区主要的功能业态。居住区的建设不仅能保证车站地区先期投入的快速产出，同时有助于促进车站地区实现职住平衡式的发展，缓解地区集散交通的压力。

随着城市居住区的建设，必然产生一定量的社区服务配套设施，如集中型的社区商业、沿街商业和休闲娱乐等。此外，社区配套还包括一定比例的教育设施，如中小学、幼儿园等。

3.1.3　环境与场所体系

车站地区的城市环境与场所体系是旅客与城市人群活动的主要空间，其构成要素主要由一系列的建筑或城市公共空间组成。依据使用者行为特征，环境与场所体系可以分为交通导向型、站城型、城市共享型等多种形式（图3-3）。

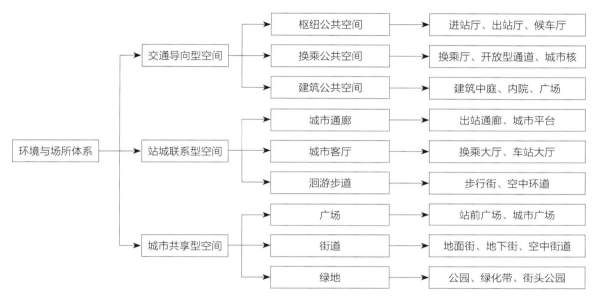

图 3-3　环境与场所体系

1）交通导向型

交通导向型的场所空间是指以满足交通行为的使用需要或供人们集散、聚会和休息的公共空间。交通导向型的场所空间一般具有停留时间较短和时段性特征。

（1）进出站厅、候车厅

车站地区的交通导向型公共空间主要存在于枢纽区内，包括车站的进、出站厅和候车厅等。进、出站厅、候车厅除了满足旅客进出站交通功能以外，同时也是旅客集散和等候的空间。对旅客而言，这部分空间既是交通的集散空间，也具有一定的公共属性。但由于其一般不对城市开放，尤其是我国的铁路车站，由于安全和管理的需要，往往设置门禁系统，尤其是候车大厅完全是门禁内空间。因此这部分公共空间的公共性较弱，只供给城市部分人群使用，因此也称为建筑内部的公共空间。

（2）交通换乘区

车站的换乘区也是一种半开放的公共空间，其主要功能是交通换乘，但由于无需安检，因此，普通市民也可以进入。随着车站服务的多样化发展，在换乘区内往往也聚集了大量的商业服务设施，不仅为换乘人群提供服务，也吸引了更多市民的进入。从发展趋势看，车站的换乘区已经演化为对城市完全开放的公共空间。

2）站城联系型

站城联系型公共空间是指联系车站和周边城市的公共空间，是车站内部空间和城市外部空间联系的重要纽带。主要的类型有城市通廊、城市客厅、洄游步道等。

（1）城市通廊

所谓的城市通廊就是一条贯穿于车站内部的线性公共空间，起着联系枢纽换乘区与城市空间的作用。城市通廊在我国的枢纽中一般位于站场的下方、出站厅的周边设置，主要起到出站客流与城市交通方式之间换乘通道的作用。由于其具有大客流量和开放性的特征，易于城市换乘人群和周边城市人群的到达，在城市通廊两侧往往设置大量的商业服务设施，更进一步拓展了城市公共空间的属性。

（2）城市客厅

城市客厅是近年来随着站城融合理念的产生而形成的一种新型的内外联系型公共空间。其主要设置在站前广场与站房的交界处，充分整合了交通换乘功能，尤其是结合城市轨道交通站点的设置、集成了大量的商业服务功能，成为对城市完全开放的公共空间。

（3）洄游步道

在一些交通密度很高的枢纽地区，为了充分拓展步行交通的功能，同时也为了人车分流，往往从枢纽区的公共空间引出一条空中的步行环道，与城市的公共空间或建筑直接联系，大大提升了枢纽周边地区的步行可达性，促进了周边区域的城市发展。如日本的横滨站，在站前广场处就设置一条环形的洄游步道，将周边城市建筑联结成为一个整体。

3）城市共享型

城市活动型是指以开展城市的社会、经济、文化活动为主要功能的公共空间，主要由站前广场、街道和地下空间等组成。

（1）广场：从铁路客站创始初期，站前广场就承担了客站与城市交通的连接与换乘作用，当随着交通换乘功能的剥离，站前广场的人群集散和城市景观的功能越来越强，封闭管理的特性日趋减弱，现在已经完全演变为客站与城市共享的公共空间。

（2）街道：街道作为最基本的城市公共空间，依然是车站地区大力发展的活动场所。尤其在强调以步行交通为主导的车站地区，街道结合商业可形成商业步行街等。

（3）地下空间：在一些用地密度较高、道路交通复杂的车站地区，大力开发地下空间也是一种扩大公共空间辐射范围、提高公共空间密度和改善公共空间质量的良好方式。地下街在日本城市中心区的车站地区应用得非常广泛，结合地铁换乘通道设置四通八达的地下街，已经演化为这些地区最重要的、全天候的城市活动场所。

3.1.4　空间与形态体系

站域空间的空间结构、城市形态和景观意象均是车站地区城市设计的核心内容（图3-4）。一方面，基于车站交通因素的主导作用，车站地区的空间结构呈现明显的圈层化的分异特征；另一方面，车站地区对于土地这一空间资源的利用已经从二维的平面布局拓展到三维的空间组织，车站地区呈现高密度紧凑城市的形态特征。

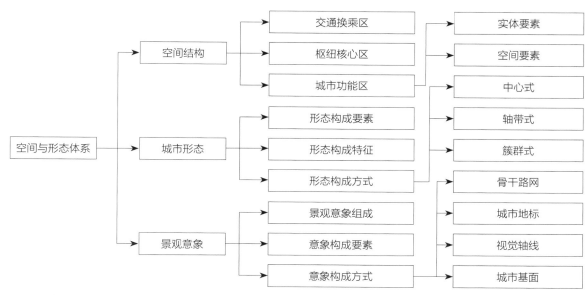

图 3-4　空间与形态体系

1）车站地区空间结构

可达性是影响车站地区各要素空间分布的核心概念。对于车站而言，可达性是指从城市到达枢纽的难易程度，主要表现为旅客的出行时间和出行成本两个方面，是衡量车站交通效率的重要指标；但对于车站周边地区而言，可达性是指从车站到达周边区域的交通便捷程度，主要表现为车站与周边用地的距离或步行时间，是衡量车站周边地区土地价值的重要指标。根据车站交通可达性由高到低的特征，车站地区空间结构主要呈现为内圈的交通换乘区、中圈的枢纽核心区、外圈的城市功能区。

（1）交通换乘区

①交通换乘区的范围

处于内圈的交通换乘区主要是指以车站的交通功能为主、城市衍生功能为辅的枢纽区，其用地规模基于不同类型的交通枢纽而有所不同，其步行范围约400~500m、时长在3~5min，基本控制在枢纽内部交通环路以内，用地面积约1~1.5km²。

②交通换乘区的构成要素

交通换乘区是涵盖车站在内的以交通服务为主的区域，主要包括站场、车站主体、广场、附属用房、公交场站、城市轨道交通站场等综合交通设施；这个区域是车站发挥交通职能的最基本的功能区，服务主体是旅客，其活动特征和需求与枢纽的交通出行关系最为紧密；车站的交通衍生功能主要是为枢纽的交通配套服务的，包括站内外小型商业、餐饮、快捷酒店、旅游、商务、信息服务等。其空间及功能布局上受枢纽"控制"最大，用地范围具有一定的"刚性"，边界容易界定。

③交通换乘区的空间分布

交通换乘区的空间密度基于不同的枢纽特性和城市设计理念有很大的差异。在一些亚洲高密度城市，如日本东京和中国香港地区，枢纽区因通过式候车的客站空间比较小，从而在客站的周边、上空和地下叠加了大量的交通衍生功能空间，因此枢纽区的整体空间使用密度非常高。如香港的九龙站，其客站与其上部叠加的功能空间之比高达1：60。而反观我国的交通枢纽，尤其是以交通功能为主体的大型枢纽，由于交通组织和城市设计理念的原因，枢纽区基本上都是以客站为主体，配置少量的交通衍生功能，因此枢纽区总体的功能空间使用密度比较低。

（2）枢纽核心区

①枢纽核心区的范围

处于中圈的枢纽核心区主要是指车站外部并与其关联比较紧密的城市区域。其步行范围控制在5～10min，基本用地范围控制在枢纽周边城市主干道围合的区域内，用地面积约3～5km²。

②枢纽核心区的构成要素

枢纽核心区既是对核心区交通功能或衍生功能的补充、延伸与拓展，更是与交通关联的城市功能聚集区，主要包括区域性的生产服务业，如大型商贸、商业、写字楼、会议展览以及高端酒店及公寓等。这个区域是城市依托枢纽站发挥城市功能的主要地区，服务的主体是城市其他区域因交通便利而汇聚到枢纽周边工作、消费和娱乐休闲的人群，因此可以称为城市功能的"外向型"区域（为枢纽地区居民服务的功能称为"内向型"区域）。作为交通枢纽直接拉动的城市区域，重点是根据各城市具体情况，判断枢纽功能外延的位置和内容，发挥枢纽拉动效应，注重土地经济性的培育。

③枢纽核心区的空间分布

枢纽核心区是城市开发的重点地区，也是先期开发的地区。由于其优越的交通条件和较高的可达性，城市环境比枢纽区更适合于城市建设。因此，枢纽核心区历来都是所有城市优先发展的对象。由于其交通便利提升了土地价值，因此该区域的土地开发强度是比较高的，综合容积控制在2.5～4.0之间。同时，由于枢纽核心区也是城市与车站的结合部，城市仍需要留出较大的绿化与景观空间，再加上铁路站场一般还会占掉一大部分土地，真正留给城市功能建设用地并不宽裕。因此，枢纽核心区的功能空间使用强调高度的立体化和复合化，以增加功能空间的使用密度。一些高密度城市的枢纽核心区一般是高楼林立、用地紧凑，交通设施与公共空间穿插其中，如日本的涩谷站、我国的杭州东站、深圳北站就是典型代表。

（3）城市功能区

①城市功能区的范围

处于外圈的城市功能区主要是指虽与枢纽有一定联系，但主要是以城市生活为主的功能区。其步行范围约在10～15min，基本用地范围在外围的城市快速路或城市主干道封闭的区域内。用地面积基于车站的规模和城市的发展条件而定。

②城市功能区的构成要素

城市功能区的用地随着与车站距离的增加，出行旅客和城市其他区域的人群活动密度降低，逐步向常态的城市功能组织、空间结构和土地利用平衡过渡。其主要功能包括城市地区性商业，居住社区及配套设施、城市社会、文化活动设施等。城市影响区的主要功能使用对象由"旅客"逐步过渡到"居民"，城市的各项功能组织与枢纽已经没有直接关联，并由"外向型"向"内向型"过渡。城市影响区是交通和城市功能比较均衡的城市区域。重点是在更大范围内协调枢纽地区的交通组织、提高枢纽服务于城市的范围，实现职住平衡发展，以实现城市区域地位的提高，辐射能量扩大等战略目标。

③城市功能区的空间分布

车站地区的城市功能区的土地利用比较趋向于一般的城市功能区，但因受车站交通因素的影响，尤其是住宅区仍比城市其他地区的交通可达性要好，因此，多以高强度的城市功能，如社区住宅，进行土地开发，其综合容积率控制在1.5~2.5之间。

2）车站地区城市形态

车站地区的城市形态主要由一系列的实体要素和空间要素组成。由于车站地区具有可达性高的优势，必然引发城市功能的大量聚集，并表现为高密度紧凑城市形态。

（1）城市形态的构成要素

车站地区是由一系列城市的物质性要素所构成。这些物质性的要素从构成方式上分为人工要素和自然要素；从空间分布上分为交通换乘区、枢纽核心区与城市功能区；而从形态上则可以分为实体要素和空间要素两大类。

①实体要素

车站地区的实体要素包含建筑实体、市政工程物、城市雕塑、绿化林木、自然山体等。其中，建筑实体主要分为车站实体和城市实体。车站实体主要包括站房、附属办公、行车公寓等；城市实体主要由大量的商场、办公楼、公寓住宅以及文化体育和休闲设施等组成。

车站地区的市政工程物最主要就是大量的桥梁、道路、天桥、场站设施以及市政配套用房等。需要特别指出的是，由于车站地区与城市其他地区相较而言，道路市政设施的比例较大、功能性较强，对车站地区的形态有着极大的影响。因此对待这些要素不能回避，关键在于如何处理好这些要素的形态和协调与城市其他实体要素之间的关系。

②空间要素

车站地区的空间要素是人们赖以联系、生活和活动的场所。主要包括：街道、广场、绿地、水域等。此外，车站地区的空间要素还包括交通联系换乘核、交通连廊、站城共享的广场、候车兼购物的公共空间等。

（2）城市形态的构成特征

车站地区的铁路、城市轨道交通、公交、长途等都是大运量的公共交通工具，支持这些公共交通方式的基本要素就是，必须保证车站地区有足够的人口和就业岗位。这就意味着车站周边地区的土地开发必须要有一定的强度，城市形态也必须有一定的密度。同时，公共交通基础设施的发展，使车站周边土地价值大幅提升，从而吸引更多城市资源的导入。车站地区的土地就必须生产出更多的功能空间，以促进区域性资源的流动与高效使用。因此，车站地区必须通过建设高密度功能空间的途径，才能保证车站地区大量人口的工作、生活与消费需求。基于以上两方面的原因，车站地区总体上会呈现高密度的紧凑型城市形态特征，并具体表现在以下几个方面：

①站城形态的耦合

紧凑型城市形态体现在车站地区的显著特征就是，车站与城市从原来相互分离的状态演化为形态相互耦合的状态。车站建筑不再是一个孤立的体量，而是与周边城市建筑相互融合，逐渐形成群体标志。

②集约化城市格局

紧凑型城市形态充分整合车站地区的实体要素、空间要素与市政工程物的相互关系，通过立体化、复合化的空间使用，形成空间集约、土地高效的城市格局。

③高强度城市开发

紧凑型城市形态形成车站地区的多种功能的高度聚集，高强度城市空间的利用与开发，与其周边城市区域相较而言具有更高的密度和容积率。

（3）城市形态的构成方式

车站地区的城市形态主要围绕车站构成，并形成中心式、轴带式和簇群式等类型。

①中心式

所谓中心式的城市形态，表现为周边地区围绕车站或车站广场集中分布，并呈现出密度由内向外逐渐减小的空间形态特征。中心式形态往往发生在城市中心区的高密度城区。而在城市边缘或远郊的车站地区往往呈现半中心式的空间形态，这是由于车站两边城市发展不平衡所致，一般是靠近城市一侧聚集了大量的城市建筑，而另一侧则空空如也。

②轴带式

所谓轴带式的城市形态，其表现为车站周边地区沿着城市景观轴或车站发展轴的两侧发展，从而形成长条状或放射状的城市空间形态。轴带式形态一般只会出现在边缘站或远郊站地区。

③簇群式

所谓簇群式的城市形态，其表现为周边地区围绕车站形成组团式发展的空间形态。而在一些远郊站，城市围绕车站以及城市轨道交通的沿线站点，形成串珠式的城市空间形态。这在TOD沿线发展模式中经常出现。

3）车站地区的景观意象

（1）景观意象的组成

车站地区的城市景观意象主要由自然景观、人工景观和人文景观三部分组成。

①自然景观

车站地区的自然景观主要由其所处的自然地形地貌构成，包括自然的山形、水体、绿化林木等。充分结合自然条件营造良好的山水景观是车站地区城市意象的重要环节。

②人工景观

车站地区的人工景观主要由车站、城市建筑及其形式与体量，城市环境设施与小品，以及公园，绿地等组成。

③人文景观

在一些历史文化城市，历史文化地段以及车站地区范围内的历史文化建筑都是影响或构成车站地区城市人文景观的重要因素。

（2）景观意象的构成要素

车站地区城市景观意象主要由两类要素构成：一个是结构的认知性要素；另一个是特征的意象性

要素。两类要素共同形成人们对于车站地区城市意象的视觉感知与活动体验。

①结构认知性要素

车站的空间要素是可以被人所使用和所感知的。车站和城市的功能、交通联系也是通过空间要素来进行的，如交通换乘核、交通连廊系统、站城共享的广场、候车兼购物的公共空间等。因此，人们认知车站地区的格局，站城形态中的空间要素具有结构性的作用。

②特征意象性要素

从站城风貌、城市意象等角度，实体建筑形态的协调、标识性非常重要。城市空间的界面常常是由实体建筑进行围合限定，因此车站地区的实体要素是建立城市意象的重点。

（3）景观意象的构成方式

把多个景观意象性要素作为一个整体，研究其视觉美学与意象特征，形成了车站地区的总体轮廓、城市天际线、城市地标、城市视觉轴线等内容。

①骨干路网

车站地区的路径主要由交通主干路网构成，并形成网格型、放射型、自由型等多种形式。城市要素的空间分布往往依托这些骨干路网形成一定的功能分区；同时车站地区的边界也往往由城市主干道进行界定，从而形成了车站地区的总体轮廓。

②城市地标

车站一般因其在车站地区的功能主导作用，以及巨大的体量和显著的形式，往往成为车站地区标志性建筑的首选。但也有些站城融合程度极高的地区，车站融于城市建筑中形成站城综合体，从而体现出群体建筑的标志性。随着观念的转变，一些车站地区的地标由建筑实体逐渐转变为城市空间，城市客体就是其标志之一。

③视觉轴线

车站地区的视觉轴线由两种方式构成：一类是实体轴线，即由一系列连续的城市建筑构成实体的视觉轴线；另一类是通过公共空间，如带状的城市广场、景观绿地等，构成虚空的视觉轴线。

④城市基面

所谓的城市基面就是人进行活动的主要城市层面。车站地区因为土地利用、交通组织和空间集约的需求，往往进行城市的立体化开发，形成地面层、地下层与空中平台等多个城市基面，因此，多基面建构也是形成车站地区城市意象和景观营造的重要方式。

3.2
车站地区要素的层次与分级系统

车站地区的站城融合按照区域范围的大小可以分为以下几个层次（图3-5）：车站层面的交通枢纽综合体、站域层面的城市交通综合体、城市层面的城市公共中心。

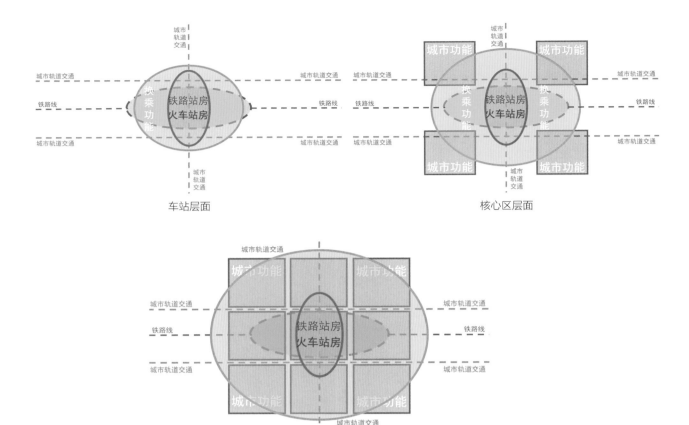

图 3-5　站城融合区域的层次

3.2.1　车站层面：交通枢纽综合体

交通枢纽综合体是以交通换乘功能为核心的综合体建筑。它既要满足交通铁路与城市交通的换乘服务，又融合了多种城市功能，是客站向全方位服务发展的高级阶段。

交通枢纽综合体的范围主要基于核心圈层，即铁路客站执行其内在交通与功能的区域。同时，枢纽综合体是以客站为核心，通过将各种城市功能进行合理的竖向叠加以及有序的垂直交通联系形成一个有机的整体，其本质是充分发挥站区范围内交通高可达性优势，集约空间资源，是客站本体空间综合发展的高阶模式，其形式多以城市巨构的方式呈现。

德国柏林中央火车站（图3-6）建筑面积175000m²，占地15000m²，是德国集轨道交通（高速铁路、普通铁路、市域快速轨道交通、地铁）、道路交通于一体的重要综合交通枢纽。柏林中央火车站枢纽，地面层为路面交通，港湾式停车场；在高架桥西侧设置地面、地下四层私家车停车场，提供方便的停车设施；在车站东西两端建造办公楼，提供商业活动，吸引客流。柏林火车站枢纽共分为5层，开放式的顶棚可以使自然光线充分照亮车站大厅；每天有30万名乘客通过54座自动扶梯和34架电梯，踏上驶向各地的1100趟列车。

日本京都车站（图3-7）位于京都下京区，汇集东海道新干线、JR东海道本线、JR山阴本线等众

图 3-6　柏林中央火车站

图 3-7　日本京都火车站

多轨道交通路线。京都车站大厦占地38076m²，地上16层，地下3层，总建筑面积237689m²，其中车站面积仅约占总面积的二十分之一。其他面积包含大型购物中心、博物馆、剧场、宾馆、办公和大型立体车库等功能。从功能配置看，京都车站超越传统车站单一性，汇聚多样城市生活，为组织这些功能，原广司在车站内设置一个470m×27m，高度60m的超常尺度"聚集场所"，它联系着室内空间和室外空间、交通空间和消费空间，成为非常有感染力的城市公共空间核心。

1）多种交通方式的整合

交通枢纽综合体的核心功能依然是交通功能。枢纽综合体以最大程度方便乘客出行为目的，从"单一式枢纽"转变为多种交通方式聚集的"复合式枢纽"，形成多种交通方式的整合。枢纽综合体的交通一般由铁路、城市轨道交通、其他公共交通与出租和社会车等部分组成，随着社会、经济与技术的发展，诸如云轨系统、无人机、网约车、共享车等新型交通工具也加入其中。针对这些不同的交通工具，交通枢纽采用"交通管道化"，"流线立体化"的原则合理组织交通的聚集，创造出高效、安全的交通运输体系。

（1）集疏运通道：枢纽综合体首先要解决城市交通与其衔接问题。设置专用的集疏运通道是一种高效的方式。客站的集疏运通道一般直接连接城市高等级的高速、环线或者快速路。形式有高架专用通道和地下隧道两种，地面道路往往预留给城市，尽量避免城市交通对集疏运通道的影响。

（2）站区内部疏解：站区内部通常形成封闭环路，以解决站区内部车辆的进出与转换。多以穿越站场的隧道和地面道路相结合的环路形式，城市交通基本不进入这个环路，形成高效的内部运转交通系统。

（3）场站设施完备：枢纽综合体往往利用站场的下部或周边建设场站设施，专地专用，以自身规模能满足客站交通车辆的停靠与停放为基准，形成站区内部完整的车辆驻留体系。

2）立体交通换乘的呈现

枢纽综合体的换乘系统基于交通便捷与空间集约，多采用立体化布局构筑多层面立体换乘体系。如通常地下层连接地铁，地面层连接道路交通，地上二到三层连接空中步行廊道，中庭作为竖向交通换乘中心等，以实现多种交通工具间的步行转换，形成城市功能与交通的相互促进，相互支持的效果。两者的整合，既为综合体带来了客流，增加了活力，也增加了枢纽的运营收入。这种利用多维立体空间的多层次进行人流组织的方式，不但可以提高换乘效率，还可以形成富有活力的建筑空间，促进交通与城市建筑复合化发展。

3）功能复合化的发展

交通枢纽综合体的本质是通过交通方式的集约化，实现交通便捷，并通过功能的集约化，融入更多的城市功能。客站与城市功能的整合主要有两种方式：

（1）空间复合模式：将城市功能包含于客站内部空间，以复合购物、餐饮、休憩、办公、旅馆、文化等服务设施。如将商业服务设置于各交通方式的衔接换乘空间内。或在地下设置商业步行街，在站台、候车大厅夹层设置为旅客服务的空间等，这种在站内包含商业的模式主要用于满足到发旅客、中转旅客的商业购物、娱乐休闲需求。

（2）竖向叠加模式：在客站本体范围内，对客站进行地上、地面和地下的综合开发，将多种城市职能整合到综合体建筑内部，促使客站空间进一步立体化、复合化，提升客站空间使用效益。

3.2.2 站域层面：城市交通综合体

城市交通综合体是枢纽综合体与相邻城市建筑共同开发的模式，其范围是核心圈层的客站空间与内圈的城市空间相结合的产物。

城市交通综合体是以交通换乘中心为核心，通过空间的高度融合，将客站与周边城市建筑联系成一个相互依存、相互补益的整体。与枢纽综合体的区别在于城市交通综合体建立了客站与周边建筑的连接，形成一个多功能、高效率的综合体。除了完成客站本体的交通职能，还引入多项城市功能，更具有城市属性，其形式也由城市巨构转变为建筑群体。

日本横滨港未来站（图3-8）位于神奈川县横滨市西区港未来三丁目的港未来21中央地区中心，属于横滨高速铁道港未来线的铁路车站。车站是仅一个有1台2线岛式站台的地下车站，通过拥有8层

图 3-8　横滨港未来 21 中央地区中心

图 3-9　香港九龙交通城

（地下3层，地上5层）通高空间的车站核在空间上与昆斯广场、皇后商场融为一体，这条垂直的路线可以到达楼高296m的横滨地标大厦、昆斯广场、横滨美术馆等文化设施和商业设施林立的港未来21中央地区。

　　香港九龙交通城（图3-9）总建筑面积（不含地下）1679552m²，基地面积135417m²，不仅被当作一个巨大的车站来设计，而且是一个占地13.5hm²，包括机场快线、停车场、巴士、的士站等，5126个居住单元，商场、办公楼、酒店和娱乐设施，以及22座大厦的"超级交通城"。设计强调各要素立体三维综合组织，近地面的楼层共同构成一个平台，在此平台上建造不同功能的高层建筑。地面层及所有地下层均匀为公共交通设施、道路及停车场。交通层上设第一、第二层人行网络，并在基地周边以人行天桥的方式与覆盖西九龙的人行路网相连。第二层由购物商场、广场及天桥组成的系统在街道标高之外创造了另一个良好步行环境。在购物层之上是一个高出街面18m的共享平台，包含开敞空间露天广场、花园及大厦入口。

1）城市功能的整合

交通枢纽综合体虽然通过高度整合内部的交通与功能流线，并形成具有一定城市功能的综合体，但其站城融合程度依然较低。而城市交通综合体将突破客站核心圈层的物理界面，重构与内圈层的功能与空间结构。

一方面，城市交通综合体通过将站前广场、站房与站场三者的空间关系相互重叠、复合，用立体的手法将站前广场纳入综合体的内部，并通过城市通廊的扩展、城市客厅的形成，将站前广场的交通组织和人员聚集分散到综合体内部，解构了广场、站房、站场三位一体的功能空间结构。

另一方面，城市交通综合体通过站前广场周边城市建筑的聚集，将站前广场转换为城市广场，从而将其纳入为城市空间的一部分。

通过以上两种方式的整合，城市交通综合体将客站与城市空间的外部联系转化为综合体内部的空间联系，这种联系突破了交通建筑的单一功能，演变成为集商业、办公、文化、娱乐等为一体的城市综合体。

2）交通换乘中心的出现

交通换乘是客站的基本功能，但随着城市交通综合体的出现，换乘的范围将从核心圈层扩展到内圈层。因此，原有的交通换乘体系将被再次整合，并以交通换乘中心的形式出现。

所谓的交通换乘中心，就是将分散在原枢纽内部的交通换乘体系进行局部的集中，形成一个交通核。其分布主要集中在站与城的交接部位。

（1）集中式换乘中心：集中式的换乘中心也称为"城市核"，它是通过将大部分的换乘设施集中于一处所构成。按照分布位置的不同，也呈现两种方式：其一是所谓的城市客厅，主要分布在客站与城市空间的交界处，即核心圈层与内圈层的连接点。城市客厅是属于客站与城市所共有的空间，具有一定的双重性。其二往往是一个多层的共享空间，可以是封闭的，也可以是开放的，其功能除集成了交通换乘，还可围绕中庭空间布置大量的城市功能。

（2）线性换乘中心：城市通廊就是线性换乘中心的主要形式。所谓的城市通廊，就是利用站场下部或上部的空间形成的一条枢纽内部与城市空间相连接的公共空间，该公共空间的权属和建设一般属于城市。在设计中，有意识地将各场站设施尽量沿城市通廊两侧以及上下布置，利用城市通廊作为换乘的连接通道，从而形成线性的换乘格局。同时基于城市通廊的城市属性，可以在交通流线的两侧布置大量的城市功能，从而将城市空间引入枢纽的内部，形成站城空间的立体融合。

3）土地利用的高度集约

由于城市交通综合体的换乘中心一方面解决了客站的换乘问题，另一方面解决了周边城市的交通问题，因此，处于内圈层的土地也可以享受枢纽交通高可达性所带来的便利，其土地升值实为明显。

（1）地上空间的高强度使用：受铁路站房交通设施的限制，我国铁路站房以及站场上盖部分的空间利用有一定的局限性，而内圈层的土地使用并不受此限制，可以进行高强度的立体开发。杭州西站内圈层的总开发量就达130万m²，形成一个集商贸商业、文化展示、活动休闲于一体的超级城市综合体。

（2）地下空间的综合开发：城市交通综合体由多个功能区块的割裂状态，转向各个构成要素融为一体的有机状态。以此为基础，就可以进行整体区域的地下空间综合利用。其最大的好处在于可以将部分的枢纽交通设施与城市设施共享，通过智能化管理进行分时共享，从而减少了客站前期投资，提高了站城公共资源的使用效率。同时，四通八达的地下空间可以整合各城市空间，形成高度的站城融合。

4）城市形象的转变

铁路客站作为城市对外交通的转换节点，通常以"城市门户"的形象出现。原有孤立的站房或交通枢纽综合体还仅仅停留在通过建筑单体的外部形态反映城市门户的阶段。随着城市交通综合体的出现，其城市形象也发生了转变：

（1）由独立建筑转变为群体建筑：城市交通综合体通过将原来独立的站房形象渐渐与周边建筑相融合，最后以建筑群的整体形象来表现城市的门户。新近设计的杭州西站通过城市的"云门"以及周边林立的城市高层来建立杭州西部未来高科技的城市形象，就是其中的代表。

（2）由外部形态转变为城市公共空间：城市交通综合体的出现，交通换乘中心成为综合体空间组织的核心。客站立足于城市，着眼于交通，延伸至商业服务，交通换乘中心成为客站与城市人流集散的宏大综合性空间。而这种大空间特征使得铁路客站成为所有公共建筑里最容易辨识的特征之一。柏林中央火车站的立体换乘大厅、横滨站的城市客厅等，都是这种宏大空间的代表性案例。随着站城融合的发展，以及建筑观念的转变，我国城市的门户形象，也必然从外部形态的视觉感知转变到公共空间的体验，也许两者相结合是中国特色的客站新形象。

3.2.3 城市层面：地区公共中心

城市地区公共中心是以城市交通中心为核心，对客站及城市进行有机联系，形成功能多样、空间立体、交通效率高、经济效益好、社会效应强的城市中心区，是客站空间圈层化发展的一种新型城市功能区，其范围是包含了外圈层的枢纽核心区的全部。此模式下的枢纽地区往往承担着城市副中心的职能角色。

城市地区公共中心的最大特征是："利用车站解决城市问题，同时也利用城市解决车站问题"。其与城市综合体的最大区别是：客站的城市场所价值超越了客站交通节点价值，上升到城市层面的高度，将促使城市结构的调整与优化。

东京的东京站站区（图3-10）总面积约168318m^2，站内的站台数量为日本第一，包含在来线9座18线（地上5座10线、地下4座8线）、新干线5座10线以及地下铁1座2线。另有3个车站大厅和2层步行系统，有3个出入口通往三个主要方向，分别是西侧丸之内口、东侧八重洲口和东北侧日本桥口。西侧的丸之内口以"历史"为主题，以保留修复红砖站舍为中心进行了一系列的升级改造，现在丸之内街道交通安宁，绿树成荫，可以主办公众活动、公众艺术和奢侈品零售；东侧的八重洲口则以象征东京"未来"的"先进性"和"先端性"为目标进行再开发，包括一栋200m高的办公塔楼，和一栋底层为零售商场的200m高的办公塔楼和一个东京车站的新入口，与日常的商务、娱乐和生活息息相关。世界著名的银座购物区和世界最大的筑地鱼市场在车站的步行距离内。东京站所在区域不再只是面向交通的一种专用设施，而是综合的城市空间——通过引入时尚潮流和新理念而代表城市的前

图 3-10 东京的东京站地区

图 3-11 大阪—梅田枢纽

沿，在这里交通功能起到支撑但不再是中心的作用，相反，车站周边的城市场所具有的大流量步行催生了独特的活力优势。

大阪—梅田枢纽（图3-11）位于大阪市北部，是在西日本中最大的车站。由JR大阪站、阪急梅田站、地铁梅田站等7个轨道交通车站组成。站体与大阪市营地下铁及阪神电铁、阪急电铁两家私铁公司所经营的车站通过复杂的通道与地下街系统连接，形成一个超大型交通枢纽。大阪站每日使用人次，以出入检票闸口的人次计算，单JR公司各路线就有85万人次（2004年度）。假如将各铁路公司所属路线总计，高达每日232万人次（2002年度）。根据2010年的统计数据，大阪站每日人流量已经超过了250万。梅田地区的土地开发强度极高，用地性质以交通、商业、办公和酒店四类功能为主。梅田枢纽站域步行系统与高强度的土地开发、集约化的城市功能、复杂的人流和多变的环境相互适应，在多层次基面上将轨交车站与城市空间紧密关联，形成"站城一体"的发展模式。

纽约大中央火车站（图3-12）位于美国纽约市曼哈顿中城，为大都会北方铁路的地下化铁路车站，可与纽约地铁的大中央42街车站转乘7号线、莱辛顿大道线及S线。纽约大中央火车站占地面积9hm²，大中央总站拥有44个月台和56个股道。车站的地下部分有2层，地下一楼有30个股道，第2层则有26个股道，地面层为换乘大厅，可以直接通到底层铁轨，其间由数座楼梯、斜坡和电扶梯连接。

图 3-12　纽约大中央火车站

车站周边紧邻克莱斯勒大楼、大都会人寿大楼、凯越大饭店等著名摩天大楼，其地下空间与纽约地铁的大中央42街车站相连。

1）城市交通中心的建设

随着客站建设影响程度的增加，交通可达性优势的扩展，交通换乘中心的作用范围也进一步延伸到城市周边，最终以一种新型的"城市交通中心"的形式出现。

（1）城市交通中心的设置：城市交通中心的功能必须满足铁路客站与城市两个方面的需要，因此，其位置一般设置在客站核心圈层与外圈层之间，即枢纽地区的内圈层附近。由于其包含了客站及城市两套交通设施，规模巨大，往往是单独设置，和客站与城市建筑均保持一定距离，或空间上可以明确区隔。

（2）城市交通中心的特征：城市交通中心除了以交通作为主要功能以外，往往还复合了一定的城市功能，其本身就是一个交通枢纽综合体。新近建成的旧金山跨海湾枢纽在近8万m²的长条状巨大体量里，集成了城市轨道、公共交通、长途客运以及约3万m²的城市服务设施，并提供了一个约2万m²的城市屋顶花园。该城市交通中心通过多基面与周边建筑联通，有效地带动跨海湾地区的发展，成为人们日常城市活动的中心。

（3）城市交通中心的作用：在站城融合的圈层结构中，核心圈层是井然有序的客站交通体系，外圈层是高强度的城市开发，两者相互交织的内圈层是复杂而模糊的交织地带，往往是站城两套交通体系衔接最容易出现问题的地方。城市交通中心的设置，一方面通过转换衔接城市交通，另一方面通过换乘连接客站交通，因此，城市交通中心其实起到了一个中介转换器的作用，在有效隔离了站内交通与站外交通分歧的基础上，确保了枢纽地区交通的"畅通与融合"。

（4）城市交通中心的发展：城市交通中心的出现，一方面可以替代客站原有的交通换乘体系，并将接驳城市交通的职能转移到城市交通中心上，从而简化了客站功能流线的组织；另一方面，城市交通中心更容易与城市空间相连接，由于不受安检的限制，在我国更能起到整合城市空间的作用。因此，我们有理由相信，未来的城市交通中心将有可能取代铁路客站，成为一种站城融合的全新模式。

2）社会资源的聚集

铁路客站及城市交通配套设施的健全所达成的交通高可达性，将带来大量的人口聚集和流动，必然促使城市区土地结构调整和重新分配，对有限土地进行立体化和集约化利用也进一步引发社会资源的聚集与分布。

（1）将客流转化为消费流：城市交通中心的设置，其最突出的特点就是让许多乘客不出地面就能换乘或进入周边建筑，既减少了地面的交通量，快速集散人流，也有助于将客流转化为潜在的消费人群；此外，城市交通中心也额外增加了城市到达此地进行中转的客流，这部分客流也更容易转化为消费人群。

（2）城市资源配置的多样性：城市交通中心对城市功能的粘合力比铁路客站要强很多。随着交通人流的导入，消费人群的转化，城市有更多条件设置多样性的功能。和城市交通综合体以盈利性的商业服务为主不同，城市区域活力中心可以吸引更多的资源配置，尤其是一些非盈利性的文化、展示和公共活动设施的引入，将进一步聚集人气，既彰显了社会价值，也提升了盈利性空间的使用效率。

同时，城市活力中心也将吸引城市居住行为的发生。通过合理配置一定比例的住宅，将提高枢纽地区土地混合利用的程度，形成办公、商业、居住、文化设施等多种功能的混合布局。不但可以降低单次交通出行需求，减少对汽车的依赖，而且有助于提升枢纽地区的能级，形成24h全天候的城市活力中心。

（3）社会资源的极化作用：城市区域活力中心的出现，将使枢纽地区出现"极化效应"，即较高的交通可达性会提升该城市区域的交通价值和土地价值，从而吸引更多的社会资源聚集并带来社会价值的提升，资源的聚集和强大的社会效应反过来会进一步促进该城市区域的发展，最终使该区域形成交通效率、经济效益和社会效应最大化和最优化的配置。

3）紧凑城市形态的形成

基于TOD模式和紧凑城市理论相结合，是亚洲高密度城市站城协同的一种方式。借助于公共交通的引导进行高强度和高密度的开发，形成紧凑的城市形态也是我国发达的中心城市以资借鉴的可行之路。

（1）立体城市的建构：枢纽地区的极化效应，将使土地价值急剧提升，枢纽周边地区的开发更多地采用垂直叠加的方式，将各种功能空间向地上和地下空间进行立体化扩展。其具体方式是：

首先是站区土地利用的节约与高效使用，如丰台站的立体站场，以及站场上盖物业的开发等，使客站获得更多的综合效益；

其次是城市土地的立体化使用和一地多用的方式，希望以更少的土地资源获得更大的经济效益；

最后，通过立体城市的构想，枢纽地区除了地面作为城市活动基面外，还有地下城市活动基面和空中城市活动基面，以构建立体多维的城市公共空间体系，为社会创造更多的价值。

（2）步行网络体系的形成：TOD模式在大多数城市能够成功，其中很重要的一点就是鼓励低碳出行，形成以车站为中心的步行社区。这种模式既节约了土地和能源，也创造了良好的城市环境，突出了社会价值。步行体系作为交通系统的组成部分和街道的延伸，提供从建筑内部穿越的通道、中庭、架空层、内街等空间，从多个地面、地下与空间多个基面将客站与区域内的步行交通进行连接，形成层次清晰和立体高效的步行网络体系，通过整合和优化，实现乘客向潜在消费者的转化，以及综合体与周边街区的"共生"，形成了从车站延伸到城区的立体步行者网络，确保了客站与周边城区的顺畅衔接。通过这种步行网络的建立，强化了客站与周边区域形成的连续性和环游性。

（3）生态城市的实现：生态城市的实现不是一句口号，高强度高密度的开发理念本身与生态城市理念是相悖的。没有地面、没有空间哪来生态？因此，站城发展一味强调交通价值与经济价值的最大化是不合理的，也违背了紧凑城市理念的初衷。紧凑城市最早由欧盟提出，其目的通过城市的紧凑发展，遏制郊区化的蔓延，留出更多的土地和自然资源，遵循可持续发展的要求。同时，环境效益的提升对城市交通与经济价值的提升也具有重要的促进作用。基于以上两点，我们在强调站城融合、高强度开发的今天，也要注重城市的环境，在枢纽地区一方面进行集约化立体开发，另一方面也要注重公共空间与城市景观的营造，更多的城市广场、更多的城市街道、更多的自然、更多的绿化，将生态城市建设落在实处，平衡交通、经济与环境三者之间的关系，促使城市区域活力中心的可持续发展。

3.3 站城融合的发展模式

所谓的站城融合、协同发展，是指枢纽与周边地区的城市建设相互支持、共同发展，创造出1+1＞2的协同效应（Synergy Effects）。中国当前站城关系最突出的问题就是站城协同效应的缺失，要么"有站无城"，要么"有城无站"。具体表现为：一是站与城的交通不协同，常常是"进不来、出不去"；二是站与城的功能不协同，开发目标不一致，潜在矛盾突出；三是站与城的空间与形态不相融合，不是"站分割城"，就是"城远离站"。

站城协同效应的缺失，既有城市发展条件的差异性，也有政策制度的现实性，但最根本的还是发展观念上的局限性，即没有将站与城作为一个整体进行考虑。以站与城的交通为例：站区交通与城市交通无论在理论方法还是实践层面都已形成相对合理成熟的模式，但一涉及两者的结合部，就各自为政、互不协调，从而才造成了站区交通"进不来、出不去"，站城空间"相互争夺、资源浪费"的现象。因此，站城协同首先需要将"站"与"城"作为一个整体系统中两个相互关联的要素，并从以下三种模式来探索站城协同发展之路（图3-13）。

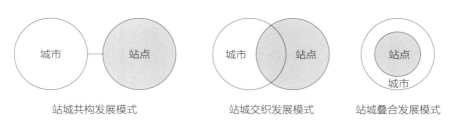

图 3-13　站城融合三种模式

3.3.1 站城共构发展模式

相对于完全不顾周边城市形态环境的独立车站，站城共构型是有一定环境约束下的独立车站，车站占据的独立街坊虽然与周边城市街坊存在管理分界和出入限制（如需要安检或检票），但两者仍然共同遵循城市公共空间的基本准则，通过边界共同围合限定城市的街道和广场或通过通道连接城市街道和广场。

共构模式需要兼顾站城间的空间围合和动线组织两个方面，合理的动线才能保证共构形成的公共空间和公共生活。在公共交通主导的欧洲车站建设，汽车动线可以和步行动线并置在一个平面，形成广场的主要内容，大型的如荷兰鹿特丹车站、德国汉诺威站，小型的如意大利帕维亚站等；在亚洲的车站建设中，机动交通的份额大大增加，即便在轨道交通极为发达的日本，小汽车等机动交通空间的大大增加，使得站城共构的广场主要为机动车所占有，如东京新宿站、北九州小仓站等。

随着时代的发展，站城共构的模式从平面向立体发展。为突出共同构筑的城市生活空间——广场和街道，将车步动线立体分层，满足交通效率与步行环境。如美国纽约中央车站的建筑就是城市街道的边界，大量的机动交通（出租车为主）在二层形成环岛，我国深圳北站将公交、出租、私家车等机动交通都独立设置在地面或两侧，保证了车站和两侧城市项目共构形成的步行广场。

在一些城市新建区，或城市边缘区，由于城市建设往往滞后于车站建设，因此，站城开发往往分期实施，导致站与城在空间形态上总体呈现相互分离但又彼此联结的状态。在我国，由于站城融合起步较晚，且受开发体制和土地因素的制约，可以通过共构中的连接方式发展站城融合。

上海虹桥站是集高铁、磁浮和机场航站楼为体的枢纽综合体（图3-14）。受机场跑道限制，虹桥站周边城市呈现单侧发展的形态。其中虹桥低碳商务区与虹桥站构成双核心协同发展的模式。核心区商业约14万m²，文化娱乐约6万m²，酒店约14万m²，会展约14万m²。商务区通过组织地面机动系统，保证了主干的多层立体步行街道体系，确保空铁与商务区的空间共构。

东急大井町线、田园都市线经过的二子玉川站，位于东京都世田谷区玉川一丁目，建成于2011年，是一个26.63万m²的车站综合体（图3-15），车站仅占小部分面积，其他面积包含商业、办公、酒店、大型停车楼、公园等功能。为了将车站西侧大型百货商店与东侧办公、商业及公园连接，通过地面层的车道组织，二层衔接独立管理的高架车站区，形成便于连续步行的"缎带步行街"所串联共构的立体步行商业街区。二子玉川站负一层为商业空间，一层为售票大厅，二层为轨道交通站台层。

1）共构模式的空间特征

（1）空间的关系层面：车站可以是完全独立的封闭系统，从管理分区上看与城市空间是相对分离的，但两者之间可以共同围合街道或广场，也可以通过街道或广场进行联结。

（2）要素的关系层面：站城的融合程度受交通空间影响最大，通常交通空间的分离性最强，具体表现为交通道路以及场站设施等几乎环绕车站四周，几乎隔绝了站房与周边区域在该层面的联结，但可以通过街道层或其他层面的站前广场或城市通廊形成站城共构关系。因此，从要素关系层面，我们可以将站城共构模式看作是通过共同围合公共空间或通过公共空间（如街道）来衔接城市的一种方式。

图 3-14　上海虹桥站和虹桥商务区

图 3-15　东京二子玉川站地区

2）共构模式的价值倾向

（1）站城共构模式的空间特征主要表现为车站为独立管理单元的前提下塑造站城共享的公共空间，但往往会受交通空间占比大、车站体量过大等影响而造成站城分离，表明了该类模式是以交通价值为主要导向。

（2）车站建筑空间的占比与周边城市建筑相仿或更少，仅有和交通功能相关的空间，如进站厅、候车厅以及站内商业存在，而城市的建筑空间比例较高，表明该类模式的经济价值分布不均衡，车站仅在公共空间界面或连接部与城的功能具有协作性。

（3）围合形成的广场或街道需要有边围的城市型功能（包括车站界面）才会具有社会价值；连接型街道仅起到联结交通空间和城市空间的作用，车站释放的人流或许对城市侧的街道和广场公共生活有贡献。

3）共构模式的适应性条件

（1）由于交通效率与其他空间关系呈负相关，即交通空间的独立性越高，交通效率越高，因而如何避免交通对步行公共生活区域的干扰是关键的，共构模式较适合于机动交通量较大车站地区通过立体步行系统来形成站城协同发展。虹桥站、杭州东站、深圳北站地区等是这类案例。

（2）车站的交通功能与城市功能分离而独立，交通空间与公共空间低程度耦合，该模式比较适合于安检程序复杂的地区进行站城开发。

（3）由于该模式下空间的分离性特征，站与城各自的空间配置灵活度也最高，因此，适合于建设主体完全分离的站城开发和分期建设，比较适应于独立的高铁车站及其相邻街坊的新城建设。

3.3.2 站城交织发展模式

欧洲城市的车站最早在城市边缘，但随着城市的扩张，其区位现在基本也都在城市中心。因此，车站地区的扩建往往和城市更新相结合。

伦敦国王十字车站（图3-16）由路易斯·库比特设计，建于1851～1852年，并于1852年10月14日投入使用。它的西侧紧靠着圣潘克拉斯站，两个火车站通过伦敦地铁网连通。国王十字车站处于

图3-16 伦敦国王十字车站地区

城市中心，嵌入城市原有交通网络，融入城市肌理。在车站周围规划中，居住区、商业服务地块、绿化景观、河流湿地都紧绕商业服务地块混合布置，形成了当地的生活功能组团。车站交通空间通过综合集散大厅，将各个小型集散厅与疏散通道、出入口相连，形成以综合集散大厅为空间核心的放射性公共空间组织架构，并且集散大厅提供了商业、休闲、乘车等多种功能。

奥斯陆中央车站（图3-17）位于奥斯陆核心区，是奥斯陆的交通枢纽，于1979年开始兴建，1980年建成运营。它位于海湾北侧，周边有购物中心、歌剧院等丰富的公共设施。车站是在奥斯陆东站旧址上修建的，它由三个车站组成：中央车站主站、Flytogterminalen和Østbanehallen，彼此互相连通。奥斯陆中央车站最为重要的是隧道的建设，地下隧道穿越城市中心，所有的本地列车都使用隧道。车站共有19条轨道供乘客上下车，2～7号线用于向西行驶的列车，7～12号线用于从隧道向东或向南行驶的列车，13～19号线用于从车站出发向东或向南行驶的列车。

图 3-17　奥斯陆中央车站地区

1）交织模式的空间特征

（1）空间的整体层面：站与城的空间从宏观层面上看有一定的交织叠合，两者之间通过局部的空间融合促进了站城协同发展。

（2）空间的系统层面：交通空间的占比较高，城市建筑和空间也有较高占比，但交织部分占比较低，两者有主次但保持均衡。

（3）要素的关系层面：交通空间、建筑内部空间与外部公共空间三者有一定的耦合交织关系。其中，交通空间的分离性较低，交通道路以及场站设施仅分布在客站的一侧，站房与周边区域局部形成很好的联结。因此，从要素关系层面，我们可以将站城交织模式看作是通过空间的局部融合，形成站与城空间相互交织的方式。

2）交织模式的价值倾向

（1）站城邻接发展模式的空间特征主要表现出公共空间的占比最大并与交通空间和建筑空间的联系紧密，生活与文化活动设施丰富，表明了该类模式是以社会价值为主要导向。

（2）站城的交通空间占比适中，且偏于站房的某个方向，表明其交通价值处于较为折中的位置。

（3）站房的建筑空间与城市建筑比例均衡，进站厅、候车厅以及站内外商业空间均较多，表明该类模式的经济价值分布均衡，站与城的功能协作性很高。

3）交织模式的适应性条件

（1）由于公共空间与社会价值成正相关，即公共空间的粘合性越强，更能将交通价值和建筑空间的经济价值充分利用，因此其社会价值很高。这类开发模式较适合于城市环境要求较高的地区作为站城协同发展的主要模式。欧洲基于客站改造和扩建的城市更新区，如奥斯陆车站与伯明翰新街车站以及中国香港的西九龙车站等，是这类交织模式发展的典型。

（2）由于交通空间、建筑空间、公共空间有一定的交织，因此该模式比较适合于有安检程序但不会因此诱发人流拥堵情况的地区进行站城开发。

（3）由于站城空间是局部的融合，因此站与城各自的空间配置灵活度也较高，适合于建设主体可分离但有部分功能空间可展开相互协作地区，也适合于站城分期建设，或车站地区进行城市更新以及中等建设强度的枢纽地区开发。

3.3.3 站城叠合发展模式

在一些高密度城市，尤其是日本、中国香港等国家和地区，由于土地资源短缺、人口密集，城市发达程度很高，车站地区往往聚集了大量城市的各种资源，土地集约化、空间立体化特征明显，车站与城市之间的物理边界随之被完全打破，形成了站城空间的高度复合。

涩谷站（图3-18）位于日本东京都涩谷区道玄坂一丁目以及二丁目。该站通过JR山手线、埼京线、湘南新宿线、东急东横线、田园都市线、京王井之头线、东京地铁银座线、半藏门线、副都心线共9条线路，形成了东京都内最大的大型轨道枢纽站。庞大的交通系统带动了涩谷站周边地区的发展，形成了以商业、办公机能为中心的街区，并且与时俱进地将最新的文化和流行趋势传播给世界，经过多年发展，这里已然成为日本屈指可数的创意内容产业聚集地。

涩谷SCRAMBLE SQUARE是引领涩谷未来的站区再开发项目。该建筑地上47层、地下7层，拥有顺畅连接多个公共交通空间的城市核（URBAN CORE）、超过73000m²的高级办公空间和规模超过32000m²的商业设施。此外，涩谷试图通过引入可增强国际竞争力的城市功能，建立一个"面向世界的生活文化发源地"，以实现涩谷潜力的最大化。

新宿站（图3-19）位于日本东京都新宿区与涩谷区之间，是JR东日本、京王电铁、小田急电铁、东京地铁、东京都交通局（都营地铁）5家铁路业者停靠的转乘站，是东京主要公共交通枢纽之一。新宿车站是一个庞大的综合体，是世界上最繁忙的火车站，也是一个卫星站、百货商店、购物中心和地下通道的集合。通过JR、私铁、地铁等众多路线连结周边地区的卧城，周边是日本最大的繁华街、欢乐街。新宿车站有数百个出口，许多站台分布在一个很大的区域，百货商店几乎覆盖了所有方面，以JR车站为中心，东、西、南口可通过通道或地下街连通周边各地铁车站和商业。

1）叠合模式的空间特征

（1）空间整体层面：站与城从宏观层面上表现为两者空间完全重叠，基本上是城市空间完全覆盖了客站空间，是站城空间高度融合的一种发展模式。

（2）空间系统层面：建筑空间的占比最高、公共空间的比例较高，站房的建筑空间与城市建筑空

图 3-18　日本东京涩谷站地区

图 3-19　东京都新宿站地区

间相比较，占比很低。

　　（3）要素关系层面：交通空间、建筑空间与公共空间三者的耦合程度非常高。其中，交通道路以及场站设施分布在城市的各个部分，站房完全融入城市的建筑空间中。因此，从要素关系层面，我们可以将站城叠合发展模式看作是通过城市（内部和外部）空间完全包容了交通空间，形成站城空间高度融合的方式。

2）叠合模式的价值倾向

（1）站城叠合发展模式的空间特征主要表现为城市建筑空间占比最大、客站的交通空间占比最小，表明该类模式是以经济价值，尤其是城市的经济价值为主要导向。

（2）站城的交通空间被极度压缩，站场和交通设施分布在地下者甚多，并被其他建筑空间所包围，表明其交通价值处于最低的层次。

（3）站房的公共空间比例适中，有一定的社会、文化活动设施，社会价值有一定程度的体现。

3）叠合模式的适应性条件

（1）由于建筑空间与经济价值成正相关，即建筑空间越多，城市的功能空间开发强度越大，土地价值回报率越高。这类开发模式较适合于发达的高能级城市中心区，大阪站、京都站，以及中国香港的九龙站（九龙交通城）等是这类站城叠合模式发展的典型。

（2）由于交通空间、建筑空间、公共空间耦合程度很高，因此该模式只适合于安检程序较为简单的地区进行站城开发。

（3）由于站城空间高度融合，因此站与城各自的空间配置灵活度低，只适合于建设主体统一、协作度很高的站城开发。由于站城的分期比较困难，总体比较适用于城市特别发达，建设资金雄厚、建设强度极高和管理精细化的枢纽地区进行集中式开发。

本章参考文献

[1] 王建国. 城市设计[M]. 北京：中国建筑工业出版社，2009.

[2] 戴帅，程颖，盛志前. 高铁时代的城市交通规划[M]. 北京：中国建筑工业出版社，2011.

[3] 卢济威. 城市设计创作——研究与实践[M]. 南京：东南大学出版社，2012.

[4] 庄宇，张灵珠. 站城协同：轨道车站地区的交通可达性与空间使用[M]. 上海：同济大学出版社，2016.

[5] 庄宇，袁铭. 站城协同：轨道车站地区空间使用的分布与绩效[M]. 上海：同济大学出版社，2016.

[6] 李传成. 高铁新区规划理论与实践[M]. 北京：中国建筑工业出版社，2012.

[7] 王桢栋. 城市综合体的协同效应研究[M]. 北京：中国建筑工业出版社，2018.

[8] 日建设计站城一体开发研究会. 站城一体开发——新一代公共交通指向型城市建设[M]. 北京：中国建筑工业出版社，2014.

[9] 日建设计站城一体开发研究会. 站城一体开发2——TOD46的魅力[M]. 沈阳：辽宁科学技术出版社，2019.

[10] 王一. 城市设计概论[M]. 北京：中国建筑工业出版社，2011.

[11] 戚广平，陆冠宇. 基于站域空间耦合模型的站城协同发展模式解析[J]. 建筑技艺，2019（7）.

[12] 戚广平，张晨阳，戴一正. 站城一体化设计中的性能化方法研究——基于因子分析和R型聚类建立站域空间的关联模型[J]. 建筑技艺，2019（7）.

[13] 戴一正，程泰宁. 站城融合初探[J]. 建筑实践，2019（9）.

[14] 盛辉. 站与城：第四代铁路客站设计创新与实践[J]. 建筑技艺，2019（7）.

[15] 王当仁. 城市轨道交通车站商业业态选择研究[D]. 北京：北京交通大学，2020.

[16] 赵启凡. 中国大型铁路客站综合体功能空间布局的交通组织方式研究[D]. 南京：东南大学，2020.

4

第 4 章
车站地区的发展策划

4.1
车站地区的目标定位

4.1.1　车站地区的发展目标

　　大型铁路站区开发是有计划的大规模项目，涉及铁路运输和城市开发的统筹规划，不同的利益方汇集在一起。取得多方利益平衡是发展的关键。因此，车站地区应以平衡站区利益相关者的诉求、充分发挥土地多元价值为发展目标。这里的利益相关者不仅指铁路的旅客和周边的居住、就业人群，还包括铁路当局和地方政府。无论是城市边缘地区还是市中心地区，铁路车站的建设一般都要配套地铁、公交等交通基础设施，大大提升了该地区的出行优势和土地价值，这就对车站地区的发展定位提出了新要求：是否要超越单一的"交通换乘枢纽"角色，与城市协同以承担更多的发展愿景。

　　对于车站地区与城市协同发展学界与业界做出了诸多理论与实践上的探索，以明确车站地区的发展目标、机遇与挑战。从TOD理论到贝托里尼的"节点—场所"模型，从荷兰、日本、中国香港、法国、英国等多项站城融合开发实践和相关政策的推行，都反映了对车站地区的价值认知、发展目标正在发生着转变：火车站地区不仅是交通换乘节点，也是具备多种活动功能的城市场所，充分发挥车站地区土地多元价值的目标被愈加重视。

　　贝托里尼提出的"节点—场所"模型（又称"橄榄球模型"，rugby ball model）重点关注的就是"站"与"城"功能的互动关联。贝托里尼认为铁路站区具有双重职能，一是作为交通网络中的"节点"（Node）承担交通运输的功能，二是作为城市的公共"场所"（Place），是各类活动的载体[①]。

　　车站地区的价值是由这两种职能角色共同决定的。这两种职能对于空间形态、功能布局的要求其实是存在矛盾的，因此二者间的平衡或偏重能够反映站区的发展态势、问题与潜力[②]。以"节点—场所"模型作为原型，车站地区的发展定位在"交通节点"和"城市场所"之间侧重不同，产生以下三个类型。

1）单纯的交通节点（独立型）

　　铁路车站作为城市大型交通枢纽，其功能之本是承担高效客运与交通换乘。但若仅关注并强化车站这一属性，将车站作为单一功能的交通节点打造，则车站邻近地区的城市功能将被弱化，在"节点—场所"理论中，这种类型被称为"失衡节点"。作为失衡节点的大型车站地区，若在适当的发展时期结合城市更新改造，该片区的潜在价值将被激活。

　　伦敦国王十字车站改造前，是伦敦重要的交通枢纽地带，该区域屹立着两座大型车站：圣潘克拉斯车站与国王十字车站。然而因为单一且过强的交通货运属性，该片区逐渐衰落为低收入人群密集、

[①]　Bertolini, L. Spatial Development Patterns and Public Transport: The Application of an Analytical Model in the Netherlands[J]. Planning Practice & Research, 1999, 14(2):199-210.
[②]　Peek G J, Bertolini L, De Jonge H. Gaining insight in the development potential of station areas: A decade of node-place modelling in the Netherlands[J]. Urban Planning International, 2011, 21(4):443-462.

土地价值低下、城市环境差的典型代表，在1996年国王十字火车站及周边区域开始联动规划更新后，多元丰富的城市功能引入，改变了区域单一的"交通一功能"结构，为这一败落的交通枢纽区带来多维度的活力复兴。

需要指出的是，并非每个车站都需要超越基本的交通功能，在一些小型车站或经济能级较低的城市车站地区，以交通功能为首要的发展可能是合理的选择。

2）扩展的交通节点和城市场所（扩展型）

在车站作为重要交通枢纽的同时，若也能够考虑加强车站与周边城市的联系，关注到车站周边片区的城市功能发展，此时车站的交通节点角色被扩大，也承担起部分城市场所的角色职能。

这一类型的典型代表是瑞士苏黎世站（图4-1），作为瑞士全国最大的铁路车站和欧洲重要的铁路枢纽，位于苏黎世市中心，改扩建后有26个站台，铁路日客流量达40多万人次。从1991年起，苏黎世站开始其改扩建工程，以优化交通效率、增强其作为城市地标场所的吸引力并强化其多元形象。由于需要集散巨大的换乘客流量，苏黎世站开发利用原站房的地下空间，增设了新的地下中转站，将地下站连同主站与城市和周边的邻近区域衔接起来，形成了更大的交通枢纽节点。同时，地下新增设周末全天候营业的购物层，入驻多家形色各异的商铺，使车站更具备对城市客流的吸引力。站外的车站

图 4-1 瑞士苏黎世站剖面（上）和圣诞集市（下）

大街也经过更新活化，每周三是苏黎世中央火车站的市场日，大街两侧售卖来自全国的有机蔬菜、水果和各类美食。尤其在圣诞期间，火车站地区华丽盛大的圣诞集市，吸引着来自世界各地的人群。

3）城市场所和交通节点平衡或超越（平衡－超越型）

在"节点-场所"模型中，当交通功能与城市多元价值相平衡，就会达到较高程度的站城融合发展。在这一类站城融合开发中，车站及其周边区域在规划初始就作为整体被考量和定位，统筹规划功能布局、交通流线、空间形态等要素。车站满足交通属性是最基础的要求，更重要的是将其与所在区域打造为城市重要的公共场所，成为承载丰富功能与多样化活动的城市名片。

以日本涩谷站为例（图4-2）。涩谷站位于东京涩谷区，汇集了4家铁路公司的9条线路，每天铁路和轨道的客流量可达300万人，换乘人数全球排名第二，交通节点职能极强。但同时，涩谷站区也是东京都功能最丰富、极富城市活力的区域之一，从2012年站区被列入东京"都市计画区"开始，总体再开发面积达928100m^2，5个主要街区的容积率将提高至3～6，承载功能包括办公、商业、文化、酒店和会议等，分四期建设。通过高度集约的统筹开发，涩谷站及其周边区域成为立体化的"微型城市"，承载着各色人群丰富多样的活动，转型为东京最富吸引力的打卡胜地，其城市场所的地位也远远超越交通换乘的功能。

图4-2 日本涩谷站周边区域的昼夜活力

4.1.2 不同发展目标下的人群组合

具有不同发展定位目标的客站及其周边片区，人群类型和需求不尽相同，因此在设计中需要重点考量人群的活动特点等，并对各类需求做出回应。

1）旅客主导的人群组合（独立型）

对于在区域交通运输系统中作为重要枢纽节点，承担强大交通职能的车站，其临近城市片区的功能属性标签更多呈现出交通节点的特征。与交通换乘相关的功能配套设施与空间的置入，将占据其他类型城市功能的布置，从而使得车站地区的站城关系呈现出"强站弱城"的特点。这一情况下，车站地区的使用人群中绝大部分是旅客。

对于旅客这一群体，其日益增长的时间敏感性和愈加复杂的出行换乘需求，是"强站弱城"这一特点的站区需要首先满足的。在保障快进快出和多类型便捷换乘的基础上，还需要关注旅客的出行体验，通过服务功能配置和换乘空间的高品质环境设计，为旅客的换乘过程提供舒适的感受。

2）旅客和市民平衡的人群组合（扩展型）

在"节点""场所"属性较为均衡的车站地区，城市功能的加入配置和公共空间场所感的强化设计，吸引了更多以这些新加入功能作为目的地的外部市民。旅客虽然还是车站地区的主要使用人群，但市民构成了另一部分重要的使用者。

站城协同发展的这一类站区中，在满足旅客通勤需求的基础上，也要考虑到市民使用者的期望。一方面，各类非交通流线与车站交通流线的相互关系应重点分析考虑，实现有序分合、互不干扰；另一方面，无论是商业办公、休闲娱乐还是生活服务功能，新加入的城市功能空间要具备一定设计品质，对于使用各类站区非交通功能的市民，站区作为城市日常空间的一部分而存在，较高品质的城市功能空间是站区保持"场所感"的关键。

3）市民主导的人群组合（平衡型）

当车站位于既有城区时，周边城市区域的发展趋于成熟，站区的城市功能配置完善、业态丰富，已经具备对各类使用人群的吸引力和发展动力。这种情形下的站城融合项目大多为对既有车站及周边片区的更新提升，以进一步优化土地资源配置和片区综合吸引力，市民占据了使用者中的大多数，而以铁路出行为目的的旅客相比之下所占比例有所下降。

对于强城弱站的车站地区，为满足城市人群丰富的需求，应注重打造多元化的发展方向、将不同功能业态有机结合规划定位，合理配置建设量。同时，注重建立功能间的联系，结合车站打造慢行系统、城市通廊等公共空间网络，合理安排车站旅客和城市客流的不同流线，这一模式对车站地区的一体化统筹设计提出了更高要求。

4.2
车站地区的价值和关联业态

4.2.1　车站地区的价值所在

站城融合理念对铁路站区的规划发展提出新需求，传统观念中仅关注车站地区单一交通价值这一思维桎梏应被打破，需要充分认知到车站地区作为城市重要公共场所而具有的多元价值，并通过规划与设计挖掘这些潜在价值。具体而言，车站地区的潜在价值包括区位价值、可达性价值、人流集聚价值、空间价值和其他特别价值五类。

1）区位价值

对于处于不同城市、不同地段的车站，要充分认识到车站所处区位的优劣势和发展机遇。尤其是位于市中心的车站，对城市空间结构、功能布局都有较大影响，需特别注意与周边城市片区相结合考虑，统筹规划更新。

例如日本东京都市圈在2002年开启的都市更新计划中，以TOD理念作为主导，将山手环线上的几个大型铁路客运枢纽地区（包括东京站、新宿站、涩谷站、池袋站等）确定为城市再

图4-3 日本涩谷站东京站容积率转化

生重点区域，以打造世界性的经济、文化与艺术中心为目标，通过对车站及其周边土地的一体规划和多轮改造开发，充分发挥了客运枢纽对城市经济的触媒带动作用，使这些地区的区位价值得到激活。其中采取的重要策略包括按区位发展需求提升容积率（表4-1）、多层空权置换政策等。例如东京站东侧八重洲出口改造，先拆除了原有的铁道会馆大楼，将容积率置换到两侧，通过这些容积率转换出售的开发权、空中权来筹措建设资金，以此推动车站和城市中心的建设（图4-3）。

日本东京主要车站地区的轨道规模和容积率 表4-1

车站名称	整备区容积率	接驳轨道交通线路数（条）
东京站	10~17	18
新宿站	10~15	10
涩谷站	9.5~12.0	8
池袋站	10.5~12.0	7
上野站	8~10	7
大崎站	8~10	5

数据来源：余柳，郭继孚，刘莹. 铁路客运枢纽与城市协调关系及对策[J]. 城市交通，2018（4）.

2）可达性价值

铁路客运枢纽作为重要交通换乘节点，当与多类型、多层级的交通方式结合，将提升其服务能级、服务运量、服务范围等，因而在区域中具有更高可达性，为铁路站区带来巨大发展潜力。

当车站属于国家或区域规划交通运输网络上的重要节点，具备重要战略发展地位时，区域可达性将得到极大提升。以郑州为例，随着2008年国家《中长期铁路网规划》的实施，郑州成为普铁、高铁"双十字"枢纽，"米"字形高速铁路网的框架也由此搭建。"八纵八横"时代，郑州接入了京广通道、欧亚大陆桥通道、呼南通道三个干线通道。2016年随着太焦铁路（郑太山西段）开工建设，郑州成为第一个"米"字形高铁枢纽城市。在高铁3h城市圈中，郑州可以到达的大城市数量位列全国第一（图4-4）。

铁路客运与其他交通方式的结合对可达性提升优势明显。上海虹桥站是依托其所在的空铁联运综合交通枢纽，紧邻的虹桥机场带来可达性和服务职能的巨幅提升。通过东、西两个换乘交通中心的设置，虹桥综合枢纽实现轨、陆、空三位一体的联运（图4-5），截至2020年，每天约处理110万人次

旅客吞吐量。

　　而当铁路运输按照服务能级划分层级，如结合高铁、城际、市域逐层展开的铁路交通网络，并与地铁、公交、小汽车等其他小区域通勤方式做好对接换乘时，车站在城市的可达性将进一步提升。例如杭州站、广州站、郑州站、上海站等结合多类铁路客运线，其优越的可达性为市民、旅客的日常出行与换乘提供更大的便利，并由此在车站临近片区衍生发展出商贸、物贸等丰富的城市服务功能，使站城的联系更为紧密。

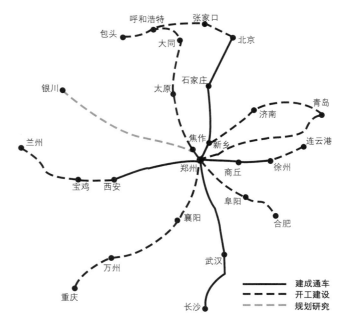

图 4-4　郑州"米"字形铁路网

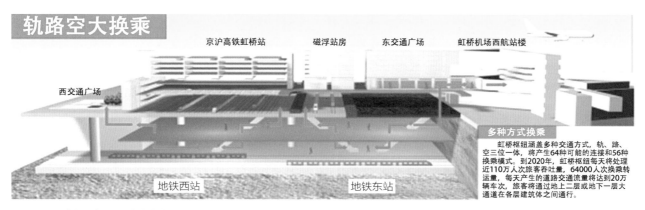

图 4-5　上海虹桥枢纽的轨路空换乘系统

3）人流集聚价值

　　铁路车站作为城市交通的"引擎"，所带来的人流集聚是站区价值不可忽视的部分。人流集聚伴随着顺路消费、中转留宿等活动的产生，为站区的经济效益、社会活力的综合发展提供潜力。挖掘人流集聚价值的关键在于区分不同类型人流的集聚效应，例如对于每日往返的通勤旅客和偶尔出行的非通勤旅客，二者的集聚效应差异很大，通过分析不同类人群的出行类型、出行时段、出行范围、行为特征和兴趣需求等因素，在站区的功能空间布局中有所回应，能够充分发挥人流集聚价值，这在后文关于客群的分析中也会详细阐述。

4）空间价值

　　传统客站设计中，对于车站用地中空间多维利用的忽视，导致了车站片区仅仅作为单一交通功能节点而发展，造成车站与城市发展各自为政、缺乏互动的局面。对于车站地区的空间价值，要关注车站交通功能空间外其他空间的利用方式，例如铁路和车站上下方的空间，通过城市功能植入和连接站城的流线设计，使这些车站地区中"失落的空间"得到再激活。

对于铁路线上空间，通过立体化上盖综合开发的方式，可以充分提升线上空间的使用效率，在日本涩谷站等多个站城一体项目中均可见这一方式。例如，法国巴黎蒙帕纳斯火车站（Gare Montparnasse）的火车站台上方夹层，修建了大型小汽车停车库，并在距离地面18m处的大屋顶平台上，建立起以现代大西洋风情为主题的花园。面积3.4hm²的屋顶花园以象征海洋的蓝色和白色为基调，一侧是美国沿海植物，另一侧是欧洲大西洋海岸植物。公

图4-6 巴黎蒙帕纳斯火车站综合开发

园地面上有向下层的火车站开放着的通风采光口，在园内可以听见车站广播，提醒旅客前往大西洋港口的火车即将启程，空中花园也成为四周居住、办公和酒店的美景及休憩场所（图4-6）。

而对于线下空间，大量的进出站客流提升了其空间的利用价值。虽然线下空间环境条件具有一定局限性，结构、采光、通风震动等问题需要多加考虑，但巧妙的设计可以使其成为可停留的场所，充分发挥线下空间价值。例如，瑞士苏黎世车站通过扩建，在老站房和部分地面站台下方修建了新的地下铁路站台，并结合地下河道穿越暗渠（图4-7），新增了超市、餐饮、零售、文化、集市等大量商业空间，为这个欧洲交通枢纽地区提供了城市级消费场所（图4-8）。而对于高架铁路的线下空间，丰富功能的植入不仅提升站区价值，还连接起两侧城市空间。日本"2k540 AKI-OKA ARTISAN"是广受好评的高架铁路桥下再开发项目，位于东京最繁忙的线路秋叶原站和御徒町站之间，分布有50多家日本手工艺品和设计师店铺，店铺作坊合一设计，白色纯净的空间打造了独特的场所感。与此类似，位于东京的"中目黑高架下"项目，是铁路高架下涵盖餐饮、办公、购物的复合商业开发，各类店铺结合高架下空间的特征，均采用了新的店铺设计和运营模式（图4-9）。

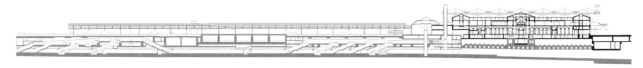

图4-7 苏黎世车站纵剖面（中部5个箱型结构为河道穿越空间，红色为加建部分）

5）其他特别价值

除了上述与交通角色关联较密切的价值，铁路站区还因其所具备其他丰富城市要素，例如历史、文化、景观、产业等特色的功能集聚及空间形态，而产生特别的吸引力与价值。

价值之一来自融入车站内部的特殊要素。首先，诸多建设年代悠久的老火车站本身就是城市的建筑文化遗产，作为城市地域文化形象之一而成为旅游打卡地，例如纽约大中央站、安特卫普中央车站等，均保留了老站房建筑富有特色的空间作为站区宣传的亮点。与文学作品产生联动也赋予车站极

图 4-8　苏黎世车站站厅及地下商业内景

图4-9 东京"2k540"高架铁路桥下项目（左）和中目黑高架铁路桥下项目（右）

高人气，在伦敦国王十字车站中，根据文学作品《哈利·波特》，在一面墙壁上设置了"9¾站台"，漏出消失半截的手推车。乘客们均在此拍照打卡，体验"撞墙"后穿越到魔法学校的情节。而在嘉兴站中（图4-10），老站房被1∶1复刻出来，并植入文化展厅功能，作为地域记忆的载体与新建的站房共存。除了文化要素，还有其他要素创造特别价值的机会。例如西班牙阿托查火车站内设置了热带雨林植物园，布置了大型绿植、池塘，结合商业休闲等功能，带来别具一格的特色体验。

图4-10 嘉兴站鸟瞰

车站所在的城市片区同样也可作为特殊要素的载体，带来特殊价值。例如经历改造复兴后的伦敦国王十字车站地区，吸引了包括谷歌、Facebook在内多家巨头企业入驻，带来片区产业价值提升。而在苏州火车站，因其毗邻护城河和京杭运河，是文化宣传的第一窗口，在其北广场上打造了"运河有声图书馆"旗舰店，宣传姑苏历史人文与运河景观，运河文化卡通形象大使"若水"在门口迎客，吸引旅客行人驻足参观。

4.2.2　车站周边关联业态和客群分类

1）关联业态的影响因素

车站周边地区产业主要和三个变量有关，分别是交通工具的类型、站点区位和城市能级。

（1）交通工具的类型

交通工具（高铁，普速或者混合）的差异体现在使用成本和运行速度上。高铁使用成本高，因此乘客的收入较为可观，对时间敏感性较高；普速则相反。因此，高铁的乘坐对象多为中高收入阶层的客群，普速反之。在市场的自由选择机制下，站点周边聚集的是该类交通工具能产出价值较多的产业集群。

（2）站点区位

站点区位的影响主要取决于相对应的范围内土地价值的不同[①]。从市中心往外，地价递减，所承载的产业附加值也在递减。根据与市中心的距离，一般研究将车站的区位分为城市中心、城市边缘和城市外围型。城市中心站一般临近市中心，或者后来凭借枢纽作用成为市中心；城市边缘站的设置一般是出于疏解原站点的运输压力，缓解主城区人口密度和拓展经济增长空间的需要，因此距离城区不太远；城市外围站一般远离城区，是由于前两者的运量都已经趋向饱和或者是作为新城开发引擎的需要。但城市轨道交通的增加往往会改变人们对区位的观念，有力提升车站地区的区位价值。

（3）城市能级

城市能级的影响较为复杂，包含了城市在交通网络中的地位、经济发展水平和产业结构等。比如，同样是城市边缘的高铁站点，城市的三产经济结构不同，与其他城市的联结紧密度不同，车站周边的产业定位也不同。

产业的策划也需要研究细分业态，下文将重点从消费业态展开。

"业态"一词来源于日本，意思是业务经营的形式、状态。我国的统计年鉴中将业态分为餐饮、衣着、医疗保健、文化教育娱乐、生活用品及服务和交通通信等几大类。

笔者将业态拆分为"业"和"态"两部分，其中，"业"指承载人们行为的功能，"态"即形态。笔者认为，能给人以特别感受的现象要素共同构成了"态"。

2）车站地区的客群分类

车站地区的客群可以分为三类：内生客群，衍生客群和目的地客群。

（1）车站内生客群

车站内生客群，即使用铁路且进行站内消费的人群，包括长短途旅客、中转旅客等。这一类型顾客的消费业态主要以零售、快捷餐饮、文化休闲等为主。内生客群的构成要具体分析，价格水平和时间成本一般是影响他们选择交通工具的主要因素，也是影响他们消费需求和消费动机的主要因素。决定这两个因素比重的就是他们的收入水平和出行目的。下文将基于这两种指标对客群进行分类，讨论如何通过业态策划满足其需求。

（2）车站衍生客群

车站衍生客群，即被车站的交通枢纽功能直接吸引的相关产业所带来的消费者。车站地区由于承担交通枢纽功能，会吸引很多相关产业入驻，比如商务办公，餐饮，临时居住，物流仓储等，而与之相关的工作和生活人群就是车站的衍生客群。

在规划阶段，高铁站会作为城市乃至地区的交通枢纽来建设，地铁、轻轨、公共汽车等市内交通都会在这里设置站点。对于商务办公选址来说，高铁站周边可能是一个不错的选择。企业或是看重城内交通的相对便利以及高铁站落成前期相对较低的土地租金以及未来的发展潜力，或是看重城际交通的便利性。在上述商办就业的员工和差旅人员就属于车站衍生的消费客群，其消费业态主要以餐饮、零售为主。

---

① 马小毅，黄嘉玲. 高铁站点周边地区发展与规划策略研究[J]. 规划师，2017，33（10）：123-128.

对于居住功能来说，车站地区的负面外部效应导致房地产企业一般不在其周边拿地。但是对于发达城市群如长三角、珠三角，铁路周边有时会成为通勤人员的首选，这是综合考量了通勤便利和房价承受能力的结果。该类居住人群也属于车站衍生的消费人群，其消费业态主要以零售（如大型超市、生鲜市场）、餐饮和文化娱乐业态为主。对于商办相对成熟的铁路站点，企业的员工也会选择在公司附近买房租房，但这不属于直接衍生，不在本章讨论范围内。

临时居住功能和车站的交通功能有较为紧密的联系，在车站周边酒店的过夜人群也属于车站的衍生客群，其消费业态以餐饮和零售为主。

（3）车站目的地客群

车站地区的目的地客群，即被车站或其所在地区的体验价值所吸引的消费者。这一类客群主要为旅游人群，消费业态有文化娱乐、餐饮、零售、酒店等。

如果所在城市的第三产业较发达，车站地区可能具备了一定的人流量基础和旅游业基础，而成为目的地。该地区一方面提供了城市经济增长的新载体，另一方面通过打造差异化的体验可以塑造城市在人们心中的独特印象。

这类车站地区主要分为两类。一类是新建型的，在规划阶段就确定通过打造一个具有城市特色的商业综合体成为消费目的地，比如日本的二子玉川车站区衔接了包括茑屋家电在内的大型商业综合体RISE，成为周边地区人群的购物天堂[①]；美国芝加哥千禧车站区（图4-11），就是将车站完全隐匿于地下，将地面留给公园，成为城市最具代表性的公共空间。另一类是更新型的，相比于前者"无中生有"

图4-11 芝加哥的千禧车站内景（上）、鸟瞰（下左）和剖轴测（下右）

---

① 岛尾望，久保田敬亮. 二子玉川RISE Ⅱ-a街区[J]. 世界建筑导报，2019，33（3）：22-23.

型的开发，这一类车站区主要是对周边地区的历史遗存进行改造，使之具备文旅功能。例如，西班牙马德里阿托查车站将车站大厅改造成室内植物园，周边布置咖啡餐饮，成为城市生活的亮点（图4-12）；比利时安特卫普车站更新后呈现的地上地下多层铁路站台中庭，别具特色（图4-13）。

图 4-12　马德里阿托查车站内景

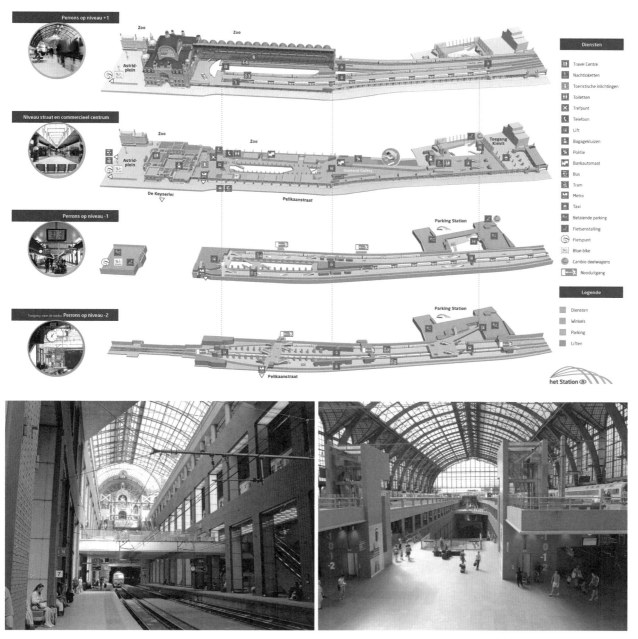

图 4-13　比利时安特卫普车站各层平面（上）和内景（下）

4.3
车站内生客群的特点和业态策划

4.3.1 车站内生客群的业态现状

基于对我国南京南站、上海虹桥站、北京南站、深圳北站等的考察以及国外几个车站的比较分析，以消费业态为主，车站内生客群具有以下特点：

1）时间的紧张感削弱了客群的消费欲望

国内大部分铁路车站中的商业营收占比不到10%，远低于国外。一般情况下，车站等候时间的可控会促进消费，而我国的铁路车站需要进行安检，虽然耗时不长，但因为其不可预估，形成了较远的心理距离，旅客往往会尽早地通过安检，进入候车大厅。在日本和欧洲，都有自由席的设置，即不必按照指定车次和座席乘车，这极大地降低了乘客的心理压力。担心赶不上车的焦虑使得内生客群的大部分消费行为发生在候车大厅里，而以等候和疏散功能为主的候车大厅，留给商业的面积有限，因而减少了客群的消费总量。

国内的高铁站候车大厅内，有近一半的消费业态分布在二层。以虹桥站为例，据统计，客群在车站中的平均逗留时长为10~40min，而从大厅一层到达二层所花费的平均时长为7~8min；北京南站还未安装自动扶梯，所耗费的时间更长，这种空间布局削弱了内生客群的消费欲望。

2）业态配置单调，缺乏个性体验

由于开发商和运营方的不同，欧洲和日本铁路车站的业态设置以市场需求为核心，覆盖面很广，从高档到廉价，从餐饮到文娱，不同客群总能找到适合自己的店铺。对于国内大量的普高混合车站，业态基本以连锁快餐、便利店和特产超市为主，类型单一，缺乏对不同客群需求的市场细分。比如南京南站的出站空间里，有多家餐饮连锁先后倒闭；北京南站有5家星巴克，7家肯德基，店铺的重复增加了运维成本，且就餐空间过于拥挤，餐厅分散在各处，店铺明显缺乏统一的规划。国内在这方面做得较好的是上海虹桥火车站，餐饮店、特色服饰店、大型便利店、智能售卖机等满足了各种类型的需求。

在个性化的体验方面，国外有不少火车站值得借鉴。比如德国的莱比锡中央车站（图4-14），多层的商业街模式，宜走宜停；日本的箱根汤本站，旅客可以直接在车站体验温泉；日本的京都站，客群从空中出站，坐自动扶梯到一层出口，将综合体内的特色空间一览无余。我国的车站（综合体）可以通过站内空间再现地域文化符号或者经典意象，来营造差异化体验。

3）利用车站优势条件的消费空间较少

车站的客流量较大，尽管消费人群占比不高，但对于商业来说依然是一个极大的优势。电商的崛起对线下商业造成威胁，也带来了新的机遇。对于购买前的试用体验，线下具有线上无可比拟的优势。同样，对于购买环节，线上的成本远低于线下实体店。因此，对于"流量"大户铁路枢纽来说，要想让有限的商

图 4-14　德国莱比锡中央车站内景

图 4-15　伦敦国王十字车站大厅内景

业空间创造出最大的经济价值，向体验类业态转型是大势所趋。

　　未来的实体商业将会主要以展示和体验为主。伦敦国王十字车站周边的商业空间里，就有不少品牌设置了只展示不销售的店铺（图4-15）。选择在候车大厅一层消费的内生客群一般候车时间较为紧张，无法做过长时间的停留。因此，设置一些展示类店铺（尤其是停留性最弱的岛式空间）是较为合理的选择。目前国内高铁站的一层除了特产和餐饮外，以电子产品、杂志书籍、旅行箱、汽车等展示店铺为主，部分呈现出向展示功能转型的倾向，但是转型空间依然巨大。选择在候车大厅二层消费的内生客群往往是提前到站，时间较为充裕，可以设置一些体验类店铺，比如书店、咖啡店、文创体验店等，和一层的必需型消费业态区别开。当前国内一二层的店铺均以餐饮为主，未根据空间布局的不同特点进行明显的差异化设置。

4.3.2　不同收入客群的消费业态策划

1）收入在 3000 元以下人群的消费业态

该类人群属于工人阶层或者农民阶层等收入较低的群体，一般在春运前后乘坐火车，回家或者返回打工城市。对于这部分人群，消费水平直接取决于收入水平[①]。其一般的消费是为了满足最基本的生存和安全需求，高级的需求一般无精力并且无能力顾及。具体体现为：①注重经济实用，在车站主要购买急需物资，便利性较重要；②追求价格低廉，不在乎是否是品牌，如果有大力度的促销，可能会吸引他们消费；③自尊心强且易受环境刺激，高端的环境会诱发自卑心理。

在业态策划上，"业"建议策略为：①餐饮：适当设置简易的小吃和快餐；②零售：一般不在车站内购买，除非是必要性消费，以解决长途用餐的方便食品购买为主；③住宿：可设置一些价格低廉但保证安全的或者按小时收费的旅店方便其过夜，在火车站消费较少。

"态"建议策略为：①需要提供有尊严的、可简易就餐的公共休息区域；②店面形象上简朴不张扬，符合人群特征；③该类人群一般不太注重形象，可以通过干净明亮空间的设置或者提示提醒乘客注意保持环境整洁。

2）收入在 3000 ~ 8000 元人群的消费业态

该类人群主要包括中产白领。我国社会已有超过一半的人口跻身中产阶级阶层，其文化娱乐和耐用品消费量呈上升趋势[②]。其需求特征为：生存需求基本满足，注重安全需求和爱与归属的需求，重视家庭和朋友。具体表现为：兼顾中低价格和性价比；对于折扣店兴趣很大（有信心又有积极性）；会给家人朋友带特产；很注重实用性；在火车站的消费很追求便捷。

在业态策划上，"业"建议策略为：①餐饮：会买长途旅行的零食，也会在火车站内就餐，多以当地小吃为主；设置纪念品商店；②零售：除非必要（比如雨伞、遮阳帽等），一般不购买；③居住：可设置一些价格中低档的住宿；④其他：折扣店。

"态"建议策略为：该类人群的消费以确定型为主，不确定型消费为辅。要让产品直击痛点，快速抓住消费者的视线。①可设置便利店并将主打商品放在显眼的位置；②纪念品商店要在室内外设计上多用彩色；③快餐店要在店面设计上凸显当地特色和中低的价格，用鲜亮的图片吸引顾客。

3）收入在 8000 ~ 12000 元人群的消费业态

该类人群主要是白领。一般有着高教育学历背景。他们的需求特征为：①爱与归属的需求较强，重视家庭；②尊重需求上注重"体面"；③认知需求较为强烈，具有较强的事业心，重视教育，希望提升自己；④审美水平较高，会通过店铺的设计去评估产品服务质量。具体体现为：重视性价比和产品质量，对折扣的积极性不大；对于文化类产品的支出较高；理智型购买为主，对于品牌有一定的要求。

在业态策划上，"业"的建议策略为：①餐饮：设置有一定品质保证的连锁品牌和当地特色餐饮，便于旅客在等候时间前往工作或休息；②文化教育：设置带有文创体验功能的特色书店、文化纪念品商店和新型电子产品体验店。

"态"的建议策略为：该类人群的消费由确定型和不确定型混合构成。所以触点的设计对于激

---

① 蒋昌钰、黄建新. 农民工消费行为影响因素分析[J]. 市场研究，2020（1）：11-14.
② 朱迪. 白领、中产与消费——当代中产阶层的职业结构与生活状况[J]. 北京工业大学学报（社会科学版），2018，18（3）：1-11.

发消费欲望、满足客群潜在需求很重要。①这些人是星巴克、Costa、BreadTalk等连锁餐饮的主力消费人群，可在店面设计上融入当地特色，增强吸引力；②针对消磨等候时间的需求，增加店内座位和附加设施；③生活方式体验馆：看书、休闲、文创、纪念品售卖功能为一体，有较高的空间品质。

4）收入在 12000 元以上人群的消费业态

该类人群以高薪人群、专家、公司高层或者新兴精英为主。其需求特征为：尊重需求较强，体现为高品位追求；认知需求高；审美需求高。具体体现为：习惯买高价的、象征自身地位的商品，会买奢侈品和名牌服装；重视高级的包装和外观；要求食品营养新鲜；对文化类和艺术类产品更挑剔，购买力强。

在业态策划上，"业"建议策略为：①餐饮：高品质的餐厅或者餐饮连锁品牌、可办公休憩的咖啡店、高品质伴手礼店；②文化教育上：文化品位很高，设置画展、歌剧表演等；③零售：会买高档的礼品送亲友，对于高端品牌的化妆品、包、配饰、保养类产品等购买力度大。

该类人群以不确定型消费为主，所以触点的设计同样很关键。①注重细节，视觉效果上，颜色不可太花哨，要高级沉稳，避免夸张的风格；嗅觉上有一定的高级又内敛的香气；触觉上凸显质感；②广告用语上，尽量抽象简单，彰显其社会地位，又充满想象力，贴合其心理需求；③增加体验环节，尤其是美容家电、保健类生活产品（表4-2）。

4.3.3　不同出行目的客群的消费业态策划

1）通勤人群的消费业态

这类人群一般收入在中上水平，生活质量较高。需求体现为：①主要是追求方便，解决每日早饭，有可能解决晚饭，有时候需要生活必需品（尤其是家庭食品的购买）；②通勤花去了大量时间，所以偏向于车站就近消费。车站可以成为其业余生活的场所。

在业态策划上，"业"建议策略为：①餐饮：营养健康的早餐，价格合适的晚餐店；新鲜干净的生鲜食品的购买；②零售：生活用品，比如大型购物超市；③文化教育娱乐：设置影剧院、书店等文化休闲场所。"态"建议策略为：①动线设计上，早餐店和便利店宜设置在入口大厅处，而超市、快餐店等宜近出口或位于车站和城市的连接通道中；②秩序和整洁是主要特色，符合商务人群的审美习惯，店招和内部空间设计以快捷高效为导向。

2）经商人群的消费业态

该类人群时间宝贵，属于高收入人群，虽然人数占比不大，但是消费能力强。一方面希望能迅速满足其确定性的消费需求，另一方面平时没时间购物，可以利用乘车前后进行消费。需求为：①迅速购买商务会面的礼品；②时间珍贵，会在车站内用餐和办公；③回程会给家人买礼物，给自己购买提升认知和生活品质的东西。

在业态策划上，"业"建议策略为：①餐饮：高品质快餐店、座位较多适宜办公的咖啡店、适宜商

不同收入人群需求和业态建议

表4-2

人群	需求	动机
 • 月收入3000元以内	自我实现 ● 审美 ● 认知 ● 尊重 ● 爱与归属 ● ● 安全 ● ● ● 生理 ● ● ●	• 注重经济实用；价格特别敏感，不在乎是否是品牌； • 环境影响大；该群体以城市低收入阶层为主，高端的环境会诱发自卑心理； • 要求价格低廉，在车站主要购买急需物资，便利性较重要
 • 月收入3000~8000元	自我实现 ● 审美 ● 认知 ● 尊重 ● 爱与归属 ● ● 安全 ● ● ● 生理 ● ●	• 兼顾中低价格和性价比； • 对于折扣店兴趣很大（有信心又有积极性）； • 会给家人朋友带特产； • 很注重实用性； • 在火车站的消费很追求便捷
 • 月收入8000~12000元	自我实现 ● ● 审美 ● ● 认知 ● ● ● 尊重 ● ● ● 爱与归属 ● ● ● 安全 ● ● ● 生理 ● ●	• 重视性价比和产品质量，对折扣的积极性不大； • 对于文化类产品的支出较高，希望提升自己； • 理智型购买为主，对于品牌有一定的要求，有些偏激者会通过超出自己能力范围的奢侈消费来提升地位； • 注重"体面"； • 审美水平较高，会通过店铺的设计去评估产品服务质量
 • 月收入12000元以上	自我实现 ● ● ● 审美 ● ● ● 认知 ● ● ● 尊重 ● ● ● 爱与归属 ● ● ● 安全 ● ● ● 生理 ● ●	• 习惯买高价的、象征自身地位的商品；会买奢侈品和名牌服装； • 重视高级的包装和外观；要求食品营养新鲜； • 对文化类和艺术类产品更挑剔，购买力强

▶ 业（内容）	▶ 态（形态）	▶ 体验
• 餐饮：以解决长途用餐的方便食品购买为主，适当设置简易的小吃和快餐； • 零售：一般不在车站内购买； • 住宿：可设置一些价格低廉但保证安全的宿舍或者按小时收费的旅店方便其过夜	• 该类人群的消费为确定性消费； • 需要提供有尊严的、可简易就餐的公共休息区域； • 店面形象上简朴不张扬，符合人群特征； • 该类人群一般不注重形象，容易影响到车站整体环境，通过干净明亮空间的设置或者提示提醒乘客注意保持环境整洁	要乘坐20个小时的火车，得买一些面包、饼干。在琳琅满目的店招中，看到一个很朴素的、很小的无人售货店铺，都是价格低分量足的东西，我感觉很亲切； 在座位上吃方便面多不方便，还要被人围观。哎，正好看到了候车区旁有一个凹进去的区域，靠窗的台面可以吃饭休息。 • 示例：无人零售店

▶ 业（内容）	▶ 态（形态）	▶ 体验
• 餐饮：会买长途旅行的零食，也会在火车站内就餐，多以当地小吃为主；设置纪念品商店； • 零售：除非必要（比如雨伞、遮阳帽等），一般不购买； • 住宿：可设置一些价格中低的住宿； • 其他：折扣店	• 可设置便利店并将主打商品放在显眼的位置； • 纪念品商店要在室内外设计上多用彩色； • 快餐店要在店面设计上用鲜亮的图片，用飘出的香味吸引顾客； • 该类人群的消费以确定型为主，不确定型消费为辅；要让产品直击痛点，快速抓住消费者的视线	哎，好醒目的招牌！大写的限时折扣！既有我要买的特产，又有路上吃的零食，而且划算！人真多，好好去采购一番。 • 示例：日本折扣店

▶ 业（内容）	▶ 态（形态）	▶ 体验
• 餐饮：在有一定品质保证的连锁品牌和当地特色餐饮就餐较多，等候时间前往咖啡店工作休息； • 文化教育：设置带有文创或者体验功能的特色书店、文化纪念品商店、新型电子产品体验店； • 生活方式体验馆：看书、休闲、文创、纪念品售卖功能为一体，空间品质高	• 该类人群的消费以确定型和不确定型混合为主，所以触点的设计对于激发消费欲望、满足客群需求很重要； • 这些人是星巴克、Costa、BreadTalk等连锁餐饮的主力消费人群，可在店面设计上融入当地特色，增强吸引力； • 针对进店以度过等待时间的人，增加店内座位和附加设施，提升吸引力	这家星巴克内部装饰是当地特色的地域风格，而且和当地文创品牌联动，店内有大量地方文学作品、艺术展示还有手工体验，在这里度过等车的一个小时真不错呢！ • 示例：茑屋书店，诚品书店

▶ 业（内容）	▶ 态（形态）	▶ 体验
• 餐饮：高品质的餐厅或者餐饮连锁品牌、可办公休憩的咖啡店、高品质伴手礼店； • 文化教育上：文化品位很高，设置画展、歌剧表演等； • 零售：会买一些高档的礼品送亲友，高端品牌的化妆品、包、配饰、保养类产品等购买力度大	• 该类人群以不确定型消费为主，所以触点的设计同样很关键； • 注重细节，视觉效果上，颜色不可太花哨，要高级沉稳，避免夸张的风格；嗅觉上有一定的高级又内敛的香气；触觉上以磨砂和平滑为主，凸显质感； • 广告用语上，尽量抽象简单，彰显其社会地位，又充满想象力，贴合其心理需求； • 增加体验环节，尤其是美容家电、保健类生活产品	一家整体风格呈暗红色，店内以大理石和天鹅绒为主要材质的店面吸引了我的注意。走进去，是一家按摩仪体验店，家具高雅，室内散发淡淡的香味。产品价格都不低于3000元，逛的人很少。佩戴体验时服务人员态度温和，对于我的问题回答细致。平时工作劳累，一直没时间买保健产品，这次真是太巧了，遇到这么合适的按摩仪。 • 示例：高品质按摩体验店

务会面的酒吧；②文化教育：高品质的有当地特色的文创产品、书店、儿童益智类产品商店；③零售：茶叶、鲜花、艺术类生活用品等高品质伴手礼；高品质服装（西装）、化妆品、箱包、配饰等。"态"建议策略为：①在主要流线上，方便找到；②咖啡店要有充足的适合办公或者会面的桌椅，包括一些高品质、安静的酒吧；③商务职场类书店。

3）探亲访友人群的消费业态

该人群主要以购买礼品为主。在业态策划上，"业"建议策略为：①餐饮：副食品、特产、烟酒茶；②文化教育娱乐：给孩子买礼品，比如乐高玩具、书包等；买一些艺术价值高的商品；③零售：大型购物超市。"态"建议策略为：法定节假日是探亲访友的高峰时期，可以阶段性改变商业业态，设置礼品售卖空间，并相应渲染车站内的节日氛围。

4）旅游购物人群的消费业态

在旅游购物人群中，主要的构成是家庭（儿童的消费为主力）、女性和青年，所以须分别分析他们的消费需求和业态。

儿童的需求动机体现为：①直观性强：凭借直观感觉去挑选产品，缺乏逻辑及对品质的考量；②天真好奇：对于新鲜事物很敏感；③可塑性强：容易受外界刺激和影响而改变消费倾向；④活泼好动：喜欢动手操作，具有较强的创造力。

在业态策划上，"业"建议策略为：①文化教育娱乐：以玩具、书籍、学习用品和体验教育为主；②餐饮：兼有实用与游戏功能的亲子餐厅。"态"建议策略为：①趣味性的空间，采用鲜艳的颜色，夸张的形象、丰富的空间来增强吸引力；②故事性的场景氛围，可以采用动漫、电影、电视中的经典元素进行店铺内的亮点设计；③互动性的店内设施、可以在外部可见处设置手工区。

据调查显示，在月收入8000元以上、年龄在25~44岁之间的女性消费者中，有76%认为"购物不仅是买东西，更是购买一种体验"。

该类人群需求为：①求美，对可以美化自身形象以及本身外观具有美感的商品感兴趣，包括服装、配饰等；②注重情感，喜欢为家人买东西，理性消费倾向，对于生活用品的购买理性、务实、细致、严谨，货比三家；③自尊心强，以自我体验和感受为主要考虑因素，喜欢独立自主地选购商品。

在业态策划上，"业"建议策略为：①传统商品如化妆品，珠宝首饰，服装等商品；②美容仪器体验馆——源于对外表的极致追求；智能化家居体验馆——大多数女性是家庭消费的决策者；③生活品质体验馆——除了对外表的重视，现在的女性对于内在也更加重视。"态"建议策略为：①外表夸张、颜色鲜艳、时尚的产品；②香味、灯光、形象、广告的渲染等都会在女性心中产生情感的差别；③营业员的表情、语言等都会影响到女性顾客的自尊心，而细腻亲切的服务态度会让顾客增加对商品的好感。

5）旅途中转人群的消费业态

该类人群可以细分为四类出行情况：

（1）20min以内，旅客只能顺路购买，而没有时间逛店，购买内容以食品为主。

（2）40min以内，旅客可能会进行目的性消费，购买内容不再局限于食品，而可能会有纪念品、礼品等，消费意愿与出行目的相关度较高。

（3）40min以上，旅客有更大概率在等候时间内进行消费。有的会提前安排好目的性消费，诸如衣物、纪念品、化妆品、礼品等；对于没有特别消费目的的旅客，商品的内容和商业空间的吸引力也会较大地影响乘客的购买欲望；对于外地来的旅客，具有站点城市特色的消费，比如特色餐饮、特产等有较大吸引力；此时站点消费与可支配收入水平相关度较高。

（4）12h以上，乘客需要出站，可能会在站点周边进行商业消费。白领、私营业主等消费支出较高（表4-3）。

4.4 车站衍生客群的特点和业态策划

4.4.1 车站衍生客群的消费业态现状

1）配套消费业态发展迟缓，产城融合未达预期

对于地方政府来说，以高铁站为交通枢纽和功能枢纽，引进高端产业实现站城融合是一个重要的诉求。上海虹桥站周边的商务发展势头较好，且与车站功能联系较为紧密。深圳北站周边的发展以地产开发为主，主要基于大型客站对土地价值的提升作用，与车站功能关联性不强[①]。北京南站和南京南站周边产业发展尤其迟缓；南京南站周边虽已建成几座大型综合体，但是吸引力明显不足，入驻率低于预期。总体来说，我国的新建车站周边中高端产业发展迟缓，未达目标。笔者认为，一个重要因素是区域未形成对中高端消费业态形成吸引力。

站城融合的关键在于对人的吸引。充分的、合适的商业配套是吸引目标产业从业者来到该地区的重要条件，也是优质住宅和办公开发的必要条件。因此，引导中高端消费业态入驻车站地区可以为这里的高质量发展打下良好的基础。然而，我们发现，目前国内新建车站外的消费业态普遍以中低档次为主，比如南京南站和北京南站周边的餐饮主要是快捷和连锁店，人均消费不超过50元[②]，间接反映了车站对于该地的消费水平和业态等级没有明显的拉动作用，后者还保持在车站开发前的水平。

2）空间衔接不足导致商业难以内外共享

车站和商业、办公、居住等功能的空间一体化，使得衍生客群的消费行为产生了较为明显的溢出效应。比如德国柏林中央车站，近地3层设置了大量的商业消费空间，四到十层是商业办公空间，站

---

① 唐雅男. 基于旅客商业行为的大型铁路客站商业空间设计策略研究[D]. 广州：华南理工大学，2018.
② 来源：大众点评.

不同出行目的人群需求和业态建议　　　　表4-3

人群	需求	动机
 • 通勤人群 白领居多	自我实现 ●● 审美 ● 认知 ●● 尊重 ● 爱与归属 ● 安全 ●●● 生理 ●●●	• 追求方便，购买每日早饭，有可能就近解决晚饭，购买生活必需品（尤其是家庭食品），周五下班后的休闲娱乐首选地； • 追求整洁和秩序； • 通勤花去了大量时间，所以车站可以成为其生活、充电、娱乐的主要场所
 • 探亲访友	自我实现 ● 审美 ● 认知 ● 尊重 ● 爱与归属 ●●● 安全 ●●● 生理 ●●●	• 该人群主要的购物需求是以购买礼品为主，多为特产、副食品、高质量的生活用品、孩子的学习用品
 • 旅游购物：女性 消费的主力军	自我实现 ●● 审美 ●●● 认知 ● 尊重 ●● 爱与归属 ●● 安全 ●● 生理 ●●●	• 求美，对可以美化自身形象以及本身外观具有美感的商品很感兴趣，包括服装、配饰等； • 注重情感，喜欢为家人买东西； • 理性消费倾向。对于生活用品的购买理性务实细致严谨，货比三家，因为要做家务，所以喜欢去超级购物市场一次性购买完毕； • 自尊心强，以自我体验和感受为主要考虑因素，喜欢独立自主地选购商品
 • 旅游购物：儿童 家庭消费的发起者	自我实现 ● 审美 ●●● 认知 ●● 尊重 ● 爱与归属 ●● 安全 ●● 生理 ●●●	• 直观性强：凭借直观感觉去挑选产品，缺乏逻辑及对品质的考量； • 天真好奇：对于新鲜事物很敏感； • 可塑性强：容易受外界刺激和影响而改变消费倾向； • 活泼好动：喜欢动手操作，具有较强的创造力，较强的互动性

▶ 业（内容）	▶ 态（形态）	▶ 体验
• 餐饮：快捷卫生的早餐，价格合适的快餐店；新鲜卫生的生鲜食品的购买； • 零售：生活用品，比如大型购物超市； • 文化教育娱乐：电影院，健身房，拥有较多座位的书店	• 动线设计上，早餐店和便利店宜设置在入口大厅处，而超市、快餐店等宜近出口或位于车站和城市的连接通道中； • 秩序和整洁是主要特色，符合商务人群的审美习惯，店招和内部空间设计以快捷高效为导向	• 乘客一：每日会提前15min到达车站，车站的入口处就有很多早餐可以选择，走廊里还有一排排桌椅，可以一边吃一边等候。开启充满活力的一天！ • 示例：盒马鲜生，桃园眷村
• 餐饮：特产，烟酒茶； • 文化教育娱乐：给孩子买礼品，比如乐高玩具、书包等，买一些艺术价值高的商品； • 零售：大型购物超市	• 法定节假日是探亲访友的高峰时期，可以阶段性变化商业业态，设置礼品售卖空间，并相应渲染车站内的节日氛围	• 又是春节回家的时候，车站里的特产商店推出了很多特产，还有针对老年人的礼包。真是踏破铁鞋无觅处，得来全不费工夫！ • 示例：全聚德，杏花楼，五芳斋
• 传统商品如化妆品、珠宝首饰、服装等高收益商品； • 美容仪器体验馆。源于对外表的极致追求； • 智能化家居体验馆。大多数女性是家庭消费的决策者； • 生活品质体验馆。除了对外表的重视，现在的女性对于内在也更加重视	• 喜欢外表夸张、颜色鲜艳、时尚的产品 • 对于香味、灯光、形象、广告的渲染等都会在女性心中产生情感的差别； • 营业员的表情、语言等都会影响到女性顾客的自尊心。而细腻亲切的服务态度会让顾客增加对商品的好感	• 这个车站不错，有"快"购物，也有"慢"体验，我一般都会提前来这里体验最新的科技产品，提升生活品质；或者就点一杯花茶，看一本书，享受这多赚来的惬意时光。 • 示例：茑屋家电，网易严选
• 文化教育娱乐：以玩具、书籍、学习用品和体验教育为主； • 餐饮：兼有实用与游戏功能的亲子餐厅	• 趣味性的空间。采用鲜艳的颜色、夸张的形象、丰富的空间来增强吸引力； • 故事性的场景氛围。可以采用动漫、电影、电视中的经典元素进行店铺内的亮点设计； • 互动性的店内设施。可以在外部可见处设置动手区、体验区等以吸引儿童参与	• "哇，有好多人在这里玩乐高，我玩哪一个好呢？咦，他们在干嘛，好像是在搭我最喜欢的超人哎""带我一个！" • 示例：乐高体验店

图4-16 柏林中央车站内景

楼内所有空间都通过五楼的换乘大厅组织联系起来（图4-16）。

国内车站与外部的强隔离，主要是由于开发经营模式的不同和安检系统的设置。在国铁体制改革的背景下，重庆沙坪坝车站将换乘空间和站台空间水平分离，与商业空间在垂直方向上整合，做出了具有积极意义的探索[①]。

在之前较为普遍的站城分离空间模式下，缩短乘车空间和消费空间的物理距离和心理距离，是较为有效的。上海虹桥站和虹桥天地在室内可连通，但是步行距离依然较长；南京南站与外部区域被高架割裂，虽然地面有人行道相连，但是给人以较大的"心理"距离。

4.4.2 中低能级（三线及以下）城市车站的消费业态策划

我国660个城市中，只有20多个一线和二线城市，大量的三四线城市的经济结构仍然以一二产业为主，居民的收入水平总体偏低，一般只在城市中心建有一座普速火车站。

1）三线城市中心车站的消费业态策划

对于经济水平较高、消费能力相对较强的城市，依托车站带来的人流量，火车站地区成为城市公共生活的中心，比如榆林站、自贡站、荆门站、丹阳站等。因为消费能力有限，所以车站地区一般成了城市生活的中心，衍生产业为居住、零售、餐饮、公共设施等，具体包括住宅区、短期住宿、购物中心、餐饮，以及医院、影剧院、体育馆、文化宫等公共服务设施。

（1）针对当地居民的消费业态策划

客群的消费需求为：①本能需求：基本的吃穿住需求；②爱与归属需求：公共活动的需求、家庭休闲活动的需求。

一方面，需要在站点周边规划一些基本的生活服务，比如大型购物中心、连锁餐饮等；另一方面，在周边植入注入书店、图书馆、文化宫等文化设施，增强公共中心的文化设施的吸引力，引导居民充实精神生活，促进城市消费升级。

要根据地方特点策划消费业态，总体上仍然以生存型消费为主，发展型消费较少（图4-17），可

---

① 张越. 铁路综合枢纽商业开发研究[D]. 成都：西南交通大学，2017.

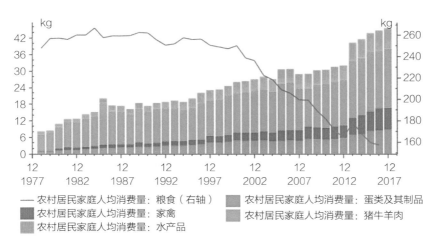

农村地区居民粮食消费营养结构持续改善

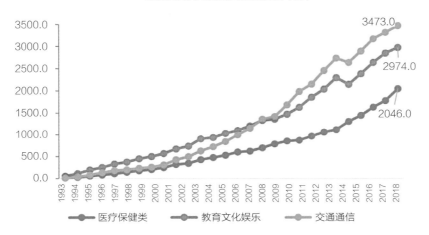

城镇居民人均服务类消费支出（元）

图 4-17　农村和城镇居民消费水平

以适当植入一些文化设施，如书店，并举办一些适合全家参与的文化公共活动，来引导居民消费的转型升级。零售方面，设置大型购物中心和综合体；餐饮方面，设置针对乘客的快餐小吃，和一些针对当地人的中高档特色餐馆；设置城市广场、公园、溜冰场等公共活动场地。

（2）针对外来务工人员的消费业态策划

这一类城市多被乡镇和农村包围，吸纳了周边大量的劳动力。一方面，考虑到务工人员可能需要在车站解决用餐问题，可以设置一些人均消费偏低同时保障卫生干净的快餐店，避免"脏乱差"影响车站整体环境品质；另一方面，他们需要购置必要的生活用品，可以设置一些快捷超市；同时，考虑到需要转车的务工人员会在车站过夜，设置一些价格可接受的青年旅社，让他们有尊严地休息，避免在室外过夜。

（3）针对旅游人群的消费业态策划

少数城市的车站中还会有旅游人群。一方面，设置一些中档的快捷酒店方便旅客临时住宿；另一方面，外地旅客一般是回家探亲或者来当地旅游，免不了购置一些特产或者礼品，可增加一些展示地方特色商品的店铺。在"态"的策划上，在室内设计上可以体现当地特色。

2）三线以下城市中心普速车站的消费业态策划

对于经济水平较低、消费能力较弱的城市，火车站周边通常会集聚一些特色的制造业，如安徽无为市、江苏丹阳市。制造业带动了当地的就业，工作人员构成了火车站主要的衍生客群，需要配备必要的餐饮、医疗设施服务其生活。

而很多城市的普速车站在过去吸引了大量的批发零售商，比如广州站。随着电子商务的兴起，批发零售业逐渐被淘汰，取而代之的是有终端意识的分销商以及工厂-客户模式，如何实现批发零售业的转型升级是当务之急，此地区可以努力提高零售业务的质量，提升消费体验，从而吸引当地及邻近城镇的居民进行线下消费。

关于其衍生产业和功能。根据不同的能级分为三类：第一类，设置对于运输成本较为敏感的制造业以及其衍生的生产型服务业；第二类，设置一些附属公共机构，比如职业教育学校，通过增加制造业或者是相关生产性服务业的技能培训，缓解周边地区的就业难题，也可以增加一些医疗、住房等配套设施；第三类，打造制造业小镇，即集生产、居住、教育、旅游为一体，具备了相对完善的产业链条，提升产业的附加值。

关于消费客群——主要是附近工厂的工作人员。关于客群需求，根据不同的发展阶段而定。如果只是生产功能则以生活必需的餐饮消费为主，生活用品消费为辅；如果是有较多的延伸产业，则可以丰富业态，加入一些快餐店、超市以及娱乐设施，丰富人群生活；若是制造业小镇，则火车站同时也充当着小镇中心的功能，可以纳入购物中心、影剧院、体育馆等。

4.4.3 中高能级（一、二线城市）车站的消费业态策划

1）一、二线城市中心普速车站的消费业态策划

这类车站，如上海站、南京站、深圳站、重庆站等，大部分为普速、高铁混合车站。

关于衍生产业。①一般都包括临时住宿和快餐行业；②这些城市通车较早，所以靠近市中心的多为早期开发的普速车站，高铁的到来（有些站点在后期还会有普速的撤销）会带动存量更新和产业升级。低端产业将退出该地段，比如广州站周边的批发零售业逐步退出；又如南京站周边，废弃的厂房可以改造成文创产业园区，同时，商务办公和文化教育娱乐设施将增多。

主要客群有：①外地旅客；②商务办公人士，因为火车站地区人员比较混杂，很少有国际500强之类的企业入驻附近；③附近居民，需要大型超市消费，但又要避免脏乱差。

消费业态建议为：①餐饮。具有地域特色的快餐小吃和便利店，满足游客和办公人士的需求。②文化教育娱乐+零售。火车站位于市中心，一般会临近旅游景点，可以和周边景点联动，打造成城市的特色体验地。比如南京站和玄武湖，以及广州站和南越王墓博物馆的联动。③休憩空间，足够的广场绿地以及休息设施。

2）城市边缘高铁站的消费业态策划

以虹桥站、南京南站等车站为枢纽逐渐形成了城市新的地区中心。一些差旅频繁且附加值较高的高端现代服务业（如设计、咨询、互联网等世界五百强企业）以及大型会展中心等会出现在周边。

车站带来的消费客群主要有：当地工作人群和外地商旅人群。他们的需求有：①生存需求：大型的

高端精品超市和一些、商务酒店、适合商务会面和灵活办公的咖啡厅、中高档快餐店，以满足工作餐需求，商务酒店要多；②爱与归属的需求：配置尺度宜人的公园草坪景观等设施，提供休息聊天的自然空间；③尊重：身份识别，高端精品消费；④认知需求：书店是提供最新的讯息和灵活办公的场所；⑤自我实现需求：消费能力很高，寻求放松和自我提升，比如设置健身房、电影院、SPA等（表4-4）。

　　客群消费能力较强。周边业态一方面要满足客群的基本生活办公需求，另一方面也要提供精神和自

不同能级城市车站的衍生产业和消费客群　　　　　　　　　　　　表4-4

车站属性 ▶	衍生产业 ▶	消费客群
● 一、二线城市中心站 如上海站、南京站、深圳站	● 临时居住 ● 餐饮 ● 零售 ● 商务办公 高铁的植入（有些站点在后期还会有普速的撤销）会带动存量更新和产业升级。例如，低端产业将退出该地段，如广州市；废弃的厂房可以改造成文创社区，如南京站	 ● 外地旅客　● 商务办公人士　● 附近居民

车站属性 ▶	衍生产业 ▶	消费客群
● 一、二线城市边缘站 如上海虹桥站、南京南站	● 高端现代服务业 城市副中心。主要包括会展中心、设计、咨询、互联网、金融等需要频繁差旅的服务业 ● 高端产业园 科技，生物，互联网，大数据	 ● 周边办公人士　● 差旅人士

车站属性 ▶	衍生产业 ▶	消费客群
● 三线城市 市中心普速站。如榆林站、自贡站、荆门站、丹阳站等车站	● 城市中心 居民整体消费能力有限，火车站及其周边成了城市生活的中心。包括住宅区、短期住宿、购物中心、餐饮、公共设施（医院、影剧院、体育馆、文化宫等）	 ● 当地市民　　● 外地旅客 以生存型消费为主，务工（周边农村）探亲为发展型消费较少　主，旅游、商务客群较少

车站属性 ▶	衍生产业 ▶	消费客群
● 三线以下城市 城市边缘普速站。如无为站、丹阳站	● 制造业 ● 生产型服务业 包括仓储、物流等，完善整个产业链条，推动制造业的升级，提升附加值，比如建设集生产、居住、教育、旅游为一体的制造业小镇	 ● 制造业从业人员　● 生产型服务业 以生存型消费为主，　以生存型消费为主，发展型消费较少 发展型消费较少

我提升类的消费机会。空间设计上以灵活多变为主，满足该类人群寻求新鲜刺激的需求。同时多举办一些文体类艺术类体验活动，激发场所活力。

4.5
车站作为城市目的地的客群和业态

作为城市目的地的车站地区，特定的体验功能往往比作为交通枢纽的车站能吸引更多人群。这一类人群的集聚，不仅源自文化、娱乐、餐饮、零售、酒店等消费业态，也与有号召力的细分行业头部企业等产业入驻有着密切关联。

4.5.1　更新型车站地区

1）创意场景对城市发展的作用

经济学家安·马库森提出"艺术红利"，即指艺术家对于所在地区经济绩效的增长有明显的带动作用。艺术家的大胆想象、乐于分享以及实验的精神在一些创意性质的工作场所中扮演着关键的作用[1]。什么是创意性质的工作？广义上来说，就是需要创造力和创新精神的工作，包括设计、咨询、互联网、IT、研发等，而这些产业在城市乃至国家的经济发展中扮演着越来越举足轻重的作用。

2）伦敦国王十字车站（King's Cross Railway Station）案例分析

（1）伦敦城的创意经济

与车站内生和衍生客群不一样的是，这一类目的地型车站空间的形成主要基于有"目的"的定位和打造，再吸引外地和城市的游客前来消费。

英国是世界上第一个提出"创意产业"和"创意经济"概念的国家[2]。从"世界工厂"到"世界创意中心"的经济转型，伦敦的创意经济始终保持在世界的领先地位。2017年，文化创意产业为伦敦创造了470亿英镑的产值，约占当年英国文创产业总产值的一半。伦敦该产业的就业人数约占全市人口的1/6，年平均增长率约为36.9%。2017年，伦敦提出"创意特区"（Creative Enterprise Zones）计划。

（2）场所感带动业态

如何让创意片区的定位落地？KCCLP采用了"场所感带动业态"的手法，以创意的氛围吸引企业和业态的入驻。首先强化火车站所具有的风靡世界的小说《哈利·波特》中9¾车站的文旅IP；主街道国王大道引入了许多街边小食店，造成了该处午餐"一时高峰"的景象；引入世界顶尖的艺术院校——中央圣马丁学院入驻老建筑"谷仓"，作为文化地标吸引其他创意类产业来到该片区；营造大

① 丹尼尔·阿龙·西尔弗，特里·N·克拉克，马秀莲. 回归土地，落入场景——场景如何促进经济发展[J]. 东岳论丛，2017，38（7）：47-60.
② [EB/OL]. https://xueqiu.com/3163535779/147079360.

片的公共空间，并以丰富的针对不同人群的活动增加人气。

（3）消费业态策划

A．三类客群的需求分析

（a）针对文创产业从业者的需求分析

生存：对"漂亮"的事物更敏感，需求程度更高；

爱与归属：和不同人群的交流以交换信息，激发灵感，艺术人群的聚集所带来的归属感；

认知：渴望获得最前沿的艺术类信息；

审美：丰富而高级的视觉美的体验；

自我实现：通过艺术消费来凸显自身艺术品位，并获得自我身份的认同；汲取更多艺术知识以滋养自身的创作；轻松的氛围易萌发创意。

（b）针对当地生活的居民的从业者的需求分析

生存：基本的生活需要；

尊重：即使不消费也可以体面地享受该地的设施；对于残疾人一样友好；

爱与归属：维持亲密关系的需要，城市归属感的需要；

认知：学习新知识，尤其对于儿童；接触时尚前沿和最新的讯息；

审美：通过看展、逛街获得美的熏陶，在滨河的美好体验中度过休闲时光；

自我实现：完善瑜伽、健身、跑步等设施来保持健康的生活方式，以及艺术馆、影剧院等来丰富娱乐生活。

（c）针对外地游客的需求分析

生存：购物，饮食，休憩；

爱与归属：和同行的家人、朋友、伴侣等共度美好时光；与陌生人交流的渴望；轻松融入当地环境；

认知：体验式学习，通过主动参与的方式去了解伦敦本土历史文化；想体验伦敦的生活方式；想亲眼目睹《哈利·波特》里的经典火车站；对科技巨头总部和顶尖艺术学院的好奇；对各类趣味性店铺的好奇；

审美：对具有伦敦地域特色的视觉美、味觉美的向往；对自然景观的青睐；

自我实现：在对科技公司和顶尖艺术院校的参观中获得激励；在具有高级美感的场所体验中获得良好的自我感觉；获得放松以更好地投入工作。

B．消费"业"的策划

（a）餐饮

快餐、小吃以及当地风味，高档餐饮Caravan、Dishoom、用于闲聊和讨论的咖啡馆。

（b）衣着

引入了符合该地区定位的各类型店铺，比如主力店铺——设计师品牌Tom Dixon、Paul Smith；年轻品牌——Beija London；第一家实体店概念商店——Studio One Twenty，Manifesto理发店；高奢品牌——Louis Vuitton；潮流品牌——Nike；以及大量的英国本土品牌，比如Sweaty Betty。

（c）文化教育娱乐

世界一流艺术学院（中央圣马丁学院、伦敦戏剧学院）、奢侈品店、古董店、艺术品店、纪念品店文创衍生产业（装裱等）；谷歌、脸书、三星、PRS音乐、亚马逊、环球唱片、Rolls-Royce公司等参观目的地。

（d）公共广场

设置了大量的休息设施，以及河滨阶梯等公共休闲区域；整个区域四成的面积都是广场和公园，包括潘克拉斯广场、Lewis Cubitt广场、Lewis Cubitt公园、储气罐公园以及谷仓广场。

（e）交通

自行车随处可见，并设有残障人士入口，对残障人士极其友好；

（f）活动和俱乐部

国王十字街每年的活动表都是满满的，包括Courtyard Festival、啤酒音乐节、玛格南摄影展、露天话剧、视觉艺术展、花园莫扎特音乐会、四季花园、Nike跑步俱乐部、Fridayout活动等①（图4-18）。

C. 消费"态"的策划

笔者认为，无论是建筑、空间、广场，还是到具体的形象，国王十字街区的"态"都具有一些共同的特点，笔者将其总结为"透明性""本土性""多样性"和"对比性"。

图4-18　伦敦国王十字车站地区的公共空间和公共生活

① [EB/OL]. http://cdyjs.chengdu.gov.cn/cdsrmzfyjs/c109598/2017-06/20/content_4f1a03a0b7064b6e82414e98b7386475.shtml.

（a）透明性

保罗·萨特认为，人和人之间的理想状态是完全的透明。公开的状态会拉近人与人之间的距离。现在有很多互联网企业采取了没有分隔的工作空间模式，比如脸书、谷歌等，这样可创造轻松的氛围，便于交流；在公共区域，无论是奢侈品展陈区，如圣马丁的大厅，还是室外的休闲区，都向人们充分开放。

（b）本土性

谷仓的改造保留着部分原来的建筑，甚至煤厂的内设也会故意做旧[①]。老建筑之所以可贵，正是由于其带来的故事感和传递出的跨越时间维度的情感。除了有记忆的老建筑，还引入了大量的自然景观，比如沿河而设的下沉式大阶梯，卸煤场的植物栈道，以及广场上多见的落水和喷泉等小品。

（c）多样性

形象多样：丰富的各异的颜色、质感、形状（如落煤场、谷仓和阶梯状的谷歌总部）以及不同时期的场景碰撞带来的刺激感和惊喜感（图4-19）。

图 4-19 伦敦国王十字车站地区原落煤场改造为创意中心

内容多样：由于租金高昂，很多零售业态只能利用线下地铺展示自己的新产品，而在网上售卖，这也代表了一种趋势。对很多潮流商家来说，更重要的是展示自己，接触新的消费者，最终在网上把生意做下去。

活动多样：从艺术，运动，亲子到狂欢，各种类型的活动应有竟有，满足不同人群的需求。

人群多元：其内容设施几乎覆盖了各个阶层和生活习惯的人群，使得该区域常年保持丰富性。

（d）对比性

对比性赋予空间张力，满足人群动与静、共处和匿名等不同的需求。

"态"上的对比主要体现在建筑的新与旧上。对于老建筑的处理分为三种方式：保留、部分拆除和新旧结合。新旧建筑交替的特色景观，在写字楼、店铺的外立面上有所体现。区域内还有一些人工与自然结合的景观，如河畔的阶梯式空间、潘克拉斯广场的落水、室外休息区的景观设计。

---

① 岳珂林，斯蒂芬·罗，沈尧. 城市更新中街区式建筑的创造——以英国国王十字落煤场建筑为例[J]. 城市设计，2019（5）：20-33.

D. 理想客群体验

笔者根据国王十字车站地区的现有场景，模拟了四类代表性人群活动时的内心体验，展示以客群需求为导向的业态策划效果。

（a）艺术家

最近几天没有艺术灵感了，不如去国王十字车站走走吧。圣马丁艺术学院是我最喜欢去的。除了主楼以外，可以去到任何地方。他们把荒诞不羁的想法泼洒在画布、陶瓷和麻布上。走出来，到室外的咖啡馆坐坐，旁边一桌的人在就最新的艺术话题争论得面红耳赤。其中有个人说，最新的玛格南照片展在Lewis Cubitt广场展览，我去看看。晚间漫步到了Coal Drops Yard，看看这季的新品，不知不觉溜达到了TOM DIXON的店。真是一场艺术盛宴，我感觉灵感涌现，赶紧在座椅上记录下来。

（b）IT码农

Facebook的工作紧张而充满挑战。中午我在街区点了份快餐，便带到潘克拉斯广场坐下吃。眼前，人们来来往往，笑声不断，露天戏剧的声音传到了这里，让我感觉轻松些许。偶尔去三星的旗舰店体验下新产品，去谷歌约老同学见见面，便很快恢复了元气。又会是一个精力充沛的下午。

（c）市民

周六上午，我们一家三口一起来到国王十字街区，参加之前报名的亲子活动。之后，我们品尝了很多特色小吃，看了最新的女性漫画展。广场上休息的地方很多，更多时候，我们坐着聊天晒太阳，孩子们和新朋友玩耍。晚上，我们一起去河边的阶梯坐着，看城市的夜景，看来往的游船，感觉很温馨。

（d）游客

走下火车，便迫不及待地奔向心中神圣的国王十字街区了。作为铁杆哈迷，我们先朝圣了9¾站台，一定要拍照放到社交平台上，再去谷歌总部打卡。一路看到了很多维多利亚时期的老建筑，尤其是商铺保留了拱廊的设计，让人感受到了浓浓的英伦风情。我们还品尝了正宗的英国美食。走进艺术圣殿圣马丁，在学校餐厅坐下，可能旁边坐着的就是未来的设计巨匠。晚上，我们参加了啤酒节，和当地人一起狂欢。

4.5.2 新建型车站地区

新建型车站地区，在完成交通功能的基础上，被评估为有潜力作为当地新的消费场所和经济增长点，往往可以担当地区公共生活的中心；另外车站地区作为人流集散之地，有机会传递当地的独特文化，让旅客通过多种类型的消费活动从不同角度来体验并感受特有的文化魅力。

京都站案例分析

原广司操刀设计的京都站是日本的新干线车站（图4-20），其整体是一个大型的商业综合体，总建筑面积约23.8万m²，其中车站只占了总面积的1/20①。综合体中间是一个成漏斗状的大厅，经常有大型活动在这里进行，东侧有酒店、剧场和博物馆，西侧有百货商店、美食街。

---

① 蒋昕萌. 基于TOD模式下的铁路交通枢纽空间设计策略研究——以日本京都站为例[J]. 中华建设，2020（4）：82-83.

图 4-20　京都站内部空间

京都车站综合体的使用人群主要分为三类：乘客、当地居民和外地游客。

（1）三类客群的需求分析

乘客需求：高效到站出站，进站旅客便捷购买食物，出站旅客购买生活必需品，临时住宿。

当地人需求：购物，娱乐，城市公共活动。

游客需求：①生存：购物，饮食，休憩；②认知：了解京都历史文化，品尝京都和日本的特色美食；③审美：欣赏京都传统的艺术表演，领略京都的标志性景观。

（2）消费"业"的策划

业态的布局规律是：舒适度与受众面随着与交通层距离的增加而减小；效率随着与交通层距离的增加而减小（图4-21）。

地下层一般是换乘通道或者是连接周边城市的过渡空间，可以找到生鲜超市、食品小吃店、特产专卖店等，方便当地的通勤乘客以及当地居民购买食物。

地上交通层，沿着售票窗口和服务处问讯处等人流主线布置便利店、食品店、特产店等，方便游客的临时性购买需求。

近交通层面邻近城市外部空间，景观好且方便人群抵达，设置咖啡馆。

中间层是服饰及品牌为主的精品百货店等。远交通层是高档餐饮店、书店、音像店、博物馆、酒店等。

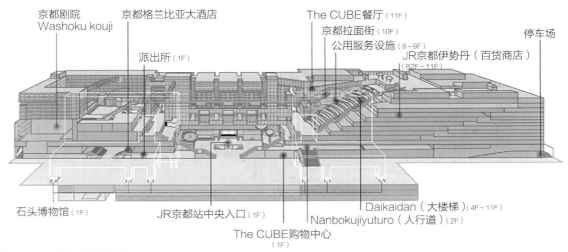

图 4-21　京都站功能轴测图

（3）消费"态"的策划

京都站综合体注重营造差异化的场景体验。

A. 用空间感受传递城市意向

"京都历史之门"的设计理念在空间中体现，上放下收的中庭代表山谷；而金属桁架和中间的装置则体现出现代感；屋顶花园再现日本最古老文学，以《竹取物语》为主题设计而成；城市观景台和世界最长的室内大连廊，让人漫步其上并眺望城市景观，包括京都街巷、京都塔，以及每年的大文字·五山送火。

B. 在消费中感受城市文化

11层的有一条"专门店"（专做一种食材或一道菜）街，比如专做牛舌专门店、炸猪排专门店等，体现出日本的匠人精神；2～6层是京都剧场，还有博物馆、艺术馆供人们去领略京都的古老与现代文化。

C. 亲历城市公共活动

车站中庭有一条4～11层的大阶梯，可以举办一年一度的爬楼梯大赛，也可作为音乐会的观众席。灯饰可以形成大型的特色的图案。

本章参考文献

[1] 李颖. 中国铁路旅客出行选择行为研究[D]. 北京：北京交通大学，2015.

[2] 冯涛. 铁路综合客运枢纽城市功能开发研究[D]. 成都：西南交通大学，2019.

[3] 唐雅男. 基于旅客商业行为的大型铁路客站商业空间设计策略研究[D]. 广州：华南理工大学，2018.

[4] 陶思宇，冯涛. "站城融合"背景下新型铁路综合交通枢纽交通需求预测研究[J]. 铁道运输与经济，2018，40（7）：80-85.

[5] 毕璋. 基于POI数据的大型铁路客运站站区商业空间分布特点研究[D]. 成都：西南交通大学，2018.

[6] 彭其渊，陈昕梅，殷勇，易兵，周大印. 考虑交通影响的综合交通枢纽上盖商业体量预测——以重庆沙坪坝综合交通枢纽为例[J]. 交通运输系统工程与信息，2016，16（4）：67-72+100.

[7]　李传成，毛骏亚，持田灯. 日本铁路车站站区商业开发空间模式及业态布局研究[J]. 建筑学报，2016（7）：116-121.

[8]　童梦露. 基于旅客行为特征的大型铁路客站商业空间研究[D]. 北京：北京交通大学，2016.

[9]　王晓娜. 商业体量预测方法的应用研究[D]. 武汉：武汉理工大学，2014.

[10]　罗志鹏. 我国商业地产开发策略分析[J]. 中国房地产，2014（6）：50-61.

[11]　龚正. 社区商业地产体量规模的研究[D]. 重庆：西南大学，2012.

[12]　唐川，刘英舜. 基于精明增长理念的城市综合客运枢纽规划[J]. 综合运输，2011（9）：38-42.

[13]　张钒. 我国铁路客站商业空间设计研究[D]. 天津：天津大学，2008.

[14]　郑捷奋. 城市轨道交通与周边房地产价值关系研究[D]. 北京：清华大学，2004.

[15]　戚冬瑾，弗雷德·霍马，熊亮，周剑云，萧靖童. 公法与私法配合视角下的城市更新制度——荷兰乌特勒支中央火车站地区更新过程的启示[J/OL]. 城市规划:1-11[2021-03-05].http://kns.cnki.net/kcms/detail/11.2378. TU.20210209.1134.004.html.

[16]　王小菲. 实体书店新零售发展中的问题与对策建议[J]. 北方经贸，2021（2）：84-86.

[17]　张恩嘉，龙瀛. 空间干预、场所营造与数字创新：颠覆性技术作用下的设计转变[J]. 规划师，2020，36（21）：5-13.

[18]　邵益晓，徐正全，叶道均，王宇俊. 中小型高铁站点地区用地和产业规划研究[A]. 中国城市规划学会城市交通规划学术委员会. 交通治理与空间重塑——2020年中国城市交通规划年会论文集[C]. 北京：中国建筑工业出版社，2020.

[19]　贺群舟，李杰. 消费分级背景下农村消费市场下沉的商业模式研究[J]. 商业经济研究，2020（19）：135-138.

[20]　林诗慧，李晓怡，莫婉芬. 2020年中国商业十大热点展望之五——零售业态创新层出不穷，新商业模式对标多元多变的消费需求[J]. 商业经济研究，2020（16）：2.

[21]　陈其超，方田红，高宇. 新零售业态下耐克上海001旗舰店空间体验设计[J]. 设计，2020，33（11）：61-63.

[22]　蒋昕萌. 基于TOD模式下的铁路交通枢纽空间设计策略研究——以日本京都站为例[J]. 中华建设，2020（4）：82-83.

[23]　岳珂林，斯蒂芬·罗，沈尧. 城市更新中街区式建筑的创造——以英国国王十字落煤场建筑为例[J]. 城市设计，2019（5）：20-33.

[24]　刘宇. 政企关系视域下我国铁路行业治理结构研究[D]. 济南：山东大学，2019.

[25]　谭韵涵. 新加坡樟宜机场商业成就探讨[J]. 中外企业家，2019（9）：224.

[26]　马小毅，黄嘉玲. 高铁站点周边地区发展与规划策略研究[J]. 规划师，2017，33（10）：123-128.

[27]　陈云. 马斯洛人本主义心理学[D]. 北京：首都师范大学，2014.

[28]　吴军. 大城市发展的新行动战略：消费城市[J]. 学术界，2014（2）：82-90+307-308.

[29]　杨震，徐苗. 消费时代城市公共空间的特点及其理论批判[J]. 城市规划学刊，2011（3）：87-95.

[30]　王腾，卢济威. 火车站综合体与城市催化——以上海南站为例[J]. 城市规划学刊，2006（4）：76-83.

[31]　荆哲璐. 城市消费空间的生与死——《哈佛设计学院购物指南》评述[J]. 时代建筑，2005（2）：62-67.

[32]　从美国铁路看中国铁路改革——中美铁路比较[J]. 铁道运输与经济，1994（11）：15-17，40.

[33]　赵景来. 城市转型发展与文化创意产业研究述略[J]. 学术界，2014（11）：221-228.

[34]　叶胥. 消费城市研究：内涵、机制及测评[D]. 成都：西南财经大学，2016.

[35]　张鸿雁. 需要层次理论在消费需求中的体现[J]. 科学与管理，2007（6）：71-72.

[36]　袁银传，范海燕. 理解马克思人的自由全面发展思想的三重维度[J]. 马克思主义哲学研究，2020（2）：24-32.

[37]　祁述裕. 建设文化场景　培育城市发展内生动力——以生活文化设施为视角[J]. 东岳论丛，2017,38（1）：25-34.

[38] 沈坚锋，刘欣. 利用PPP模式推进高铁新城开发的探索[J]. 经营与管理，2019（12）: 131-134.

[39] 余柳，郭继孚，刘莹. 铁路客运枢纽与城市协调关系及对策[J]. 城市交通，2018，16（4）: 26-33.

[40] 苏宁金融研究院（SIF），中国人民大学国际货币研究院（IMI）. 中国居民消费升级报告（2019）[EB/0L].
       https://sif.suning.com/article/detail/1575284012308.

[41] 余柳，郭继孚，刘莹. 铁路客运枢纽与城市协调关系及对策[J]. 城市交通. 2018，16（4）: 26-33.

第 5 章

车站地区的功能布局

5.1
功能发展的动因和演进

5.1.1 功能发展的动因

1）车站发展的升级

伴随高铁时代的发展，铁路客运的规模、功能、空间已无法适应当前的运营需求，传统的"长途差旅"向"短途通勤"客流的结构性转变正在发生，乘客对城市内外部交通转换的效率和枢纽的环境品质提出更高诉求，车站地区城市功能空间的扩充与提升是对功能使用需求的响应。

普铁时代的铁路出行以国内长途旅客运输为主，出行耗时长、频率低，客流性质主要是探亲、打工、高校学生等人群；高铁时代将会转变为以中长途旅客出行为主，从点对点连接国内城市转向连接城市群，客流性质转变为商务活动、旅游观光、周末通勤等。而在都市圈中固定商务通勤的"准通勤型"客流人群，在京津冀、长三角、港珠澳和成渝城市群等地区增长迅速，其铁路出行的特征转变为耗时短、频率高，这意味着乘客对车站与地铁等其他交通工具的换乘效率、便捷性要求更高，枢纽地区也需要满足更高的城市消费场所和环境品质等需求。

在这种需求的推动下，车站除了将基本的购票、候车、上下车等交通功能进行与时代发展的同步提升，如人脸识别进出站、手机购票，还需要提供旅客内生的出行生活需求，如增加快捷餐饮、休闲健康、特色购物、旅游服务等以及中转旅客的便捷酒店、娱乐社交等功能。同时，车站内和车站外的城市功能也相应会得到大大拓展，从旅客人群的需求向与城市人群的需求结合，衍生出零售、餐饮、超市、酒店、办公、会展、公寓等多类功能群，并结合车站和地方资源，打造周末集市、博物馆、美术馆、植物园、文化创意等特色功能主导下的"目的地"型车站地区，把"流动资源"进化成为"集聚资源"。

铁路车站在很多城市中还扮演着公共空间的角色，容纳城市日常公共生活，宽敞的车站大厅除了日常的迎来送往，也是约会相聚的社交场所，这也使不少改造后的车站拥有消费集市、艺术表演、文化沙龙、博览展出、生活时尚等公共活动。铁路车站在兼顾繁忙的交通节点使命的同时，应有机会融入我国车站的"城市场所"营造中。

2）站城关系的发展

城市车站枢纽地区具有双重属性，既是交通网络中的流动性节点，也是城市中的集聚性场所，前者体现枢纽的交通属性，后者则体现城市活力的功能属性，枢纽地区的协同发展不是简单的车站与城市功能的叠加，不同的车站地区的平衡点差异很大。因此，其功能定位需要结合车站人流和周边城市人群的需求，明确节点和场所价值的平衡点，合理适度地引入城市功能产生协同效应。

车站地区铁路的对外可达性和公交的对内可达性可能会吸引商业、商务、贸易、会展等产业的集聚，也可能对居住、高端办公商业区等带来排斥效应。被吸引的功能群会激发对外交通和城市内部交通量的增长，形成基于节点的城市场所之良性成长。如果场所单纯具备功能和配套设施，交通可达性不足，对城市功能的吸引将不能继续增长。因此，场所功能价值的增长和节点交通价值的增长都存在着边际效益递减的关系，两者之间的平衡发展是交通枢纽地区发展的理想状态。

"站城平衡式"发展，即对外对内的交通节点与城市功能集聚的场所产生互补共生的主导关系，是"站城融合"目标下的典型类型，如纽约中央车站地区、荷兰乌得勒支中央车站地区。除此之外，车站地区还有其他类型的发展模式，比较典型的有：车站地区的对外对内交通的通勤流动远远高于非通勤流动，配合其他外部条件，形成了超越车站的城市场所，即"大场所小节点"模式，如东京二子玉川站区、重庆沙坪坝车站地区；另外一种模式是，车站地区的对外对内交通，特别是非通勤的流动需求特别大，仅仅产生了客流衍生的消费等功能，大交通流也会抑制了城市功能在车站区的集聚，产生了"大节点小场所"模式，如瑞士苏黎世车站地区、上海虹桥高铁站地区（图5-1）。

在高能级的国际化大都市，上述模式在强大的经济需求和技术手段推动下，也是可能发生转变的，但在低能级城市中，经济实力往往难以支持代价较高的技术投入，这种转变的概率就小许多。

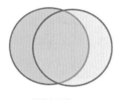 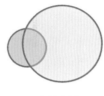 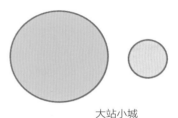

站城平衡　　　　　　　　　小站大城　　　　　　　　　　大站小城

图 5-1　三种典型的站城发展类型

5.1.2　车站地区的功能演进

枢纽与车站建筑及其周边的城市片区随着时代背景的发展正不断走向丰富和多元，回顾车站及其周边地区功能演进的过程，主要经历四大阶段（图5-2）。

1）第一代：传统车站

传统车站的最大特征，是以铁路运输功能为主，其中：候车、乘车空间和铁路站场作为建筑和总体布局的核心（图5-3）。

欧美传统车站的发源可以追溯到17世纪早期，铁路在当时较之于其他运输方式具有突出优势，因而各国均积极投入建设铁路，美国在18世纪80年代达到年均2万km以上，纽约在19世纪初也大力建设高速便捷的铁路系统，以此稳固并提升经济地位。

——纽约的大中央车站

于1913年兴建，平面空间以通高的中央大厅为核心空间，商业空间、候车空间、乘车空间沿中央轴线依次对称布置，设有地下两层铁路站场，同时做到铁路和轨道交通的接驳，形成人行系统、机动道路、轨道系统的立体分层衔接，纽约大中央车站在持续的使用和更新中，功能得到进一步的丰富和扩充，在车站空间及其地下空间内，设有快餐、书店、超市等商业服务设施（图5-4）。

我国的传统车站建筑发展源自19世纪末，具有如下几个典型特征：

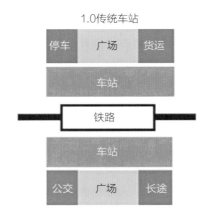

1.0传统车站

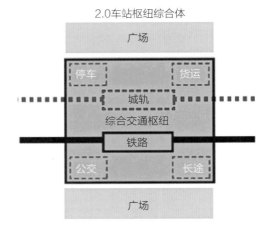

2.0车站枢纽综合体

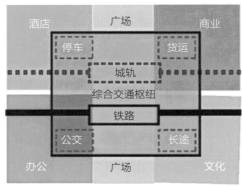

3.0城市综合体

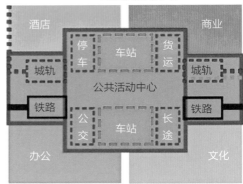

4.0公共活动中心

图 5-2　车站功能发展的历程

（1）在总体空间格局上，车站候车大厅和站前广场是核心空间，较少考虑与城市功能空间的统筹和融合，形成铁路站场空间与城市功能空间的独立分区。

（2）功能局限于较为单一的铁路客运功能，较多考虑平面方式来组织空间，较少考虑立体的人流动线和交通组织，缺乏与其他交通方式的便捷换乘。

（3）旅客以"等候式"流线为主，旅客在发车前较长时间就进入候车大厅等待检票进站，候车功能空间比重较大；而国外铁路系统

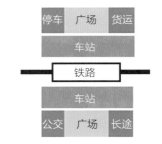

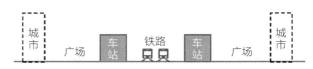

图 5-3　传统车站空间模式图

发展成熟的国家中，盛行"铁路列车编组短、到发车次密、与其他交通换乘便捷、旅客可以形成随到随走"的"通过式"流线，多采用宽敞的进站大厅和站台候车方式，仅有少量的布置小型候车厅，这与我国的车站功能面积分配有较大差异。

我国传统铁路枢纽地区仅承担单一的交通集散功能，布局形式基本为周边城市道路和铁路分割形成的独立铁路站房和站前广场空间，通常其人流拥挤繁杂，城市空间环境品质较差。

图 5-4　纽约大中央车站鸟瞰及功能示意图

——北京正阳门东站

建于1903～1906年的北京正阳门东站（图5-5），是中国近代最重要的火车站，车站平面为矩形，南北长约50m，东西宽约40m，主要功能由中央候车大厅、南北辅助用房、钟楼组成。车站采用了传统轴线对称手法，立面体现了民族风格，并在国内客运站设计中首次采用了高架候车形式。同时期的西安车站、沈阳北站、南京西站等，都呈现相同的空间和功能构成。

图 5-5　北京正阳门东站

2）第二代：车站枢纽综合体

车站枢纽综合体最大的变化是建立全天候，多种交通方式整合的换乘空间，取代传统的站前广场（图5-6），形成以铁路车站为核心，衔接城市公路、轨道交通、步行交通等多种交通的综合换乘集成空间。与传统单一功能的车站建筑相比，车站枢纽综合体复合功能集聚在车站主体，功能以交通运输为主，并设置相关的城市功能配套。但是从站体和周边城市空间的关系来看，仍处于隔离状态，缺乏直接、紧密的空间联系。

我国自改革开放至20世纪末，铁路客站的设计模式和建设方法受国外设计理念影响，开始追求规模与效率，这一时期的显著特点是采用高架候车厅模式，提供双向进站的可能，提高进站效率；同时，客站功能开始注重面向旅客的商业服务，针对铁路客站一直负债运营的状况、考虑如何从不同渠道筹措资金投入到商业设施建设，以更好为乘客服务，并回报支撑铁路建设的经济投入；同一时期出现客站（非轨道区）上部建设高层商务办公空间，或在客站内加建一部分商业空间，典型案例代表有北京西站、杭州站等。火车站由于增添配套开发，开发量出现大幅度增加，以北京西站为例，总建筑面积近70万m²。车站枢纽综合体建筑中，从面积占比上可以看出，车站交通功能仍为主体，商业、办公等功能是从属性的。

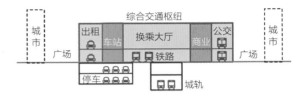

图 5-6 车站枢纽综合体空间模式图

——杭州火车站（城站）

1999年建成并在2015年改扩建的杭州站（图5-7），是我国标志性的车站枢纽综合体，拥有5台14线，配置了商业、餐饮以及我国首个车站红线内的高层综合楼，2016年年客流量达1004万人次。车站设计充分考虑站房、广场、站场的交通组织，并把它和周边的城市交通联系起来，使乘坐不同车辆、不同流向的旅客安全、快速、方便的集散。地下通道入口设在每个站台和站房中心延伸线的交界处，旅客由此出站。经过出站大厅后，可继续下楼乘坐地铁，或上楼换乘其他交通工具，形成了便捷换乘的交通枢纽综合体。

图 5-7 杭州火车站

对比中国和欧洲的车站综合体，由于旅客的数量级不同，管理模式有很大的差异。欧洲的火车站是一个完全开放的公共建筑，非乘客的市民也可以随时进出，车站成为特殊的公共活动场所和中心。

——苏黎世火车总站

图 5-8 苏黎世火车总站

苏黎世火车总站是瑞士全国最大铁路车站（图5-8），由于地处瑞士与欧洲的中心，苏黎世火车总站迅速发展成为重要的铁路枢纽，日客流量达40多万人次。1991年改造前就拥有26个尽端式站台，国际列车等重要高速列车以及国际卧铺列车，都在苏黎世站停留。2014年投入使用的改扩建工程，结合了Löwenstrasse鲁汶大街和城市河道的地下工程而非局限在车站红线内，不仅在地下扩充了跨越城市的穿过式城际列车、市域列车，并预留了地铁车站，还加建了大量地下商业空间。即便拥有复杂换乘的交通功能，车站枢纽综合体仍然是个开放的城市空间，进站大厅、站台和所有的商业空间都向市民开放，与周边的车站大街一样是城市日常生活的组成部分。

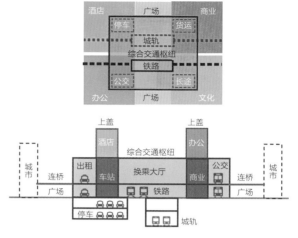

3）第三代：城市综合体

铁路的对外交通和地铁等的对内交通，为车站地区的人群集聚提供保证，单一的客运功能区有潜力扩展为综合性目的地式的城市功能混合区（图5-9）。在城市综合体中，城市功能空间的占比更多，车站功能和城市公共空间、功能空间将形成了更为紧密的连接，交通枢纽空间则成为城市空间结构的有机构成。

图 5-9　城市综合体空间模式图

——德国柏林中央火车站

建成于2006年的德国柏林中央火车站（图5-10），是德国战后最大的建筑工程，耗资7亿欧元，历时10年。车站位于城市中心施普雷河畔，毗邻议会大厦，出于土地价值的考虑，将铁路交通地下化，并通过首层的大厅空间将南北的城市空间连接起来。车站占地1.5万m²，总建筑面积为17.5万m²，包括1.5万m²的商业餐饮、5万m²的办公、5500m²的铁路管理用房以及2.1万m²的交通面积，站台区域共计3.2万m²，此外还有2.5万m²的停车场[①]。车站是欧洲高速铁路网的核心，每天有超1100列火车进出，日均乘客30万人次，车站融合了远程、区域和市内交通，具有紧凑集约的立体交通结构：地下三

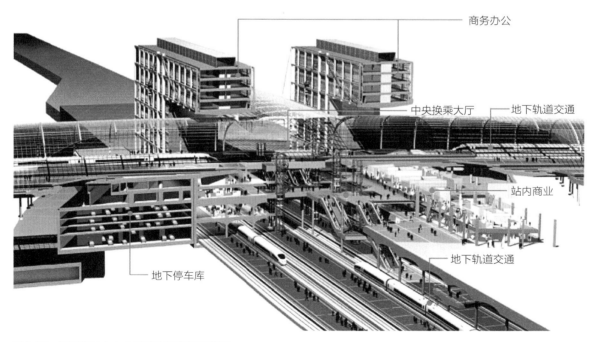

图 5-10　德国柏林中央火车站功能空间示意图

---

① 柏林中央火车站[J]. 世界建筑，2018（4）：48-55.

层主要组织南北向远程线路与区域列车、U5号地铁；地下一层、地下二层为车站的商业配套区域，十字交叉的空间格局，形成便捷高效的换乘空间组织，同时，中央换乘大厅引入自然光，将交通与商业的流线与空间相融合，也增加了商业空间的价值；地面层为市内公共交通、旅客私人交通（连接市政道路、临时停车场）、自行车与行人交通、游客交通（大巴、游船）；地上一层为远程线路与区域列车，城市轨道交通线路。

——京都火车站

日本的京都火车站（图4-20）最早建于1877年，分别在1914年、1952年、1997年进行了三次改造。1997年建成的第四代新京都站，是一个功能上高度复合的城市综合体，内部功能包括酒店、购物中心、电影院、博物馆、展览馆、大型立体车库，以及各地区政府办公空间，建筑物总建筑面积约23.7万m^2，其中铁路车站的功能面积仅占5%。建筑地上16层，地下3层，其中央大厅是建筑的核心空间，长220m，宽27m、高28～59m，屋面采用钢结构拱形桁架玻璃顶，中央大厅具有半室外空间的特性，大厅东侧连接剧场、酒店及露天屋顶内院，西侧连接休息区和配套商业，大尺度的阶梯与大型百货空间毗邻，北侧是面向室外广场的主入口，南侧连接电车，大厅与站台空间相通，最大程度实现了现代交通枢纽的快速与便捷性。在大厅的顶部，有一条距地面45m高的东西空中走廊，是俯瞰大厅本身和眺望京都风貌的重要观光点。新京都站已脱离了传统的火车站单体建筑定位，功能构成更接近综合购物中心和主题公园，拥有大型开敞的城市聚会和休憩的空间。

旅客由主入口空间进入到中央大厅，通过检票口后可以进入车站候车空间，两者中间没有多余的阻隔。中央大厅内部的一边布置售票服务，其余的商业、休闲活动人流由中央大厅进行分流，或通过单独的出入口进入。这种建立在高效客运运输效率上的精简客站组织模式，对于大量的人流组织更具优势。即使客站内设置了大量的商业活动空间，但合理的流线和空间组织使客站在承担其基本的旅客集散与换乘功能的同时，能够有效避免不同功能类型空间的互相干扰和影响，在相互融合保持联系的同时也能相对独立。在客站地下层，直通京都的地铁和地下步道系统组成了地下轨道交通网，进而可以直达城市内主要节点。地下连通的交通体系给京都站的商业空间带来了大量的消费客流，使地铁站作为人流集散的节点充满了活力，同时又为轨道交通的进一步建设带来了巨大的经济效益。

4）第四代：地区公共中心

在城市综合体的基础上，注重车站建筑与周边公共空间、步行、交通和功能系统的高度融合，才有潜力成为地区公共中心，一般来说，车站所形成的地区公共中心有四个方面的显著特征：

——以城市公共空间为核心；

——车站与城市的不同功能高度混合；

——中心区建设步行化区域；

——城市公共交通的高可达性。

地区公共中心，标志着站城融合的新阶段，将建筑单体、与城市功能结合的综合体等扩展，实现更紧凑的发展和更高效的动线衔接，车站不再只是独立建筑物，而是融合了城市的公共开放空间和混合功能空间，衔接地铁、公交等形成地上地下的步行立体街道系统，成为依托使用者行为的城市公共生活的机能核（图5-11）。

——日本小仓城火车站地区（Kokura Station）

小仓站为北九州市的主要车站（图5-12）。由于其位于连结本州岛与九州岛的关键位置，山阳新干线在此设站，所有通过此站的新干线列车皆会在本站停靠，同时纵贯九州西部的鹿儿岛本线和连结九州东部的日丰本线皆通过本站。小仓站日均到发旅客数约4.73万人次，其中JR九州线为36052人/日、JR西日本线为11263人/日。铁路和车站在城市段均为高架，共设6台12线（新干线2台4线、在来线4台8线）。站内的北九州单轨电车小仓站（城市轻轨）日均到发旅客约8652人次。

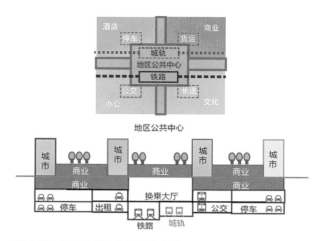

图 5-11 地区公共中心空间模式图

图 5-12 日本小仓城火车站地区

高架车站为城市地面道路交通组织带来便利，从轻轨客流量显示车站客流对机动交通的高分担率，因此南北两侧的站前广场主要为公交车、出租车和社会车辆所占用；而空中步行区的设计完成了轻轨与高架车站的最小距离换乘，更密切联系了南侧围绕站前广场的商业区和北侧伸向海滨的会展办公等新就业密集区；车站综合体内宽敞的二层、三层城市步行通廊（24h开放）作为最活跃的城市公共空间，自然成为连接南北片区步行系统的关键纽带，也成为车站旅客进行商业、娱乐、旅馆等消费生活的认知中心和空间节点；小仓站虽然兼顾高铁、城际核普速列车，但车站仍然与多个城市功能混合形成综合体，与大型商业、酒店、办公以及剧场的体量相比，车站包括进厅、候车室等的总面积较小，体现了该车站地区的城市属性，使其成为串联码头会展区与城市中心区之间的重要公共活动中心。

——荷兰乌得勒支中央车站地区（Utrecht Central Station）

乌得勒支中央车站是荷兰最大和最繁忙的火车站，高居荷兰第一位。车站规模为8台16条线，日到发旅客约19.4万人次。由于其在荷兰的中心位置，乌得勒支中央火车站成为该国最重要的铁路枢纽，每天1000多列始发车，有国际、城际和市域列车班次。

原来位于城市边缘的中央车站，在城市扩张中成为老城和新区的连接部（图5-13），区位特点和改扩建中的多功能混合组织使其超越车站而成为地区公共中心。在紧凑的用地基础和延续地面铁路的前提下，灵活地利用上跨铁路设置步行和自行车以及下穿铁路设置机动车和有轨电车，得以建构步行和机动车等多动线的高可达性，从而缝合东西两翼的新区老城；同时在两端的站前广场设置了集中的城市商业、办公、娱乐等业态，形成了与车站相关但促进城市消费生活的功能组合，其体量远超车站，与老城的小型商业相比具有极大的吸引力，成为链接老城新区的公共活动中心。

图 5-13　荷兰乌得勒支中央车站地区

5.2
车站地区的功能配置

5.2.1　功能配置的线索

车站地区的功能配置，通常由两条主要的线索来展开：其一是基于车站及其衍生的功能板块；其二是由城市片区的需求或特定的发展目标所确定形成的功能板块。

1）依托车站的功能板块

车站作为交通枢纽，主要促进流动的对象大体分为三类：人流，物流以及信息流。三者交互形成了三个主功能群：客运功能、货运功能、商务功能（图5-14）。

从人员流动的角度，客运功能是枢纽的核心功能，与客运关联的主要功能群有站房、接送客、交通配套设施、交通换乘中心、旅游集散等，也可衍生餐饮、零售、酒店、办公等业态。

从货物流动的角度，随着城市群的高速发展，货运功能成为促进区域物流网络发展的重要节点，也带动和扩大了产业服务的辐射空间。货运及衍生的主要功能空间有：货运场站、物流仓储、物流集散中心乃至商贸、物贸、展示等。

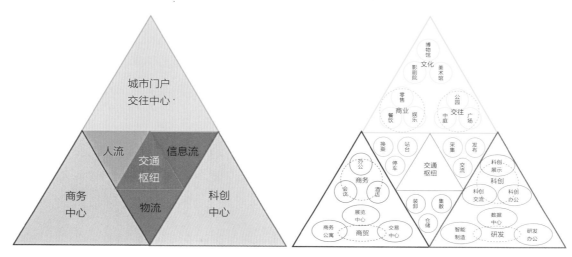

图 5-14　依托枢纽的功能群示意图

车站的信息流动不仅指高铁客群汇聚带来信息交互的机会，如依托车站的会议、会展中心；也要考虑车站自身作为信息的传播源扩散信息的潜在功用，如车站的IP信息如广告一般具有极强的扩展号召力。因此，信息的生产、加工、交流、发布等成为高铁主导的车站地区重要功能，也产生了诸如IP策划、媒介宣传、会议中心、商务办公、博览会展等功能群。

2）源自城市区域的功能板块

车站所在城市区域，一方面，可以借助车站枢纽的资源，特别是城市轨道交通的优势，构建"热点"片区或地区公共活动中心；另一方面，从城市区域特定的发展目标或自身需求出发，营造特定的功能群。

例如，意大利米兰的Porta Nuova车站地区从城市区域发展出发，确定为商务会展功能为主导，建设了多组办公、展览、商业建筑（图5-15）。上海临近虹桥高铁车站的片区，从面向江浙的门户区域视角，确定建设虹桥商务区，发挥高铁、机场和国家会展中心的带动作用。

对中心城的车站片区，需要兼顾城市生活所需要的相应功能，主要包含商业消费、社交、文化娱乐三个公共板块，其中商业和交往空间与交通枢纽的关联最紧密，考虑到枢纽的流动性和门户作用，文化功能的构建也尤为重要。

因此，满足城市功能的功能板块主要有（图5-16）：

图 5-15 意大利米兰 Porta Nuova 车站地区

（1）商务功能：商务人群出行活动频次较高，靠近枢纽的商务配套设施，如办公、会议和酒店，可以与交通枢纽共享公共空间、停车和商业设施。

（2）交往功能：包括广场、公园、休闲活动等公共活动空间，并为城市贡献公共空间和交往场所。

（3）商业功能：为区域市民提供更丰富的城市功能服务，包含餐饮、购物、娱乐等商业空间。

站域功能群				
商务中心	交往中心	商业中心	文化中心	科创中心
办公 会议 酒店 停车场 公共空间 商业设施	广场 公园 休闲活动	餐饮 购物 娱乐 服务配套	影剧院 展览馆 博物馆 艺术中心 门户形象	科技产业 创意产业 智能制造 研发中心

图 5-16 站域功能板块组成

（4）文化功能：主要包含影剧院、展览馆、博物馆、艺术中心等；文化功能有助于塑造和提升车站的门户形象和展示作用。

（5）特别产业：特定的发展目标可以进一步催生相关的产业，如会展、创意、智能制造与研发等。

3）站区的多功能圈层

车站枢纽对于不同辐射距离范围，需要研究不同的功能配置（图5-17）。

核心区（铁路和轨道车站周边300～500m范围内的用地）：以人流效应和步行化为主导因素，平衡车站和城市双重需求下的强中关联功能混合，包含综合交通设施、商业、办公、酒店、文娱等。功能的公共性由内向外递减；功能高度混合，商业价值及交通可达性要求越高的功能，越靠近车站枢纽。核心区的功能价值随着步行距离的增加呈现明显衰减，但轨道车站出入口的均衡布置有助于扩大辐射权，降低衰减。

拓展区（铁路和轨道车站周边500～1000m范围的用地）：兼顾车流和人流，以服务车站和城市的中低关联功能为主，包含车站配套、商业贸易、物流贸易、商务办公、会展创意、公寓住宅等功能；开发强度自内往外递减，功能适度混合。

影响区（铁路和轨道车站周边1000～2000m范围的用地）：以城市产业为主，包含物流、仓储、研发、住宅、公寓等，功能相对独立。

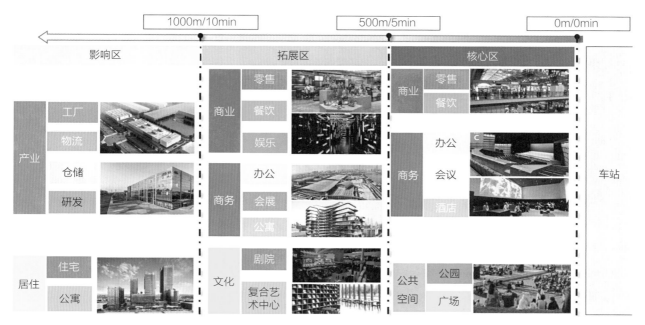

图 5-17　车站枢纽不同影响范围内的功能群示意图

5.2.2　功能菜单

1）三大功能群

功能组（function-group），是指多个不同的功能之间具有内在关联而形成的组群，如办公、会展、酒店所形成的功能组群。车站地区可以粗略分为三大功能组：内生功能组、衍生功能组、目的地功能组。其中，内生功能组可以理解为车站的交通功能和直接配套服务功能，衍生功能组主要由车站的客流物流衍生并与城市生活共享的功能组群，目的地功能组是驱动车站地区产生出行之外的重要吸引力而成为目的地的功能组群。目的地功能组往往因城因站有很大差异，下文结合案例说明（图5-18）。

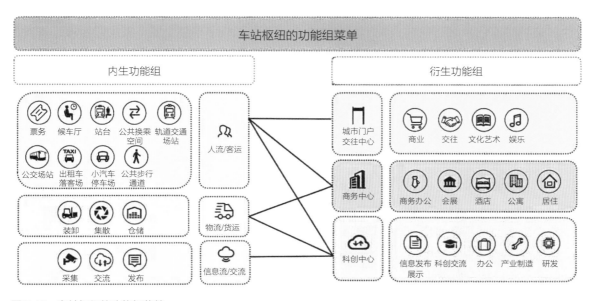

图 5-18　车站枢纽的功能组菜单

　　——内生功能组主要包括

　　客运：主要包含票务、候车厅、站台、公共换乘空间、轨道交通场站、公交场站、出租车落客场、小汽车停车场、公共步行通道等，以及为客流提供的基本商业服务，如车站内的零售、餐饮、超市等；

　　货运：装卸、集散、仓储等以及车站内的物流服务；

　　交流：铁路系统自身的信息发布等。

　　——衍生功能组主要包括

　　普速客流：零售、快餐、超市、便捷酒店、物流服务等；

　　高铁客流：商务办公、零售、餐饮、中高端酒店、文化体验、会议会展等以及信息发布、商贸展示、科创研究及相关产业制造、研发等功能；

　　市民需求：步行可达的商业、酒店、办公、文化、社区公共设施和少量的住宅。

2）基于使用的功能组合

　　以车站枢纽为核心，一般的车站集成乘车换乘、物流集散、信息交流等基本功能组即可；在此基础上，由于良好的区位和可达条件，结合城市发展需求和长远目标，枢纽的衍生功能组和片区城市功能进一步结合，可以扩展形成功能混合区，包含了商业中心、交往中心、商务中心、贸易中心；在高能级车站地区，还可进一步包括：文化中心、科创中心和研发中心。需要注意的是，超强的车站交通功能，也会反过来制约衍生功能和目的地功能融入的程度，因而，基于交通枢纽的人流集散效率和基于公共中心的人流集聚活力，需要展开谨慎的评估来获得功能组合的合理平衡。

　　所以，（特）大城市往往需要多座车站，不光可以分解不同的出行需求，同时可以避免过于强大的交通枢纽成为城市难以融合的孤岛，并借此塑造多个融入城市的车站活力区。

　　从世界范围内的车站地区功能组成来看（图5-19~图5-21），主要的功能构成以办公、商业、居住为主，铁路及其交通配套功能相对较弱，由此可见，在铁路枢纽及其区域内，衍生功能逐步演化为主导功能已然成为当今大城市中站城融合的发展趋势，也进一步印证了枢纽功能辐射影响的城市区域逐渐扩大，成熟的枢纽片区已然成为城市级公共中心，进而形成带动整个城市发展乃至城市群发展的核心影响力。

3）站区功能构成案例

　　各地的车站地区功能配置和占比差异较大，这里主要选取了几个大型高铁主导的车站地区的站城融合功能占比做个比较（图5-22），即车站主体的面积占比一般小于30%，而城市的办公和商业功能占比在40%~70%，功能开发的总量则依据城市规模和定位差异较大，亚洲大城市（香港、上海、大阪等）都在200万~300万m²。从国内近期高铁车站的开发计划来看（图5-23），车站配套（商业、办公、酒店为主）面积正在逐步上升，功能配比向站城融合方向发展。

　　——日本大阪梅田火车站区域

　　大阪站定位为日本与世界联系的门户，在JR东海道线支线的地下化及新站的设置外，大阪将进一步强化关西机场的可达性，确保大阪在东亚经济圈的交流中保持优势地位，通过城际铁路，大阪梅田地区

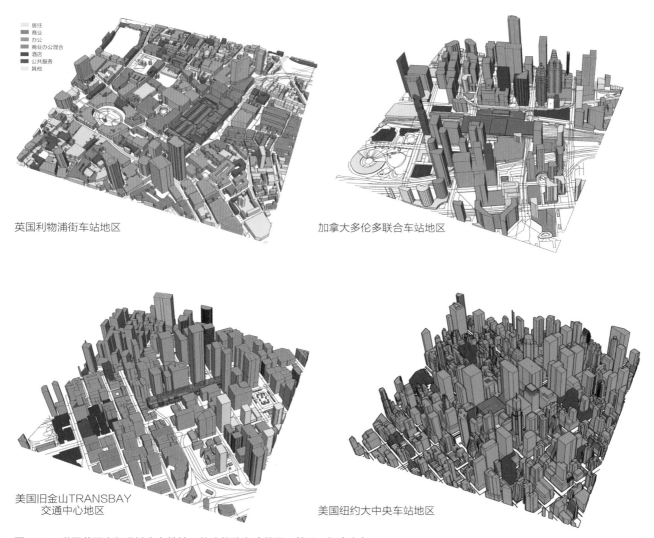

英国利物浦街车站地区

加拿大多伦多联合车站地区

美国旧金山TRANSBAY
交通中心地区

美国纽约大中央车站地区

图 5-19　世界范围内部分城市车站地区的功能分布（英国、美国、加拿大）

与主要城市的通行时间控制在1h内，是关西区域的中心枢纽（图5-24）。

　　大阪站规模为6台11线，日到发旅客为85万人次（JR线2004年度），如将各铁路公司的轨道客流都计入的话（注：日本主要铁路公司也经营城市轨道），总计日到发旅客232万人（2002年度）。5条城市地铁线和站南侧的地下步行系统疏解了巨大的客流，也很好地支撑了梅田站南侧的车站与大型商业办公的一体化开发，就业人口密度、居住人口密度、地价图（图5-25）和产业功能分布（图5-26）展现了大阪车站区（该图中地区5）商业和办公主导的服务业功能开发已经成为最活跃的中心，其中产业分布中红色表示制造业、蓝色表示服务业、中间色表示批发零售业，梅田站南片东片和东南片均为超过平均水平的服务业，西北片区为超过平均水平的批发零售业（图5-27）。

　　梅田车站北侧原来是货运站区域，"梅北"再开发计划启动之后，南北之间以空中连廊联系火车站与新商业建筑群，通过人流的导引带动站北人气。而两栋私铁百货与国铁间也增设了连廊以促进片区整体的业态联动。

图例：
居住
商业
办公
商业办公混合
酒店
公共服务
其他

法国巴黎MONTPARNASSE
车站地区

法国里尔欧洲车站地区

瑞士苏黎世车站地区

瑞士伯尔尼车站地区

图 5-20 世界主要城市车站地区的功能分布（欧盟国家）

日本东京东京车站地区

日本东京新宿车站地区

日本东京涩
谷车站地区

日本大阪梅田车站地区

图 5-21 世界主要城市车站地区的功能分布（日本）

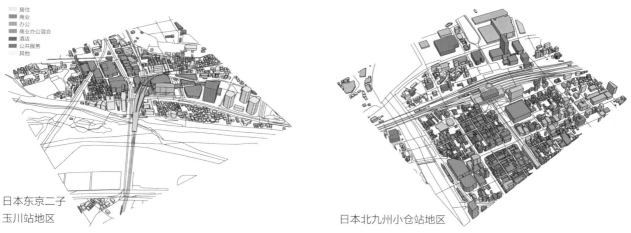

日本东京二子
玉川站地区

日本北九州小仓站地区

图 5-21　世界主要城市车站地区的功能分布（日本）（续）

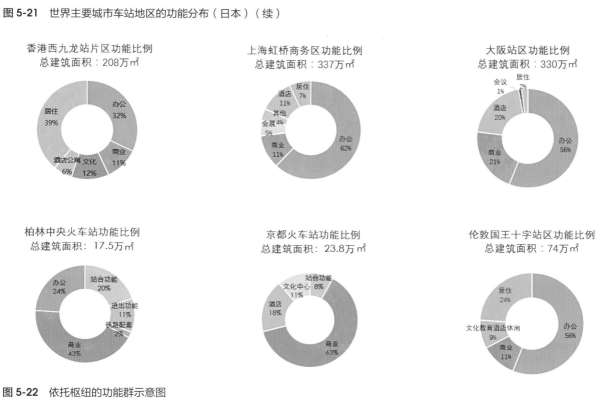

图 5-22　依托枢纽的功能群示意图

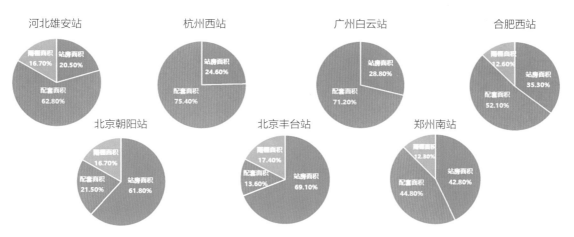

图 5-23　我国近期在建的铁路车站功能占比图

图 5-24　大阪站区域全貌

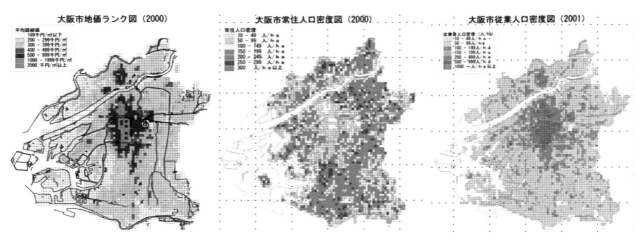

图 5-25　大阪市的地价排名图示意图（左）、居住人口密度示意图（中）、就业人口密度示意图（右）

大阪市产业分布图

		制造业	批发零售业	服务业
1) 制造业 为主		3	1	1
		2	1	1
		3	2	1
		3	1	2
2) 批发零售 业为主		3	3	1
		2	2	1
		1	3	1
		1	2	1
		2	3	2
		1	2	2
3) 服务业 为主		2	1	3
		2	1	2
		1	3	3
		1	2	3

表中的数字
1表示该产业占比低于市平均；
2表示略高于市平均（在标准差偏差内）；
3表示高于市平均（在标准偏差以上）

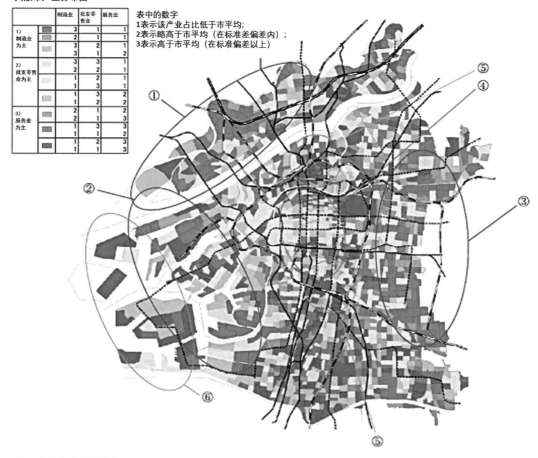

图 5-26　大阪市的产业功能分布
制造业地区：①淀川北部；②临港地区前的河口附近；③与东大阪市工业集群相邻的地区，批发和零售地区；④在市中心，东西从谷町线到阪神难波线，南北从天王寺站附近到土佐河的范围；服务业地区；⑤梅田和天王寺等主要火车站周边；⑥专门从事物流业的临港区、公园等公共设施区域

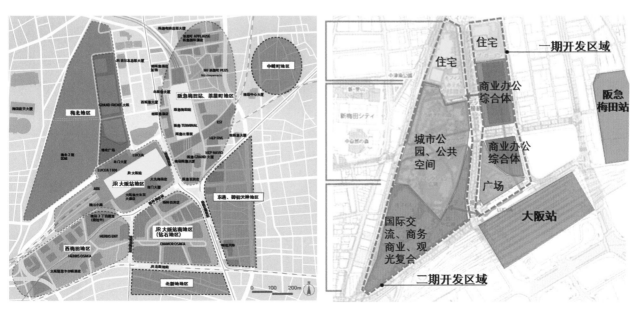

图 5-27　大阪站区域功能分布图（左）和"梅北"再开发计划中的功能分布（右）

根据城市的发展愿景，"梅北"再开发计划的一期主要包含近站域的城市公共广场、商务单元和商业综合开发以及住宅开发。在二期开发中，则注入了更多的国际交流、商务商业和观光的综合开发，并设置了大面积的城市公园和公共空间。

——伦敦国王十字火车站地区

伦敦国王十字是伦敦市中心150年来规模最大的再开发项目，项目位于伦敦市中心偏北处，工业革命时期起便成为工业物流重地，又在去工业化浪潮中沦为废弃工业用地。1970年代后，国王十字街区居民贫困，市面萧条，为区域的安全环境增添隐患。总体来说，改造前的国王十字街区面临着交通环境阻塞、经济增长乏力、区域形象不佳、废弃历史建筑留存、公共空间匮乏、产业发展缓慢等问题。1995年，由于需建设"欧洲之星"停靠站，国王十字街区开始改造，项目改造以摄政河为界，南北两区分别以办公和居住功能为主，在建筑接地层均设置了大量的商业和服务业，有良好可达性，区域具备了办公、零售、住宅、教育、剧场、酒店、综合交通运输等功能（图5-28）。

图 5-28 伦敦国王十字火车站区域功能分布图

国王十字区占据伦敦市中心重要位置，承担城市交通运输的重要功能，是人流的导入口，其进行升级改造有利于增强其作为交通枢纽的使用效率。圣潘克拉斯火车站与国王十字火车站在复修与新建的同时还增加了零售业态，别具一格的餐饮与零售功能的开发满足了旅客需求，同时引入特色IP刺激旅客消费，使得车站成为一个独特的商业空间。因其便利的交通让车站保持高度开放，也吸引了周边市民就餐与购物，弥补了伦敦北部高质量商业的空缺。除了改善业态之外，国王十字街区还引入了世界顶尖的中央圣马丁艺术学院，不仅创造了新的文化地标，打造了艺术氛围，还吸引了博物馆、画廊、艺术空间等文化空间入驻，奠定了该区域创新、活力的基调。艺术学院的入驻解决了一部分旧建筑的再利用问题，还新建了通往学院的步行道及不同文化创意形态的工作室，将"创意仓库"的能量辐射向整个街区。项目现有商业面积4.6万m^2，包含零售、餐饮、超市、酒吧、剧场、画廊等（图5-29）。

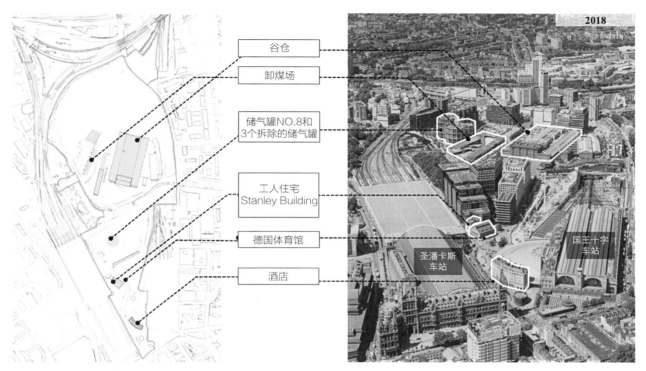

图 5-29　伦敦国王十字火车站区域利用老建筑改造植入文化创意功能

5.3
站城关系和功能布局

5.3.1　站城功能布局的划分依据：站城关系

"融合式"的站城功能布局可以是多样的，而区分不同功能布局模式的依据是站城关系，站城关系可从"车站在站区中的角色地位"这一层面进行差异化解读。

通过检索关键词为"车站"的Facebook社交媒体评论并进行语义分析，发现不同车站地区的功能在公众认知中承担着不同的角色，也呈现了站城存在强弱或平衡的关系（图5-30、图5-31）。

比如，纽约大中央车站是一个认知元素比较综合的案例。提及多的热词既有商场、就餐等商业活动，也有艺术、酒吧、摄影、展览等休闲文化点，同时也涉及历史事件、服务工作等，可以看到其所代表的多元丰富的城市空间意向。日本涩谷站的交通枢纽形象和各色生活服务职能受到关注度较高，站前广场、交叉路口、东出口等被提及多次，和其他地区的关联也会被提到，例如银座、原宿等地；忠犬八公作为文化标志是一个热点。

总体来看，车站是所在城市的名片，增加了所在地的知名度。站区作为交通枢纽的角色，被提及较多的关注点涉及出入口、铁路线路、地铁线路等。根据提及的一些活动词汇，涉及活动有旅游、商业、商务洽谈、货物调配等，其中商业关注重点为餐饮美食。此外，一些关于城市环境和自然景观的词汇也出现较多，涉及街道空间和建筑体验、赏花等休闲活动。而对于有特殊历史发展的车站，对历

图 5-30 日本东京站、涩谷站，纽约大中央站，伦敦利物浦街站的 Top50 热词词频

史文化的追忆也体现在公众的认知中。

由此可见，有些案例中车站是区域的核心"代言人"，或作为片区功能最集聚的综合体，或作为片区中的文化标志场所，在整个片区中角色凸显。而有些案例中，车站消隐于纷繁的城市街市，片区的代名词不再是车站，而是周边的商场、广场、街道、高层综合体等多样的城市活力场所。另外一些案例则处于二者中间，片区中车站与城市功能互为映衬，相得益彰，是一种平衡复合的发展模式。

应该指出，上述发展模式中车站地位的"凸显""平衡""消隐"并不是空间形态层面的显与隐，城市形态形成的底层动因是该片区发展模式与定位，是随定位而实体化分配的各类资本。而通过空间场域（field）的概念，可以对车站在整体站域中的"角色地位"呈现强、中、弱三种类型进行阐释。

根据布迪厄的空间场域理论，场域是一个动态的社会空间，是各类资本流动分配后呈现的在物理空间和经济文化等方面的动态博弈结果[①]。不同于场所或者空间邻域的物理概念，场域包含了范围中的力量流动和权力的博弈，也就是资本的流动。这里的资本主要包括了社会资本、经济资本、文化资本等。在车站地区这一场域中，根据车站片区的不同发展定位，按照车站在周边城市片区中其角色地位

———————————————
① 毕天云. 社会福利场域的惯习[M]. 北京：中国社会科学出版社，2004.

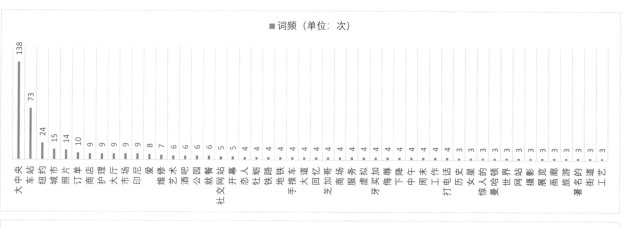

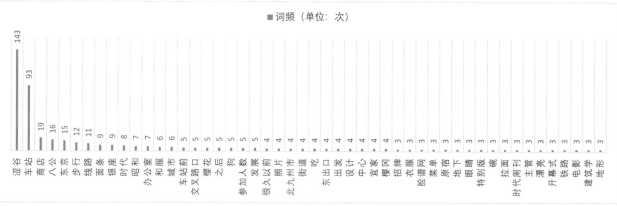

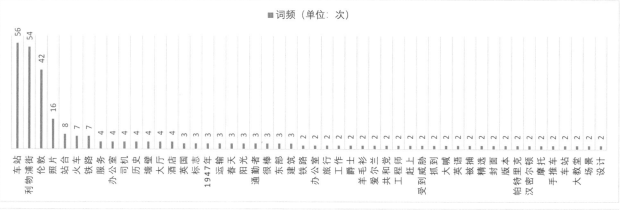

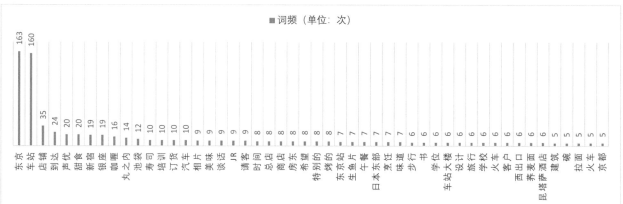

图 5-31　日本东京站、涩谷站，纽约大中央站，伦敦利物浦街站的 Top50 完整词云图

的强弱，可分为"强凸显""中平衡""弱消隐"三种模式。角色越凸显的车站，承担着片区发展焦点与引流的职能，自身也因此具备更多资本，包括交通节点的符号形象、交通引流而促进经济活动等。而角色越消隐的车站，所在片区的资本更多归属于车站之外的其他多元城市利益参与者，例如商业、办公、公共空间等非交通类的城市功能资本。而介于二者中间的是站城相平衡的状态（图5-32）。

不同站城关系具有强弱差异的空间联系骨架，反映了不同资本作用下的空间关系。①对于"强凸显"模式，联系体系重点为车站自身向地上或向地下发展；②对于"中平衡"模式，联系体系通常重点加强地面与地下范围内车站与周边功能的衔接、延续性；③对于"弱消隐"模式，联系体系重点是车站连接到周边城市地块中的多个"城市核"，并分别发展（图5-33）。

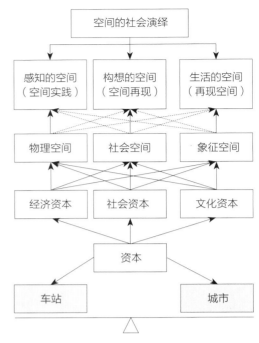

图 5-32 场域理论应用于站城关系分析

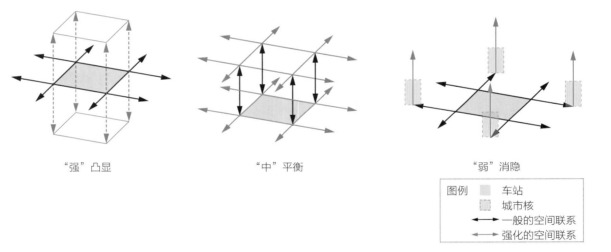

"强"凸显   "中"平衡   "弱"消隐

图例
车站
城市核
一般的空间联系
强化的空间联系

图 5-33 三种站城关系的联系体系

5.3.2 三类布局模式

1）"强凸显"布局模式

当车站在城市片区中的角色"凸显"，表明车站在站区中是门户与地标，是片区资本最集中的核心空间。这种资本可以是经济资本，对应的情况是车站发展成为片区商业商务等经济活动最密集的综合体；也可以是文化资本，例如车站作为历史建筑时成为片区的文化地标；也可以是社会资本或符号资本，例如车站建筑结合绿地公园等景观，被打造为片区社会活动最活跃的公共空间。在"强凸显"发展模式下，车站作为片区中的重要节点，与周边区域的功能分异最明显，核心性、统领感是片区中最强的。

应该注意区别功能"凸显"不等于"排他"，当车站在站区中凸显时，一般是由于其职能与规划的特殊要求，例如作为地区门户的要求、作为地区核心价值节点的要求等。车站具有在片区中功能（密度或类型）与周边功能区别大、形态可识别性强的特点。

"强凸显"功能布局中，根据各类功能在空间上的集聚、分散状态，又包括两项子类型，典型案例是东京站和京都站。京都站坐落于京都传统风貌的老城中，作为一座建筑面积23.8万m²的大体量复合建筑，集聚了铁路地铁、酒店、百货商业、餐饮、文化设施、空中花园、停车场等丰富的功能，车站面积仅占总面积的5%（图4-20）。虽然京都站建设方案曾因其巨大体量与城市肌理不协调而受到质疑，但最终凭借丰富功能的配置和精彩的空间设计广受赞誉。大厅与空中连廊、景观花园等富有设计感的站区空间成为车站名片，甚至让车站酒店成为承办婚宴的热门场所。

而功能分散布置的东京站（图5-34），利用"特殊容积率适用区域制度"将东京站丸之内站房地区的未利用容积率转移到八重洲一侧，在确保丸之内站房及其文化广场公共有一定纪念性开放空间感的前提下，最大限度地提升周边地块的容积率。在打造历史风貌地段的同时也保证了功能复合的周边开发，营造出站区新的城市面貌。

180m
120m
60m
31m
12m

图5-34　东京站区建筑高度与城市轴线

2）"中平衡"布局模式

"中平衡"的站区功能布局模式中，车站与其他城市功能空间地位相平衡，通过多个层面的联系、叠加，共同形成多核心、功能多样复合的区域。该模式中，车站作为交通枢纽节点具有一定的独立性，但同时通过与其他城市功能叠合连接，其独立性被削弱。"中平衡"发展模式是大多数较成功的站城融合开发项目采用的功能布局模式，因为其能够在保持车站作为枢纽的可识别性

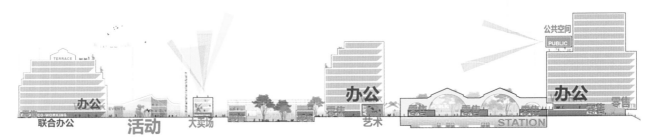

图 5-35 Arup 的利物浦街车站区规划

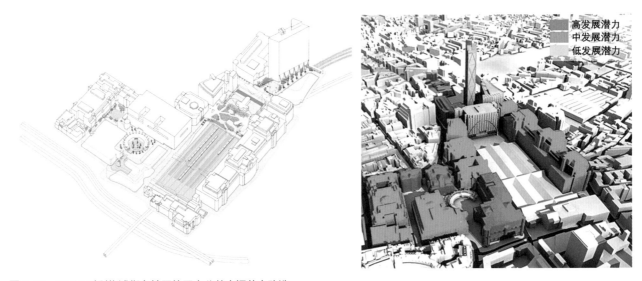

图 5-36 SOM 对利物浦街车站区的四大公共空间节点改造

同时，又较好发挥土地的多元价值，从而更容易协调政府、开发商、铁路部门与民众各方的需求。

　　英国利物浦街站和日本新宿站是"中平衡"模式的两个典例，二者均为车站及其周边统筹规划开发，站城功能发展均衡、空间联系紧密，只是在站区内功能是否以车站为核心产生集聚这一方面上有区别。利物浦街车站（图5-35、图5-36）是伦敦重要的老牌商务区——宽门区（Broadgate）的组成部分，宽门区的更新发展带动了车站及其周边环境的整体重塑和城市活力提升，通过植入46hm²的新商务区、零售和餐厅等，从单一的办公区发展为功能复合、充满活力的伦敦市中心区。片区的更新也结合公共空间体系的改进，使车站与周边城市的衔接更为顺畅。同样，新宿站区在2012年的更新中（图5-37、图5-38），主要举措为增加城市功能并修复车站引起的城市割裂；包括增加一条东西向的公共通道连接车站东西两侧；并修改检票口，打造地下街道；增加新的南部入口和一个功能复合的高层综合体。此外，从功能剖面图可以发现车站的重要建筑中交通功能与其他城市功能彼此咬合，整合度较高。

3）"弱消隐"布局模式

　　"弱消隐"功能布局模式中，站区中有其他城市功能空间作为该片区的主角和标志。从场域理论来看，资本流向了车站外的其他场所，车站虽仍是交通枢纽，但在区域中其他高度发展的商业、办公、文化等功能的对比下，仅作为片区城市空间的参与者。车站消隐式功能布局常见于建成时间较长的车

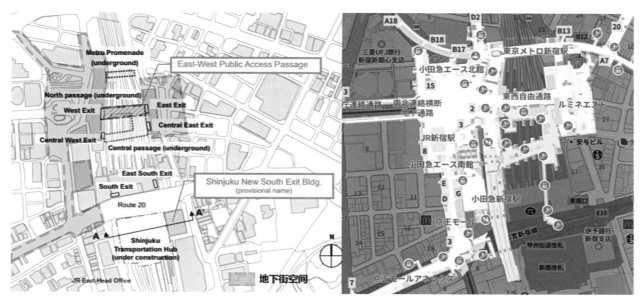

图 5-37　新宿站区地下街图示

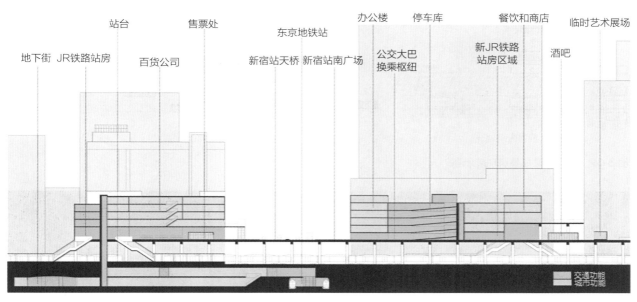

图 5-38　新宿站区剖面图

站，例如城市中心站，因为车站周边的城市空间已经发展至高度成熟，车站与城市协调的策略便是消隐自身的异质性，成为助力该城市地区多元价值发展的有利因素之一。

　　根据功能是否集聚于站房，选取"弱消隐"功能布局模式的两个不同子类案例展开说明。其一是集聚布局的涩谷站（图5-39），在涩谷站近15年的再开发进程中，5个主要街区的容积率将提高到3~6，主要承载功能包括办公、商业、文化、酒店和会议等。高度集约开发的涩谷站区是城市中功能丰富、极富活力的区域，其站城功能融合的重要的策略是垂直向的功能叠合开发。其二是分散布局的纽约大中央站，与涩谷站不同，纽约大中央站区的丰富城市功能散布于站房周边的小尺度地块与街网中（图5-40）。1976年大中央车站列入美国国家历史地标，保障了车站建筑在极高地价的曼哈顿中城

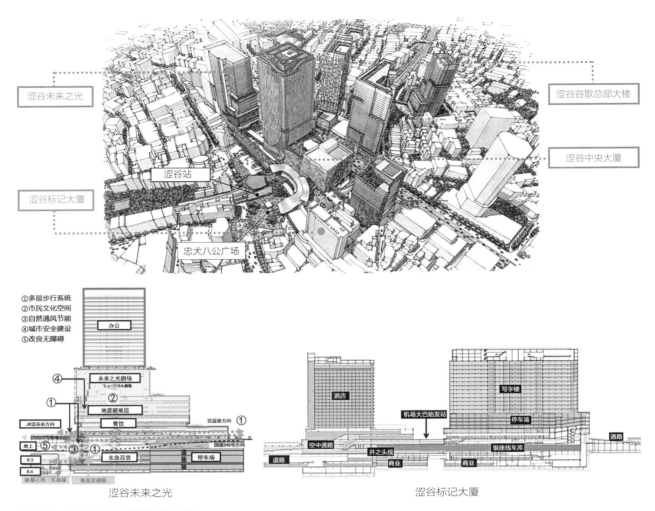

图 5-39 涩谷站重要建筑功能示意

图 5-40 纽约大中央站区

内独立完整的存留。1990年代进行的大中央车站振兴计划（包括站房翻新、公共服务升级、零售和餐饮业态的新规划）使容积率达到15.5。现在，大中央车站每天有超过75万名访客，站区已成为纽约最具多元价值与吸引力的城市场所。

5.3.3　功能布局模式的特征对比与模型提炼

如表5-1所示，三类融合式站城功能布局模式可从三个评价维度进行区分：车站引力、站城平衡、功能复合。车站引力是指第一圈层内与站房联系密切的功能。车站引力越强，表明功能在第一圈层与车站的关联性越强，车站作为片区的核心角色越强。在这个维度上可以发现从"强凸显"到"弱消隐"，车站引力逐渐减弱。功能的站城平衡则指两个圈层内分布均衡的功能。这一个维度关注与车站的空间关联不明显的功能，即站城的发展越平衡，会有更多功能在布局上不依赖车站。可以看到"中平衡"模式在这一维度上有更多均质分布的功能，而其他两类功能布局模式呈现出功能的分布在两个圈层是有所侧重的。"功能复合"这一维度，通过功能高度混合片区所在位置，能够区分三种功能布局模式下的子类型——集聚或分散。功能复合的评价包括三个类型：侧重分布于第一圈层、两个圈层分布均质和侧重分布于第二圈层。结合三个描述功能布局的维度，以本节讨论的六个案例为原型，建立能反映功能布局模式的三维模型（图5-41）。

站城融合功能布局模式的三个评价维度　　表5-1

			强凸显		中平衡		弱消隐	
			集聚式	分散式	集聚式	分散式	集聚式	分散式
			京都站	东京站	利物浦街站	新宿站	涩谷站	纽约大中央站
车站引力	第一圈层内与站房空间密切联系的功能		商业、办公、服务、休闲、教育、居住	商业、办公、服务、休闲	商业、办公、服务、休闲	商业、服务、休闲	商业、服务、休闲	服务
站城平衡	两个圈层内分布均衡的功能		服务	办公、服务	商业、办公、服务、休闲	商业、办公、服务、休闲	办公、休闲	商业、服务
功能复合	高功能混合区的位置	侧重第一圈层	√				√	
		两个圈层分布均质		√	√	√		√
		侧重第二圈层						

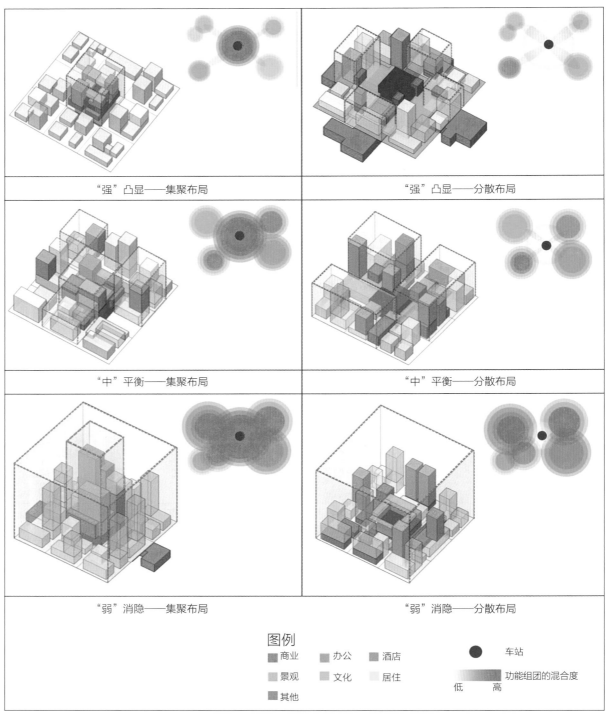

"强"凸显——集聚布局　　　　"强"凸显——分散布局

"中"平衡——集聚布局　　　　"中"平衡——分散布局

"弱"消隐——集聚布局　　　　"弱"消隐——分散布局

图例

商业　　办公　　酒店　　　　●　车站

景观　　文化　　居住　　　　　功能组团的混合度

其他　　　　　　　　　　　　低　　　　高

图 5-41　六类功能布局的模式提炼

本章参考文献

[1]　程泰宁　主编. 郑健, 李晓江　副主编. 中国"站城融合发展"论坛论文集[M]. 北京: 中国建筑工业出版社, 2021.

[2]　桂汪洋, 程泰宁. 由站到城: 大型铁路客站站域公共空间整体性发展途径研究[J]. 建筑学报, 2018 (6).

[3]　(美)彼得·卡尔索普, 杨保军, 张泉. TOD在中国——面向低碳城市的土地使用与交通规划设计指南[M]. 北京: 中国建筑工业出版社, 2014.

[4]　靳聪毅, 沈中伟. 基于"站城融合"理念的城市铁路客站发展策略[J]. 城市轨道交通研究, 2019 (3).

[5]　崔叙, 沈中伟, 毛菲. 大城市铁路客站邻接区用地构成及强度研究——基于协同的国内外大城市铁路客站邻接区用地解析和规划思考[J]. 规划师, 2015 (12).

[6]　董贺轩, 雷祖康, 倪伟桥. 差异、割裂与整合: 我国铁路站两侧城市建设关系的演变及其影响因素解析[J]. 城市发展研究, 2017 (10).

[7]　戴一正, 陆冠宇, 戚广平. 我国高铁车站入站空间组织模式的发展与趋势——迈向信息化和全域化的站城融合[J]. 建筑技艺, 2018 (10): 100-102.

[8]　刘亚刚, 孙伟. 铁路车站综合体多元化功能复合与空间组织方式探讨——扬州南站综合体建筑创作研究[J]. 城市建筑, 2017 (11).

[9]　Lefebvre H, Nicholson-Smith D. The production of space[M]. Blackwell: Oxford, 1991.

[10]　龙瀛. 新城新区的发展、空间品质与活力[J]. 国际城市规划, 2017, 32 (2): 6-9.

[11]　王德, 殷振轩, 俞晓天. 用地混合使用的国际经验: 模式、测度方法和效果[J]. 国际城市规划, 2019, 34 (6): 79-85.

[12]　龙瀛, 周垠. 街道活力的量化评价及影响因素分析——以成都为例[J]. 新建筑, 2016 (1): 52-57.

[13]　郝新华, 龙瀛, 石淼, 王鹏. 北京街道活力: 测度, 影响因素与规划设计启示[J]. 上海城市规划, 2016 (3): 37-45.

[14]　叶宇, 庄宇. 新区空间形态与活力的演化假说: 基于街道可达性、建筑密度和形态以及功能混合度的整合分析[J]. 国际城市规划, 2017, 32 (2): 43-49.

[15]　陶思宇, 冯涛. "站城融合"背景下新型铁路综合交通枢纽交通需求预测研究[J]. 铁道运输与经济, 2018 (8).

[16]　毕璋. 基于POI数据的大型铁路客运站站区商业空间分布特点研究[D]. 成都: 西南交通大学, 2018 (5).

[17]　王明波. 京沪高速铁路土地综合开发利用的商业规划研究[J]. 中国铁路, 2014 (9).

[18]　李晓宇. 大型铁路客站与邻接区规划要素互动关系研究[D]. 成都: 西南交通大学, 2016 (5).

[19]　吴晨, 丁霓. 城市复兴的设计模式: 伦敦国王十字中心区研究[J]. 国际城市规划, 2017, 32 (4): 118-126.

第 6 章

车站地区的运动组织

6.1
运动构成和交通行为

6.1.1 运动系统

本章所讨论的运动系统（mobility system），是指所有移动方式构成的"同时运动系统"[①]（图6-1、图6-2），包括了常见的车行交通、轨道交通、骑行交通和步行活动，基于车站地区运动系统的运输距离特征和通行距离，分为对外交通和对内交通两类（表6-1）。

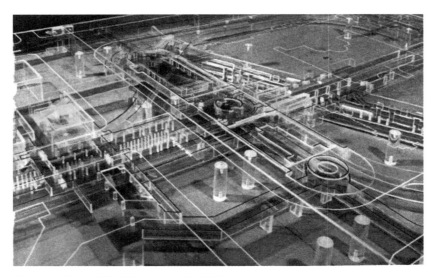

图6-1 费城城市设计模型中多层交通系统整合图

图6-2 宾州中心地区立体整合轨道、汽车、步行等的关系

火车站地区交通系统分类 表6-1

	对外交通 （长距离交通）	对内交通（短距离交通）			
		轨道交通	机动交通	非机动交通	步行交通
主要方式	火车	地铁、轻轨	私家车、出租车、网约车、公交巴士、旅游巴士	自行车	步行道、楼电梯、自动扶梯
非主要方式	长途巴士、飞机、轮船	有轨电车	摩托车、电瓶车	电动自行车	自动步道、人行坡道

1）系统分类：对内与对外

对外交通，是城市间长距离的交通联系方式，车站地区最主要的对外交通为火车，其他有长途巴士等，极少数站区具备空铁结合的对外联系，如上海虹桥站。

对内交通，是实现城市内部起始点和目的地间联通的短距离交通，可分为：①轨道交通系统：包

[①] 由埃德蒙·培根先生在其1967年出版的《城市设计》（*Design of Cities*）中提出，即城市中包含着各种运动模式所构成的不同运动系统，每种运动模式都具有属于其自身的速度、感知等特征。

括地铁、轻轨以及有轨电车等；②机动车系统：主要有公交车、出租车、网约车、私人小汽车，以及摩托车、电瓶车等；③非机动交通系统：包括自行车、电动自行车；④步行系统：包括为健康人和残障人士使用的各种水平和垂直联系，如人行步道、自动步道、电梯、自动扶梯等。前两者往往统称为机动交通，后两者又称为慢行交通。上述的交通系统所占用的轨道、道路、步行道都称为动态交通空间，而停车占用的空间则成为静态交通空间。

2）对外交通系统

车站区的对外交通系统主要围绕火车展开，对比国内外数个典型车站的相关数据，可以了解我国铁路客站在对外交通的绝对需求量、对外交通的相对需求量以及对外交通人群方面的特征。

（1）对外交通绝对需求量

国内外部分一线城市高能级地区的火车站日均旅客到发量大多在20万～50万人次，规模普遍较大，我国车站的旅客出行量在其中位列第一梯队，但并未形成远超国际水平的格局（图6-3）；同时，表现出较高的增长速度，以上海虹桥站为例，2011～2019年间日均铁路旅客从14.8万人次攀升至37.6万人次[9]（图6-4）。可见，随着我国对外出行旅客规模的不断增长，未来以铁路为主的对外交通规模将更加庞大。另外，对比上述案例的车站规模，可以发现支撑我国车站对外交通规模的土地及建筑体量远超国外案例，呈现出空间不够紧凑、空间使用效率较低的特征。

（2）对外交通相对需求量

功能需求强弱一定程度上与承载该功能的面积规模有关。对比我国与国外部分车站面积的配比，我国车站案例中，服务对外交通功能的站台空间面积遥遥领先：北京南和上海虹桥站站台面积分别达12万m²和7万m²，和可比规模的巴黎北站、东京站、首尔站、柏林中央站相比，也占用数倍的用地

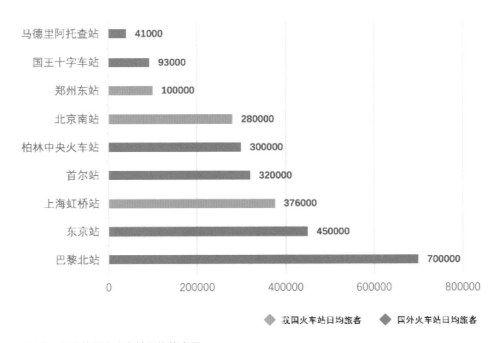

图6-3　国内外部分火车站日均旅客量

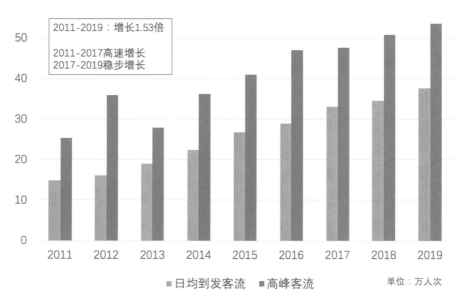

图 6-4　2011～2019 年上海虹桥站旅客量

和站房面积（图6-5），虽然和我国的候车方式有关，但也折射出车站空间运营效率的差异。而北京南站和上海虹桥站中，车站相关联的商办功能场所均不到2万m²，即消费、就业空间远小于大多数国外车站（图6-6）。可见，我国铁路车站地区的对外交通功能需求，远远高于城市内部出行对空间功能需求，占据绝对主导地位。

另外，对比火车站中服务对外交通功能（即铁路枢纽功能）和其他功能的面积比重，可以发现在以下我国的车站案例中，支撑对外交通功能与静态交通（停车）的建筑面积占据八成以上，商业配套所剩无几（图6-7）；而国外案例中，尤其是以柏林中央车站、罗马总站为代表，铁路功能的面积规模远小于我国案例，车站内除对外交通外，还拥有较多与站城双向关联的复合功能（图6-8）。可见，我国车站呈现出对外交通功能地位突出、主导性极强的特征。

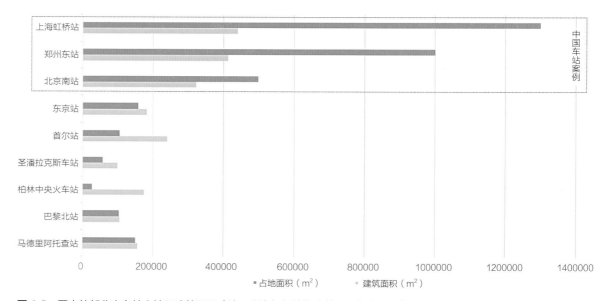

图 6-5　国内外部分火车站占地及建筑面积（注：上海虹桥站的占地面积包含机场）

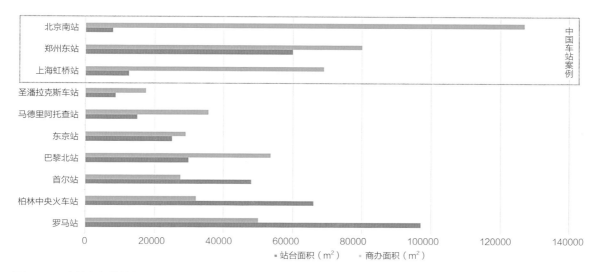

图 6-6　国内外火车站站台及商办面积

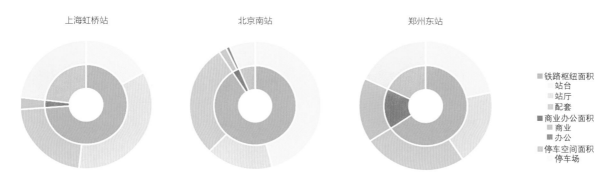

图 6-7　国内部分火车站铁路、商办、停车功能面积占比

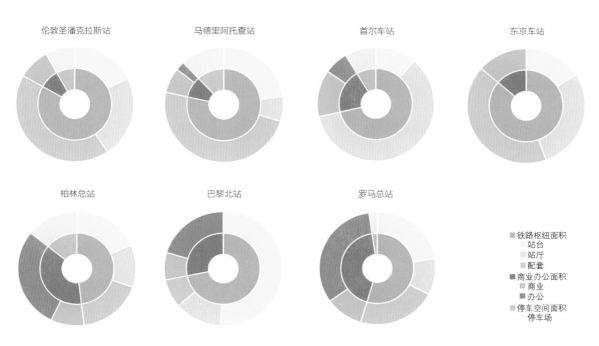

图 6-8　国外部分火车站铁路、商办、停车功能面积占比（注：阿托查车站的商办面积包含其植物园大厅的面积）

（3）对外交通的人群特征

乘坐京沪高铁的人群出行目的调研数据显示，超过半数的旅客为差旅需求，而剩余人群大多为开会、经商、旅游、访友等较远距离的出行，通勤性质的出行人群十分稀少[①]（图6-9）。

相关统计显示，目前我国各城市搭乘火车进行跨城市通勤的人群占比普遍很低。其中比例最高的城市广州仅有6%，而北京、上海、深圳则只有2.6%～2.7%，城际通勤率排名第十的城市重庆占比已低至0.9%，反映了我国铁路车站对外交通的主流使用者仍是进行差旅出行的非通勤客，铁路旅客出行距离较长。与东京、首尔等地成熟的城际通勤铁路网完全不同，我国铁路通勤性很低（图6-10）。

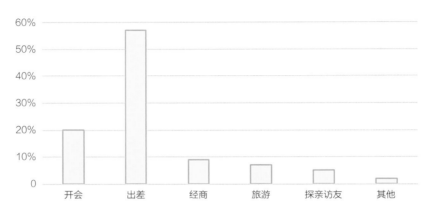

图6-9 京沪高铁旅客出行目的

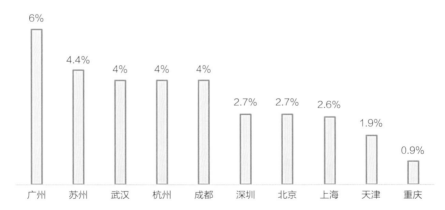

图6-10 各城市城际通勤旅客比例

3）对内交通系统

城市对内交通系统所包含的交通工具众多，各个车站地区的对内交通组织具有不同的占比及特征，主要体现为对内系统的服务水平特征及换乘分担率特征。

（1）对内交通服务水平

城市对内交通包括小汽车、地铁、公交等，其服务水平直接反映在站区内停车位数目、地铁和公交车在站区内接入的站点数目。我国车站地区的小汽车服务水平远超于国外，图6-11所示国外车站

---

① 訾海波. 高速铁路客运枢纽地区交通设施布局及配置规划方法研究[D]. 南京：东南大学，2009.

的小汽车停车位设置均仅数百个，而虹桥站及郑州东站预留近3000车位；而我国车站地区内的轨道线路却处于偏低的水平，欧洲不乏同时在站区内组织5~7条地铁线路；总体而言，我国火车站地区的对内交通供给呈现出汽车交通主导、兼顾城市轨道的格局。而对比公交线路，线路布局与我国车站地区不相上下的阿托查站、柏林总站、圣潘克拉斯站均为轨道交通高度发达的地区；而地下历史遗迹丰富不便于修建地铁的罗马，具有高度发达的公交线网弥补轨道交通的短板，而并不过多依赖小汽车交通（图6-12、图6-13）。

（2）对内交通分担率

作为我国典型的交通枢纽之一，上海虹桥高铁站地铁、公交、出租车及社会车辆等交通出行分担率显示：2011~2019年间虹桥地区轨道交通运量虽然逐年递升依旧，在2019年达到23.4万人次，占比41%，而依靠出租车及私家车出行的旅客数目也迅速攀升，分别为17%和32.2%（图6-14），可见虹桥枢纽多年来轨道交通和小汽车交通并重的出行分担格局几乎维持不变。

随着轨道交通的不断建设，我国部分一二线城市的高铁车站有望在2040年后将轨道交通的分担比提升至50%，但仍有部分旅客依赖其他机动交通，其中小汽车约占总量的三至四成（图6-15）。其他城市的公共交通特别是轨道交通尚在建设中，铁路车站地区的出行会更多依赖小汽车，这也综合反映出在一定时期内我国小汽车主导的车站交通出行格局。

反观城市轨道系统发展成熟的日本，早在2000年之前京都站的轨道换乘占比就已近六成。此外，如今以荷兰、日本为代表的部分国家，鼓励推动自行车等更加环保的换乘工具，荷兰乌得勒支车站地区建起了全球最大的自行车停车场，可停放自行车超万辆（图6-16）。

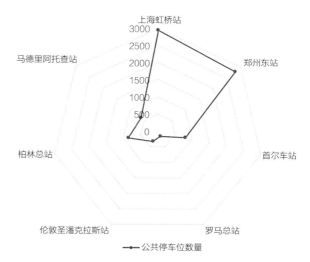

图 6-11　国内外部分车站周边公共停车位数量

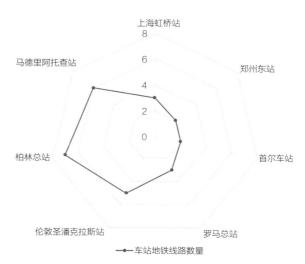

图 6-12　国内外部分车站周边地铁线路数量

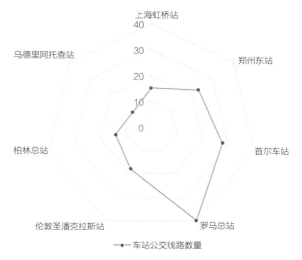

图 6-13　国内外部分车站周边公交线路数量

145

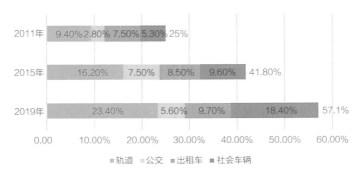

图 6-14　上海虹桥枢纽城市交通出行分担率

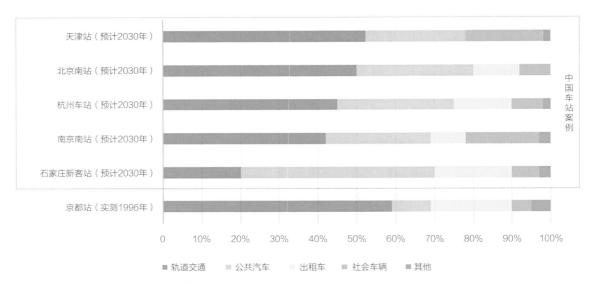

图 6-15　国内外部分站区城市交通分担占比

图 6-16　荷兰乌得勒支车站地区自行车停车场规模巨大且与铁路车站接驳紧密

6.1.2　交通行为

1）行为分类

　　车站地区的人群主体为铁路旅客，也有本地市民；不仅为远程差旅途经站区，也包含通勤客与休闲消费者。旅客和市民的占比也是站城融合的关键指标，他们在车站地区的出行诉求多元复杂，并主要在城市对外交通系统、城市对内交通系统以及站区内城市功能区三者之间移动。

　　其中站区内核心对外交通为火车，其余的城市交通主要有地铁、公交、出租车、小汽车等，城市

内外交通的转换以及对内交通间的转换
属于"非目的地性质"的交通行为；而
与车站地区的城市功能空间和公共场所
相关联的交通行为，无论是通过火车还
是市内交通来实现，均属于"目的地性
质"的交通行为，故站区范围内的交通
行为可以划分为两大类："目的地交通
行为""非目的地交通行为"（图6-17）。

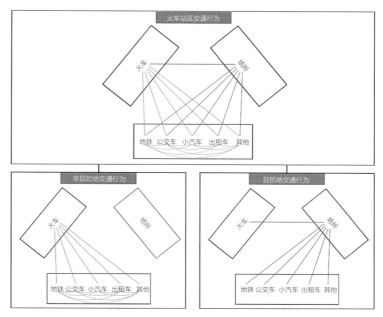

2）非目的地交通行为

车站地区的非目的地交通行为主要
包含"火车—步行—城市交通"以及
"城市交通—步行—城市交通"的两种
换乘行为（图6-18）。该类行为主要

图 6-17　火车站地区的交通行为及分类

指向站区交通组织中便捷高效的目标，可以理解为以通行效率为核心的行为。

对内对外相辅相成，构成了以交通效率为核心的一系列交通行为。其"火车—步行—城市交
通"的占比越高，说明铁路出行的旅客越多，则站区的对外枢纽性属性越强；而若"城市交通—
步行—城市交通"型的出行增多，说明站区的城市交通节点属性增强，城市可达性高的特点容易
带动周边各种功能与活动的产生，从而诱发功能场所带动下的"目的地交通行为"（图6-19）。

3）目的地交通行为

车站地区中，除"交通节点"属性外，还可以根据发展需要承载其他城市功能，而具有"城市场所"
属性，即布局各种具体功能的建筑物以及容纳社交等日常活动的公共空间。作为站区部分人群出行的主
要目的地，与之相关的所有交通行为属于"目的地交通行为"，包括乘坐火车、城市交通等方式。世界
上不少铁路车站地区拥有城市功能和公共空间，目的性交通行为往往不占少数，且与提升站区活力的发
展目标紧密相关。

我国目前的铁路旅客多以差旅为主而非通勤，因而车站地区的城市功能场所主要吸引城市通勤人
群或休闲人群，而较少作为铁路旅客的目的地。"城市交通—步行—功能场所"的行为更为普遍与主
流，"火车—步行—功能场所"的行为相对较少。但也有例外，比如某些企业的区域中心机构或全国总

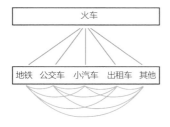

图 6-18　非目的地交通行为

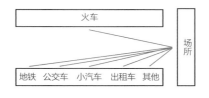

图 6-19　目的地交通行为

部，其业务辐射城际、区域和主要大都市，与铁路出行密切相关，铁路车站地区就可能是办公理想选址，也会产生"火车—步行—功能场所"的目的地交通行为。

目的地交通行为和非目的地交通行为最主要的区别在于是否与功能场所形成交通往来，两种行为的组织分别回应了站区发展定位中的效率目标与活力目标，也形成不同车站差异性的交通行为范式。以日本京都站为例，车站及周边分布相对稠密的经济产业活动，且车站综合体的别致设计使其同时作为城市重要的休闲旅游目的地，虽然大量旅客和居民也在此节点中转或换乘，但其目的地交通行为的主导地位不言而喻。我国目前的大型车站地区强调效率为主，对诱发"目的地交通行为"缺少平衡性分析，忽略了由公共交通所带来场所活力的潜力。

6.1.3 交通组织

1）沿革变迁

随着城市的发展，车站地区的交通组织演变可分为四个主要阶段（图6-20、图6-21）。

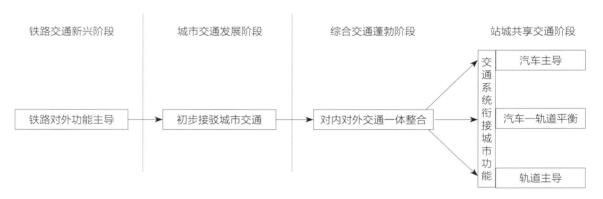

图6-20　火车站地区交通组织模式的发展及分化

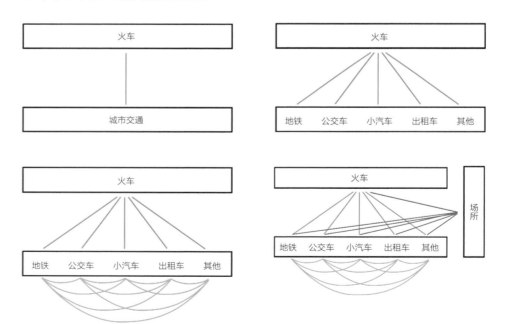

图6-21　车站地区四个阶段的交通组织

（1）铁路交通新兴阶段

早期，火车站的核心功能就是对外交通，提供外地的货与人直接输入城市的渠道。全球各地早期火车站几乎具有普遍的交通特征：铁路直达当时的城市外围或中心，车站周边的城市道路和交通基本全数服务于火车站且种类较为单一。

（2）城市交通发展阶段

随着城市化水平提高，依靠火车进行城际间出行的人群剧增，车站地区对外联通的核心功能更加强化。同时，城市内部的交通基础不断完善，火车站与城市交通系统之间相互接驳的系统逐渐成形。

（3）综合交通蓬勃阶段

城市扩张、基础设施发展进阶的综合交通时代下，火车站地区的城市交通以追求更高速的效率为主，车站地区强化作为枢纽的交通功能特性，并且由轨道交通和机动车两种运输速度最快的城市交通方式作为主角。

（4）站城共享交通阶段（站城协同发展）

伴随着交通便捷性而来的经济溢出效应，车站地区在开发或更新中已不再单纯以追求交通转换效率为唯一目标，还尝试融入更多的城市功能与活动，多种交通的组织需要同时满足铁路车站的高效衔接以及周边功能空间的活力激发。车站地区机动车和地铁的交通分担率差异，直接影响了交通组织方式和站城协同效应。

2）交通组织模式

车站地区的交通组织由车站自身的人车交通和城市（车站周边）的人车交通共同构成。从国内外的车站发展来看，地铁、轻轨等城市轨道交通已经成为大中城市铁路车站重要的非地面交通要素，而小汽车、公交等其他机动交通和步行活动是影响车站交通组织模式的主要因素，因此，可以大致归纳为三类典型的组织模式。

（1）周边型平面组织模式

该模式在传统的尽端式车站和通过式车站地区中最为常见（图6-22），也是经济的人车组织方式。通常在车站的三边（尽端式）或两侧（通过式）组织人车交通，该模式并不与客流量的大小相关，而是和客流集散的交通分担占比有关。如意大利帕维亚车站，日客流量不大，采用了通过铁路南侧主站房侧设交通广场和小型停车场；而日客流量达万人次的东京站，依然在南北两侧的主站房设置机动车为

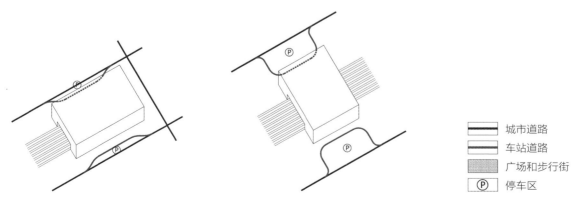

图 6-22　周边型平面组织模式

	城市道路
	车站道路
	广场和步行街
Ⓟ	停车区

主的站房出入口。当大部分客流和城市人流的集散主要由地铁所分担，机动交通的需求量完全可以通过地面的交通组织完成。不少城市为了大力鼓励地铁等公共交通，通过不设置或少设置小汽车停放区并实行周边式交通组织模式来限制小汽车在车站周围的密集使用。周边式组织方式，比较容易通过广场或街道与城市取得良好的空间关系，但也有过大尺度的广场将车站与城市生活隔离，如意大利罗马新车站。

　　机动车流量的大小往往决定了车站与城市的界面关系，机动客流量小的情况下，只需利用城市主要街道（道路）一侧设置车辆上下客，如东京站、伦敦桥站、罗马老站；大部分情况下，车站在迎向城市的一侧（不一定是对称的轴线），会设置独立的交通广场或城市广场来组织人车动线，如郑州站等；当车站和城市的步行区关系密切，往往将机动车动线安排在广场两侧，广场的主体为步行动线和停留服务，如鹿特丹中央车站的主入口广场；当尽端式车站有多种动线汇集，也会利用侧边作为专门的公交、长途、私家车的停车区接驳点，把主要立面迎向步行和城市，如米兰中央车站、华盛顿联合车站、哈尔滨车站等，获得极佳的站城共构效果（图6-23）。

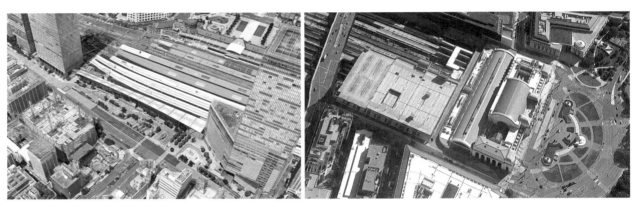

图6-23　东京站和华盛顿联合车站

（2）独立型立体组织模式

　　当铁路车站的到发旅客量较高且大量使用小汽车为主的机动交通时，常常需要采用立体的车道组织方式来分解进站和出站旅客的机动流线，达到快进快出、进出分离、减少局部拥堵等的目标。独立型立体组织模式通常将车站部分与城市部分的人车交通分离，形成目的地主导的内部独立系统，避免城市交通对车站的干扰，也弱化车站大流量机动交通对城市主要道路的冲击。这种模式在进出站旅客主要依赖小汽车交通的情况下，是有效的，但容易造成铁路车站与城市在空间关系上的切割（图6-24）。

　　独立式立体组织模式，常常根据不同交通流的特点，如大巴的爬坡能力、净空要求等，将交通动线细化为出租车、私家车、公交大巴、旅游大巴等不同的动线组织和停车分区。而对于步行动线，主要关注车辆接驳点与车站的联系，偶尔也会顾及跨越铁路车站或铁路咽喉区的城市步行动线。

　　例如，东京新宿车站，仅JR东日本铁路的日客流量77.5万人次，铁路、地铁总计日客流量高达353万人次[①]。虽然城市地铁分担了大部分客流，但仍然为车站设置了南口综合体3层的客运总站、西口的地面公交站场和地下小汽车出租车的到发区以及配套的地下道路，步行动线主要集中在地下，地面

---

① 　维基百科：新宿站[EB/OL]. https://zh.wikipedia.org/wiki/%E6%96%B0%E5%AE%BF%E7%AB%99.

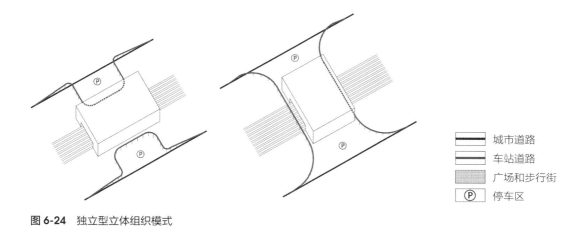

▬▬▬	城市道路
═══	车站道路
▦	广场和步行街
Ⓟ	停车区

图 6-24　独立型立体组织模式

和二层也有相应的区域，较大的车行量使得车站西口站前区的交通组织成为一个相对独立的系统，而超大流量的地下步行动线则和城市地下商业以及轨道车站整合起来（图6-25）。

国内近二三十年建设的铁路车站，较多选址在城市边缘或郊区，产生了"先站后城"的建设分期，对未来城市发展的不确定性，决定了设计中顾及车站需求多过城市要求，也创新了机动车主导的"建桥一体、上进下出"等专用型立体交通组织模式。以郑州东站为例（图6-25），拥有16台32线，作为国家综合交通枢纽。交通组织采取"上进下出为主、下进下出为辅"的旅客流线，考虑旅客进站、出站、换乘、候车等活动规律，采用高架站台（二层）高架候车（三层）。出租车等机动交通在高架腰部和端部（三层）落客，在地面层设置出租车、社会车辆、大巴等停车区，城市轨道交通设于站房地下二层。步行动线主体为进出站的旅客。

图 6-25　东京新宿站和郑州东站

类似的交通组织方式，在武汉站、兰州西站、上海南站等出现，虽然很好地解决了车站自身的交通问题，但放在站城融合的视角下，快速高架的道路系统和大尺度的停车广场，使之成为过于独立的交通单元而失去与城市街道的友好关系。

（3）综合型立体组织模式

兼顾车站到发交通的特点以及周边城市功能的交通需求，形成整合站城的同时运动立体组织方式，是结合型立体组织模式的特点。与独立时模式相比，该模式突出了与城市人车动线的结合（图6-26）。

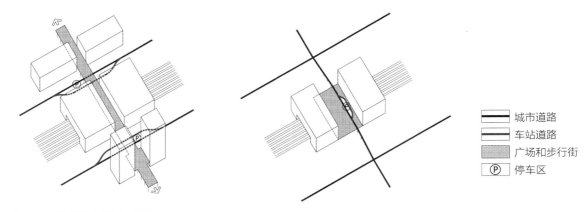

图 6-26 结合型立体组织模式

　　例如，距东京新宿25分钟、涩谷11分钟车程的东京二子玉川铁路站，日到发旅客量约16万人次（2016年）[①]，作为高架车站，站台和铁路设置在三层，二层的车站出入口设在高架铁路下，可接驳跨越地面机动车干道的二层步行系统，也可直达道路两侧设置的车辆停靠区，步行动线简洁紧凑。弱化的机动流线和停车区以及高度强化的步行动线组织，突出了高出行占比的轨道交通对车站地区的带动作用，而相对消隐的小体量站房显示了铁路的人流集散效率，站城高度结合的立体车行和步行组织的对该地区商业、办公、住宅等产生极大辐射效应，使之从一个车站衍生成为东京郊外的生活、观光、就业的目的地（图6-27）。

　　规模较大的荷兰乌得勒支中央车站，日客流量约20万人次。地面铁路和较大的站台区，使得城市两侧的道路联系受限，仅仅在咽喉区的两侧上跨和下穿通过，而站房高架在铁路上部。城市的轨道交通（有轨电车）车站和自行车停车区，布置在紧邻铁路两侧，可直接步行出入二层的站前广场；出租车和小汽车流线则布置在外围，与车站南侧商业区货运共用车道；少量的车站停车区也被结合在南侧商业综合体内。而步行动线将诸多城市功能空间要素串联起来，形成了一条始于老城广场，跨过城市运河穿越商业综合体，并结合二层站前广场和候车厅侧边的城市通廊，自然地跨越铁路至北部新城站前广场的城市步行系统，不仅便捷接驳南北两侧的地面电车和公交车站及自行车库，也连接了多处地下小汽车停车区。机动交通动线和停车区的布置与步行动线和广场的设置充分展示了立体和整体设计下紧凑组织的优势，也体现了公交、骑行、步行为优先的交通组织原则，车站和城市双方面的需要得到整合并创造了新的场所价值，远远超越了铁路枢纽的交通功用（图6-28）。

3）组织类型和价值趋向

　　车站地区多种形式的复杂交通组织模式，也可以根据主导交通方式的交通分担率简要归纳为三种组织类型，即汽车主导型、轨道主导型、轨道—汽车并重型（图6-29）。

　　（1）交通组织类型

　　——汽车主导型

　　在城市化快速进程中，道路交通迅猛发展，汽车也成为城市出行重要方式。在铁路车站地区，为

---

① 维基百科：二子玉川站[EB/OL]. https://zh.wikipedia.org/wiki/%E4%BA%8C%E5%AD%90%E7%8E%89%E5%B7%9D%E7%AB%99#cite_note-7.

图 6-27　二子玉川站的地面车辆进出站（上）、二层城市通廊的室外（中）和室内（下）

图 6-28 乌得勒支中央车站的交通组织

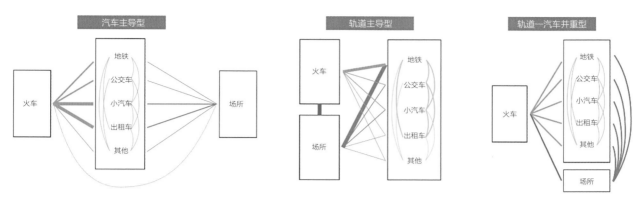

图 6-29　不同分担比重下的典型交通组织结构（线条粗细指需求量大小）

了更好地服务携带行李、行动不便的旅客，并提升其疏散效率和便捷体验，在实践中不断完善小汽车快进快出、出入口处直接接驳的机动车系统，形成了小汽车主导的交通组织模式。火车站地区依靠对外出行便捷的特性产生一定溢出效应，但物贸、商办等业态诱发的交通会使得车站的对内交通变得混乱而低效，因而所吸引的部分产业一般围绕车站布局。但在人口基数大、旅客密度高而城市轨道尚未普及的中型城市地区，二维平面的交通组织往往难以满足机动车快速集散的需求，出现了"桥建一体、腰部进站"的车行交通组织。围绕车站主体高架道路，在提高进出站机动效率的同时分割了城市功能与车站的关联，也隔绝了车站周围的街道和步行生活，大多数旅客依旧需要换乘小汽车等工具去往其最终目的地。

——轨道主导型

日本和欧洲为代表的城市，以工业革命为契机，运输高效的城市轨道交通率先普及，替代小汽车成为火车站地区最为重要的工具。密布在城市之中的轨道网络，通过与铁路的便捷衔接，形成了城际间通勤性的发展趋势，大幅缓解汽车出现需求和拥堵。车站地区则向旅客、通勤者和市民开放，汇集了更多的城市功能与活动，推动了步行网络和城市功能、设施、各类交通节点之间的一体化组织，车站与城市分界模糊，空间融合。国外车站发达地区不乏此类交通模式的典型案例，如东京涩谷站、纽约宾夕法尼亚车站、伦敦国王十字车站、乌得勒支总站，而我国首个地下高铁站深圳福田站也首次尝试不设置社会车辆系统的轨道主导模式。

——轨道、汽车并重型

在不少城市中，车站地区具有汽车和轨道交通多元需求并存的情况，车轨并重的交通组织方式往往是个灵活的选择。尊重大量铁路旅客对小汽车出行的需要，也为同样大规模的旅客和市民提供轨道交通的便利性，并依靠轨道吸引更多人群和产业集聚。

国外不乏周边产业布局齐全成熟、经济能级较高、对外铁路规模巨大的城市核心枢纽属于此模式，如维也纳总站、纽约大中央车站、柏林中央车站、里斯本东方站、马德里阿托查站、首尔总站。我国部分大型城市的高铁车站汽车与轨道分担率比也基本达到持平，如上海虹桥站，在2019年轨道交通占比48%，包括出租车在内的小汽车占比43%[9]。目前，我国大中型车站往往以车轨并重的交通组织方式为主。但如何利用该方式的特点来获得站城融合尚处于尝试和探索中，完整落地实践较少，尚在建设进程中的香港西九龙站、重庆沙坪坝站，以及深圳西丽站、杭州西站等可初见端倪。

（2）价值取向

三种交通组织方式反映了汽车和轨道不同的交通分担关系。对车站而言，汽车和轨道二者此消则彼长，轨道出行者多则汽车出行者就会减少；对城市而言，轨道的使用率又往往影响了步行活动的强弱，轨道使用率越高，步行往来穿梭于目的地之间的人群也越多，步行活动越强；由此形成车行、轨道以及步行三者在车站与城市之间的流动关系。故这三大类交通组织模式又可细分为五小类，并代表了不同的价值取向。图6-30梳理了各类现存交通组织方式的主要服务对象、空间感知上交通节点和功能场所的属性、交通类型和使用人群的优先级别，以及代表性案例，总结了各自所折射出的不同价值导向。

交通组织模式		主要服务对象	空间感知属性	优先级		典型案例	价值取向
三大类	五小类			城市交通优先级	服务人群优先级		
汽车主导	小汽车主导1.0	车站	交通节点性 —— 空间场所性	汽车 / 轨道、人行	火车人群 / 城市人群	广州南站 武汉站 合肥南站	以小汽车输送旅客为主导，发挥快进快出的机动车系统优势规避堵车风险为价值取向
轨道主导	轨道主导1.0	城市	交通节点性 —— 空间场所性	轨道 / 人行 / 汽车	通勤人群 / 火车人群 / 其余城市人群	伦敦黑衣修士站 汉堡主火车站*	依托轨道带来的高效通勤效率潜力，以整合地铁网络提升出行效率为取向
	轨道主导2.0	城市	交通节点性 —— 空间场所性	人行 / 轨道 / 汽车	城市人群 / 火车人群	伦敦国王十字地区 东京涩谷地区 深圳福田站地区	激发轨道带来的人群聚集潜力，以构建步行体验为主导的站城功能融合为取向
轨道、汽车并重	汽车轨道平衡1.0	车站、城市兼顾	交通节点性 —— 空间场所性	轨道、汽车 / 人行	火车人群 / 通勤人群 / 其余城市人群	上海虹桥站 南京南站	以轨道平衡和缓解小汽车集散人群需求以及依托轨道资源拓展城市功能为取向
	汽车轨道平衡2.0	车站、城市兼顾	交通节点性 —— 空间场所性	人行 / 轨道、汽车	城市人群、火车人群	纽约中央车站 东京星宿地区 香港西九龙站	同时发挥小汽车和轨道的优势，在满足火车人群有效集散的基础上，树立站城融合目标，以此作为价值取向

图 6-30　现存典型交通组织模式的价值取向汇总

——汽车主导型的价值取向

火车站地区的汽车出行量较多，则轨道出行量较少，步行活动也较少。在该模式下，车站地区的核心交通诉求为火车旅客的快速疏散，且站区的交通规划设计意图以汽车作为主要疏散工具，交通网络的核心服务对象为火车站，使该地区呈现极强的"对外性"。出于安全考虑，设计导向将大量旅客人群在出站后第一时间完成疏散，而非聚集，故站区城市人群停留聚集的潜力场所极少，空间组织服务车站而非城市整体，交通行为大多限于"火车—步行—城市交通（汽车）"，交通"节点性"极强。

以合肥南站地区为例（图6-31），车站一层临街区几乎全部为各类机动车的换乘场，半径2km范围内的区域以高架路网作为城市空间基本骨架，作为对外交通的节点与城市地区的差异很大。

——轨道、汽车并重型的价值取向

轨道对汽车的使用形成了一定的平衡与分流，也为站区带来了一定步行人群集聚以及场所活动产生的潜力，但该模式下的价值取向——"站城关系"仍有两种情况。

（a）当站区内公共交通和城市功能区的步行连接仍较为薄弱

轨道交通主要作为对铁路旅客小汽车疏散的分流，发挥出的人流集聚效用较弱，除铁路旅客外，为数不多的通勤者及城市人群在此进行换乘等非目的地交通行为，站区仍以"对外枢纽"作为其代名词，其"对外性"和"节点性"并未改变，以服务火车旅客为优先。

如杭州东站地区（图6-32），站台层上方有小汽车落客的高架匝道直接连通，而下方到达层有各

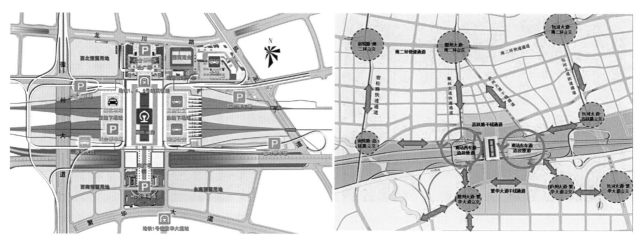

图 6-31　合肥南站首层大规模机动车场站及周边集散性路网的布局呈现强对外性与节点性

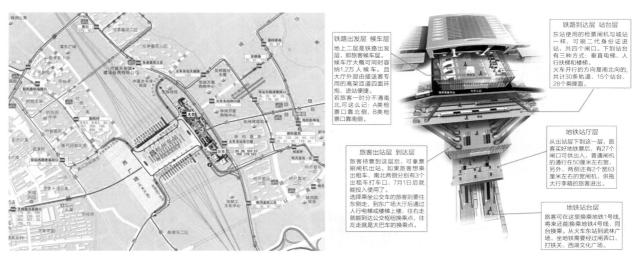

图 6-32　杭州东站小汽车接送客及轨道接驳实现同步便捷化，依旧呈现强对外性与节点性

类机动车的一体化接驳，对小汽车系统的组织轨道全面有序；与此同时，两条地铁线路布站于火车站正下方，大幅分担道路交通疏散旅客的压力。车站及周边构成的交通系统主要支撑"非目的性交通行为"，且不鼓励城市人群的活动。

（b）当站区内公共交通节点与城市功能场所的步行连接更加完善充分

虽然轨道和汽车仍需面向大量旅客进行集散服务，但同时也通过步行网络联通了车站周围的城市功能，旅客有序集散的同时也可与市民聚集在功能场所体验城市生活。站区的城市属性不再是单一化的对外枢纽，而是"内外兼顾"的综合性场域，衔接场所的目的地交通行为大幅提升，也体现出其"节点兼场所"的双重特性。

如纽约中央车站地区（图6-33）、上海虹桥站地区等，虽然小汽车和轨道的组织形式各不相同，步行网络的尺度也有所差异。但立体布局的机动车组织便于旅客集散，多条轨道线路汇集且与城市场所形成便捷步行网络利于城市生活，其价值导向与"站城兼顾"趋同。

——轨道主导型的价值取向

轨道系统高度成熟、抑制小汽车大规模使用的地区，依托轨道提升旅客的集散效率、布局便捷步

图 6-33 纽约中央车站地区城市景象（左）；纽约中央车站小汽车及轨道立体化转换的同时与城市功能紧密融合，兼顾对内和对外，既是节点也是场所（右）

行网络，以及构成活力都市圈的潜力最大，轨道主导模式有两种情况。

（a）当火车站规模较大、远距离旅客（非通勤旅客）较多

轨道系统既需满足车站基本的集散需求也要兼顾城市人群的通勤需求，普遍具有较高的出行效率，车站邻接区仍以旅客交通转换为主导，而非以城市活动为主导，但车站外围仍有机会受轨道辐射且避开车站嘈杂，形成活力区。

如伦敦国王十字火车站地区（图6-34），作为欧洲之星终点站和出入伦敦最大规模的枢纽门户之一，巨大规模的铁路旅客在此通过轨道交通被便捷地送往全市各地；而同时，随着北侧谷歌总部等新产业的集聚，无数通勤者、市民与游客依旧通过轨道前往此地办公购物、旅游参观。

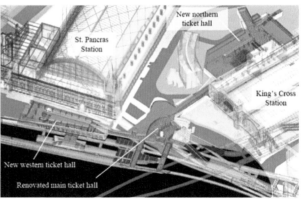

图 6-34 伦敦国王十字车站地区城市景象鸟瞰（车站地区利用了对内与对外出行便利的特性，兼顾节点价值与场所价值）

（b）车站的铁路线路趋于短途通勤、主要服务通勤旅客

铁路旅客主体为通勤人群，铁路的服务性质与城市轨道趋同，二者作为交通节点最大化吸引城市功能与之紧密融合，各公交枢纽与功能区形成立体便捷的步行网络，车站地区的异质属性被城市功能消融，"对内性"成为主导，"场所性"随之产生。

如东京涩谷站地区（图6-35），铁路站台的布局打破传统并排的模式，立体分置的多个车站和城市紧密编织在一起，通过步行公共空间有机整合。涩谷不仅是旅客出入东京的重要铁路节点，而且是日本年轻人文化聚集地、商业购物的重要目的地乃至城市名片。铁路与轨道互相依托、步行主导的站

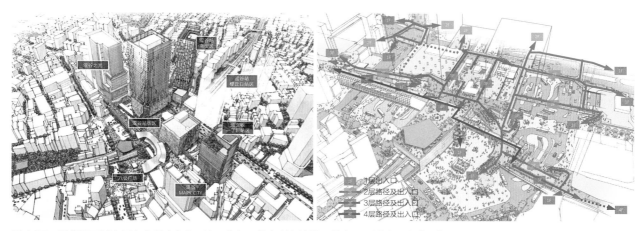

图 6-35　涩谷地区城市景象鸟瞰（左）；地下步行系统串联车站地区的交通和城市要素（右）

区完全融入城市，构成高度站城融合状态。

　　在交通层面上机动车优先的实践，其目标也是建立一个可以实现大量城市外出人群便捷集散的交通枢纽，而未将车站地区发展目标定位为站与城的融合。现阶段，轨道主导模式与车轨并重模式的分化，主要受制于不同城市中的机动车使用占比，但两种模式都将逐步推进着"换乘效率至上"向"站成融合发展"的价值转变。

6.2
交通组织对站城关系的影响

6.2.1　交通组织影响分析

1）影响的主体与客体

（1）影响主体：交通组织三大要素

　　站区对内交通要素众多，交通分担比产生显著差异、交通组织模式有所分别，主要在于三大要素：汽车、轨道、步行。其中汽车和轨道作为当前最重要的出行分担工具此消则彼长，而步行和轨道则相互依存、正向相关。主导性（服务水平与优先级）的交通要素及其在站城空间中的布局往往左右着站与城的关系。

（2）影响客体：站城空间两大需求

　　对于交通组织议题而言，站城空间的提升主要在于车站本体的高效集散和换乘，以及车站与城市功能的紧密连接。站区交通的效率与轨道、汽车、步行为主导的交通节点间衔接组织紧密关联，而区域的活力则与接驳功能场所的交通行为有重要联系。

2）交通要素主导性的影响

火车站区的核心交通要素包括汽车、轨道和步行，而其中步行多作为衔接性系统对各类交通工具与城市场所进行联系，多将汽车或轨道作为发挥交通运输功能的主要方式，将步行视作与之相互配合构成完整交通系统的要素。

汽车和轨道主导性交通不同，可以对应形成不同的交通组织模式，同样，也会对站城空间产生的使用带来具体的影响。故其主导性主要体现在汽车和轨道交通系统的服务水平和优先级两方面。

（1）交通要素的服务水平

——机动交通服务水平最高

机动交通主导是目前我国大量铁路车站地区的普遍现象，表现为汽车高出行占比和大量机动车停车设施空间。以我国轨道普及率较高的上海虹桥站为例，从2011~2019年间轨道出行规模不断扩大，但机动车出行量几乎也保持着等速增长，始终保持着更高的服务水平，私人小汽车使用比例更是不降反升（图6-14）。

就车站地区的枢纽性能的而言，小汽车的服务水平高将形成"肯定反馈"——小汽车增多易造成交通拥堵，而为了解决拥堵问题又架起更宽阔的快速车道，反而会带来更严重的拥堵。所以对于汽车服务水平高的站区，精心布局规划了比一般城区二维路网更加错综复杂的高架网络和宽阔的道路系统，但站区周边的交通拥堵依旧非常严重，汽车接送客的转换效率并不高。以小汽车为例，最为常见的小汽车一车可搭载5人，且基本上送客效率为1~2人/车；对比三五分钟一趟、每趟4~8节车厢、每节车厢210~310人的地铁而言，汽车主导型枢纽疏散效率的劣势不言而喻。

而对周边城市功能的影响而言，车辆作为最高服务水平工具时的空间形态，体现为立体的快进快出专用道往往排斥了步行活动的靠近及其激发的城市活力。如上海虹桥站、上海站、合肥南站、郑州东站等，服务车站的专用道路系统上架于地面路网之上，这种单向四车道及以上的专用道加大了道路的分割性，隔断了街坊与街坊间对话、连接的关系，车站和周边街坊的功能难以融合（图6-36）。

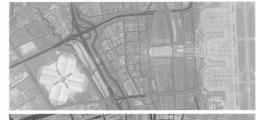

——轨道服务水平最高

轨道服务水平最高的情况下，车站地区的地铁服务在不换乘的情况下覆盖的城市站点数往往较多，且机动交通的停车场等设施规模大幅缩减甚至消失。

以伦敦国王十字车站为例，6条地铁线直达173个地铁站；不设置面向车站使用的停车场，周边1km范围内仅设有3个小型停车库和2个小型地面停车场，且收费昂贵，绝非面向大众的交通服务；出租车与公交车停车场也和城市中其他地方类似，紧凑而小众。

深圳福田站是我国首次对车站大幅提升轨道交通服务水平而展开的创新和探索，结合城市中心的区位设置地下站（图6-37），在500m范围内，依托成熟的地下公共空间网连接了5条地铁线，可直达130个地铁站；与此同时取

图6-36　大面积高架路和高架匝道暴露于城市中

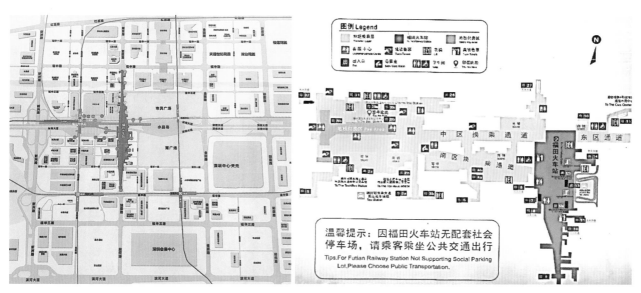

图 6-37　福田高铁枢纽便捷联通个地铁站且取消设置社会车辆的接驳

消对社会车辆落客的设置，仅设置一处下沉式且规模较小的出租车落客区。总体布局上极为紧凑，不再受制于庞大复杂的机动车道和停车设施带，车站在地下与众多商业设施、地铁站等形成一个完整的步行体系。更高的轨道服务水平，可以大大缓和快速大流量干道、停车带以及大型机动车停车场库的需求，弱化机动交通对站城关系的切割，也更好地提升站区集散和换乘效率；同时，诱发更多的步行活动，实现大人流的商业价值，让车站区成为"城市生活的发生器"。

（2）交通要素的优先级

交通优先级反映出不同背景下不同的设计规划价值观。站城融合目标为导向，小汽车优先还是轨道（公共交通）优先的交通规划对其空间成果有重要的影响（图6-38）。

——小汽车优先

小汽车优先的交通格局反映车站及周边地区的规划设计中小汽车出行所依赖的道路系统与车站一体化程度长久以来处于"优先考虑优先满足"的地位。根据官方数据，上海虹桥站的轨道出行占比连续攀升，虽然在2019年仍未过半[①]；但在2020年一项面向站城融合实践的调研中，上海虹桥站被大多数行业专家视为当前中国融合度最高的车站[②]。

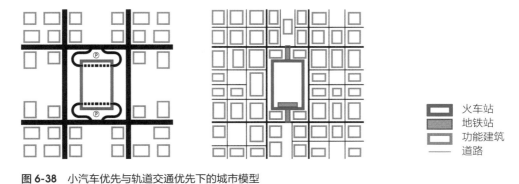

火车站
地铁站
功能建筑
道路

图 6-38　小汽车优先与轨道交通优先下的城市模型

---

①　上海交通指挥中心. 上海门户，枢纽传说——虹桥枢纽十年运行数据解析.（上篇）[EB/OL]. 上海交通指挥中心公众号（2019-10-25）.

②　2020站城融合论坛专家调查问卷。

　　然而，即便是目前站城"融合度较高"的上海虹桥站，对比乘坐小轿车、公交车、地铁等交通工具前来进站的人员路径，小汽车人群的所需步行距离最短且最通畅，几乎不产生进站距离，下车即可直达二层出发层门口，进站大厅推门即入；地铁人群则需步行近100m，且需乘坐扶梯至二层出发层；而住在距车站仅2km的居民，在仅借助公共交通工具的情况下，需要经过近300m的室外步行，出行时长达22min，反映了小汽车出行的优先等级。对于选择搭乘高铁的旅客，这种小汽车便利性将大大促进其汽车出行而非轨道或步行（图6-39）。

　　在小汽车与火车站无缝衔接的优先设计原则下，多年的实践逐步形成了新的站体构型——"桥建合一式"和"腰部进站式"。"桥建合一式"（如武汉站、南京南站）的铁路和站台以多排并联桥梁的形式架空，桥上建站房，桥下设换乘交通，桥梁与建筑合一，缩减了小汽车人群进出站及换乘的流线距离。"腰部进站式"的机动车道插入铁路站台上方区域，搭乘汽车的旅客被直接送达超长的高架候车室的中部入口，再次缩短平均步行距离，且风雨无阻。上述模式在空间上均采用"立体化—上进下出"的站体构型，专门配合小汽车旅客进出站的最便捷动线；且在站区范围内布局庞大的机动车匝道，为火车站接送客的小汽车等使用，保证落客与站厅的紧密结合。

　　车站的枢纽性能要求各类交通工具得以便捷集约的转换、人群得以高效安全的疏散。而机动车，尤其是小汽车优先的交通空间组织更侧重于车行，"小汽车—步行—火车"的交通行为优先级最高，换乘路径最短最便捷，其他公共交通方式的组织为小汽车让位，形成了基于高架快速路的机动车快进快出绝对优先布局模式，弱化了地铁等公共交通与车站的更紧密衔接。

　　小汽车优先的交通组织最容易造成站城间的割裂，快速大流量的道路与匝道围绕车站，邻近的功能空间也多让位于停车楼（场），严重阻挡了周边功能空间的靠近，虹桥站区即是如此，商务区毗邻车站而绝不贴邻或形成叠合，步行系统为避开地面的大流量车行道，在空中或在地下通过长距离步道联通车站。分解站城的步行行为联系，使得车站成为独立于城市的孤岛（图6-40）。

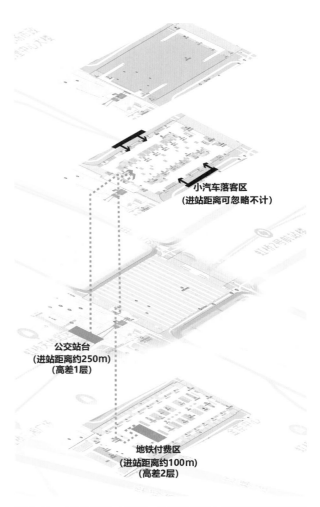

图 6-39　上海虹桥站小汽车、地铁及公交人群的进站距离对比

图 6-40　上海虹桥站周边的机动车路面

——轨道交通优先

轨道交通优先有利于依托轨道的运送效率进一步提升换乘人群的出行便捷性。以德国柏林主火车站为例，其周边主要的城市交通包含：地铁轨道、tram（地面轨道电车）、公交巴士、小汽车、自行车等。对比使用不同城市交通方式前来进站搭乘火车外出的人群路径，呈现出典型的轨道优先模式下的站区特征。

柏林主火车站在空间上，由一横一纵的铁轨系统定下空间格局，且这套铁路系统由城市轨交与城际火车共享，其相互换乘过程中，不必先出地铁站再进火车站，无进站距离，实现了真正的站台换乘。而其他交通工具的换乘则被紧密地组织在车站建筑外部，包括轨道电车、公交巴士以及小汽车，进站距离最远不过跨越一条马路的距离；其中，站区周边车行主干道很少，仅北侧主入口前有一条，南北向快速路设置下穿，其出入口避开车站车辆的周转空间，该路段设置了所有巴士和电车的站台，行车速度较慢，主要服务巴士和服务旅客的车辆，也侧面抑制了更多过路型机动车的往来，故出租车和私家车比重低（图6-41、图6-42）。

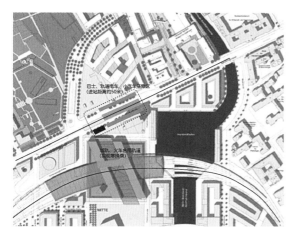

图 6-41　柏林总站小汽车、地铁及公交等人群的进站距离对比　　**图 6-42**　柏林总站剖透视图

轨道优先情况下，城市轨道站和火车站的空间属性更加容易趋同且合二为一，荷兰的海牙火车总站也是如此，乘坐轨道和火车的人群在高度整合的空间中得以一体化组织，实现极其便利高效的换乘；柏林总站和海牙总站的"火车—步行—地铁"的换乘路径平均不超过50m。同时，商业、办公等功能紧密地围绕车站进行布局，柏林总站中，车站内部公共空间几乎被商业店铺围合，而车站上部则紧凑地设置了大跨度办公建筑；海牙总站一街之隔的地带，在步行距离数十米范围内布局着全市密度最高的商住混合区（图6-43）。

6.2.2　机动交通的影响

1）汽车的影响

轨道、汽车和步行三个主要交通要素中服务水平和优先级的变化对站城关系有着深刻影响，我国的大城市车站地区现阶段正处在小汽车和轨道交通同步发展中，而中小城市的车站地区尚处在小汽车

图 6-43 海牙总站剖透视图

主导、公共交通为辅的发展过程，尤其需要思考汽车、轨道和步行系统各自的不同组织模式下的影响。

在我国的铁路车站地区，小汽车在短时期内是不能回避的主流交通方式。在小汽车使用较为普遍的地区，交通硬件道路网不同的组织模式对站城关系影响明显，突出反映在道路（街道）和网格尺度（图6-44）上。

对于部分汽车出行量大且具有大量人群疏散需求的站区，考虑优先布置交通性干道，与城市快速路系统相互整合，形成快进快出的大尺度路网结构。而与此同时，在另外一些需求相近的火车站区则以小尺度的细密路网街区为主导，通过密布的支路疏解干道的交通压力。上述不同的机动交通组织结构也会为站与城的融合产生深刻影响。

——大尺度路网

一般，对于汽车保有量较高的地区，更加容易形成稠密的快速路路网。而我国机动车出行量普遍

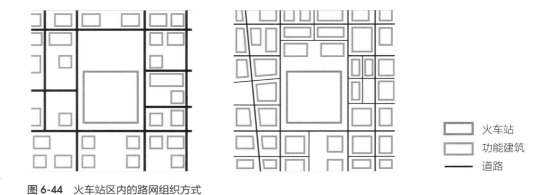

图 6-44 火车站区内的路网组织方式

火车站
功能建筑
道路

位列世界高位，天然形成了上述的特性背景；加之由于中国人口基数大、铁路旅客众多、集散需求较强，故站区在规划与设计中也具备一定空间共性——宽阔庞大的快进快出干道。我国中大规模站区几乎无一例外会为接送客小汽车进行专用机动车道系统规划，并结合城市快速路系统整体铺排。

以上海虹桥站、合肥南站、郑州东站1km范围内区域为例（图6-45），地面双向车道以40～70m宽、6～8车道的干道为主，而城市高架多为单向4车道及以上、单向20m宽。道路的巨大尺度，使得城市外部空间尺度无一例外地被放大。上述三个站区的道路格网划分形成的街坊尺度均在200m×200m左右甚至更大；而道路两侧的建筑相互距离也都相距甚远，虹桥多为30～50m，合肥南站周边街坊间的建筑距离几乎在100m上下，郑州东站在40～120m不等；此外不乏被绿地、广场等大尺度开敞空间隔开，导致建筑间距最大可达200～300m，形成了道路空间两侧功能、形态、感知上的割裂。机动交通的空间供给和需求会形成循环放大，造成机动车道对城市肌理和功能空间的割裂和古孤岛化，分解了城市集聚产生的活力。

该类的火车站区的路网结构中，大尺度的城市快速路打断了各街区功能间的连续性。

——小尺度路网

然而，面对较高的机动车出行需求（尤其是接送客需求），部分站区则以小尺度的路网系统对小汽车进行有序分流。以纽约中央车站为典型，构成了小密路网系统的极致代表，促进了站城关系的融合。

纽约中央车站坐落于曼哈顿岛上12条南北向"大道"和百余条东西向的"街"构成的标准化街坊格网之中，众多支路有效地实现了交通分流。同样在车站1km的范围内，街坊的密度远远高于大尺度路网站区，呈现出截然不同的城市肌理。中央车站周边的街道普遍为18m宽，即曼哈顿岛标准路网；虽然站区周边也布局个别宽度在25～30m范围内的主干道，但整体的城市街道空间均处在亲近宜人的尺度下。道路所划分形成的街坊尺度也均在基本保持在60m×120m和60m×180m两种模数下。即使是规模极其庞大的火车站也不打破其尺度紧密的路网肌理，而是完整精密地将铁路轨道布局在地下。

由于街道宽度较小，以纽约中央车站为代表的小路网尺度站区与周边城市功能的衔接距离很短，周边任何两个功能街区的距离亦是如此，使得站城空间具有相当便捷的到达性；同时，小尺度路网有利于构建步行化街区，促进人流资源的聚集以及城市的公共生活。曼哈顿岛上的街道格网结构基本一致，这也使得车站街坊与城市功能街坊形成同构，消除了车站的空间异质性，与城市空间相互融合（图6-46）。

2）地铁的影响

轨道交通和步行化是可持续的交通出行方式，在我国大中型城市中越来越多的地铁线路陆续投入使用并优先联通铁路车站，在旅客大规模往来的站区中地铁承担重要的集散功能，而地铁的设置也成为探讨站城融合的重要基础，然而并非有地铁即融合，轨道交通对站城融合的助推能力主要源于其对车站客流和城市人群的汇聚效应，轨道站的布局对站城关系有着相当大的影响（图6-47）。

由于铁路旅客和城市人群都是地铁系统的主要服务对象，面对行为诉求截然不同的两种人群，地铁和轻轨车站的布局反映了铁路车站（地区）不同的服务倾向。

——车站专用型布局

地铁站落位于火车站范围内，有利于实现火车站人群最便捷直达的换乘体验，但同时也是对地铁乘客到城市功能区步行距离与空间体验的挑战，不排除其对城市人群服务水平的抑制。

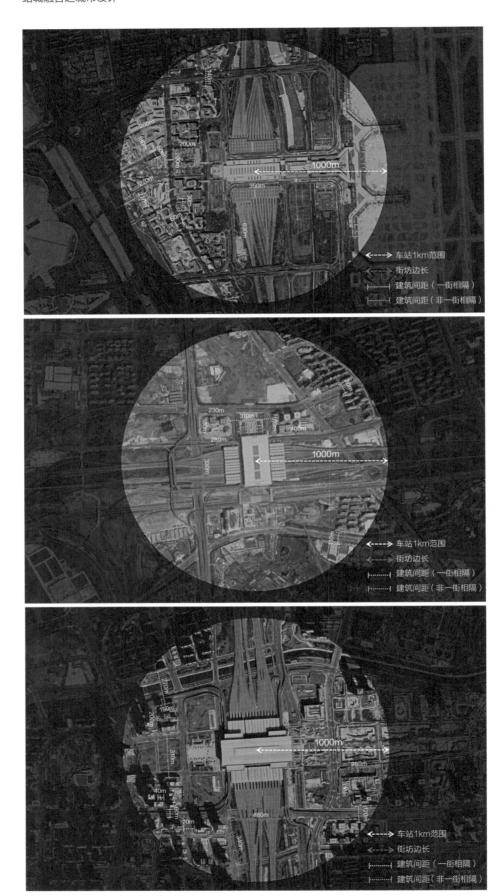

图 6-45 上海虹桥站、合肥南站、郑州东站 1km 范围内街坊尺度及建筑间距

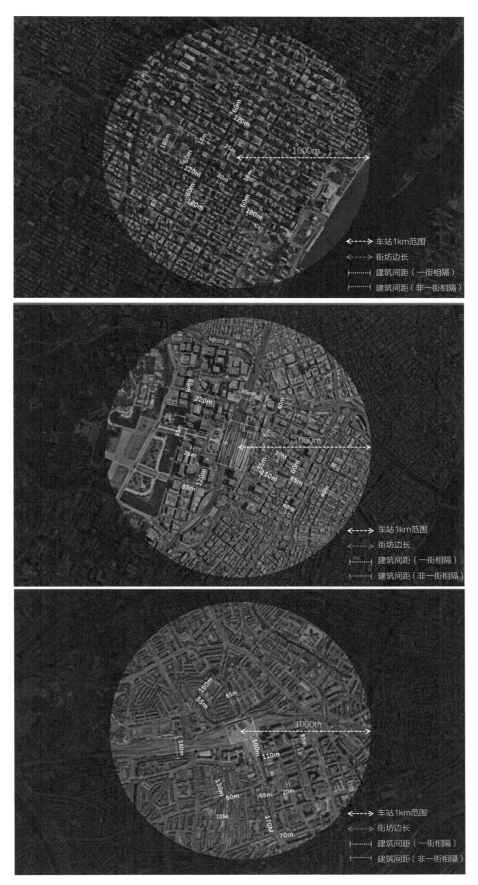

图 6-46　纽约中央车站、日本东京站、荷兰鹿特丹中央车站 1km 范围内街坊尺度及建筑间距

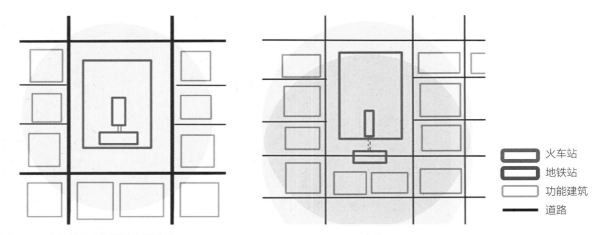

图 **6-47** 火车站区内的地铁布局方式

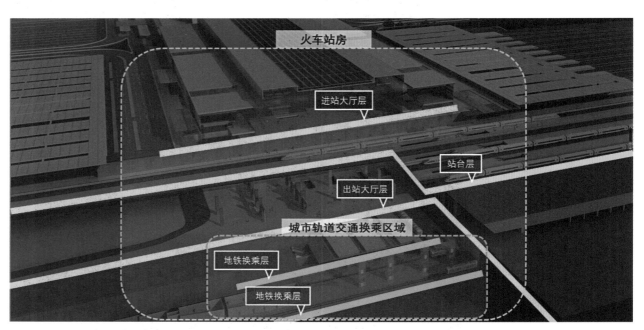

图 **6-48** 上海虹桥地区轨道交通站点地铁站坐落在火车站域内，与火车站合用出站大厅

　　在上海虹桥站地区，目前实现地铁三线换乘，加之虹桥商务区的落位，城市人群在虹桥地区的地铁通勤需求激增。而虹桥火车站点的地铁进出站口则布置在高铁站层的正下方，将火车站人群置于核心地位，强调了面向火车站的集约化换乘布局；但随着车站周边功能的使用人群对地铁出行需求的攀升，铁路车站内的地铁、通勤人流容易造成与铁路旅客人流的对冲，造成混乱（图6-48）。

　　作为枢纽节点，各交通设施之间的换乘路径较短，便利了铁路旅客的公共交通换乘，但难以对城市形成有效的服务覆盖：乘坐地铁前往功能区的通勤客步行距离长，且对火车出站厅形成必要穿越，即与旅客在出站动线上形成交汇；早晚高峰时期以通勤为主导的城市人群大幅涌入火车站区域内，与同样规模庞大的旅客人群相互干扰甚至带来混乱，对城市场所的高品质融合形成抑制，更具有一定的安全隐患。

　　——站城共享型布局

　　城市轨道车站的出入口和联通道同时接驳铁路站和城市空间（或功能体），将地铁车站为站与城共享，兼顾旅客和市民在车站和周边地区的集散出行需求。在此基础上，单个或多个轨道车站构成地下步行网络，能吸引更丰富的城市人群将站区内的城市功能区作为其出行目的地，激发城市活力、助推站城融合。

以维也纳总站地区为例（图6-49），自2005年开启更新计划，不仅打造全新的维也纳总火车站，更对周边35hm²的土地协同规划和开发，配合商业办公住宅休闲等功能。作为全市最大规模的车站，火车人群密集且以地铁作为重要的旅客疏散工具。但城市交通系统并未完全依附于站台上架式的车站空间系统，而是形成了另一套统合地铁、轨道电车、公交车等在内的城市交通综合换乘区域。一方面避免了其与火车站及商务区各自的内部动线交叉干扰；另一方面同时邻接车站和商务区，通过公共空间斜向沟通车站站厅，通过地面衔接街区式商务区。

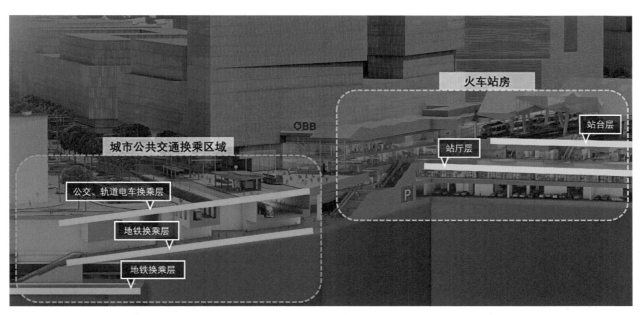

图 6-49　维也纳总站地区地铁及公交换乘形成一体化枢纽并落位火车站房外

对城市内外的交通换乘而言，地铁站与火车站厅通过室内步行系统渗透沟通，依然具备畅通引导组织火车站人群、方便实现火车和城市轨交的换乘效率；同时，城市内部的交通枢纽区域进行公交转换的人群可以完全不受火车站及人群特殊性的影响，有效缩短了换乘距离，也避免了前往站区内高密度商务区的通勤者与火车站系统发生不必要的交织，提供了站城空间积极有序的同时运动空间构架。

6.2.3　步行活动的影响

站区内步行活动的组织，不仅需要满足对火车站地区城市对外对内所有交通系统的换乘，也是实现各类交通设施与城市功能空间之间联通的前提。主要包括三方面：交通节点间的联通（即换乘动线）、节点与城市功能间的沟通（功能衔接）和步行空间的场所特性。

1）换乘动线

完成车站内进出站以及与多种交通工具的换乘，是火车站地区的基本步行诉求。这受到换乘距离及

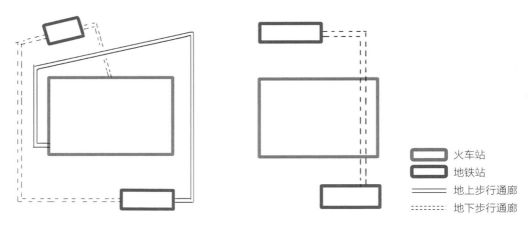

▭	火车站
▭	地铁站
──	地上步行通廊
┈┈	地下步行通廊

图 6-50 火车站区内的换乘动线模式

路径的曲折程度的影响，碎片化动线与集约化动线导向不同的站城空间出行效率及便捷度（图6-50）。

（1）碎片化动线

对于建成较早的火车站，规划和建设阶段所面临的交通状况与当下差异较大。随着轨道等持续普及，才在原有的空间基础上叠加，导致动线比较散乱，整体性较差。

以上海火车站为例，早期规划中难以对未来城市交通使用方式和行为模式进行精准把控，仅在火车站房南侧布局地铁一号线站厅，且为数不多的进出站口均位于站前广场或对街街角，使得地铁至火车间换乘的步行空间序列并不连贯，南北广场的联通亦较为艰难（图6-51）。

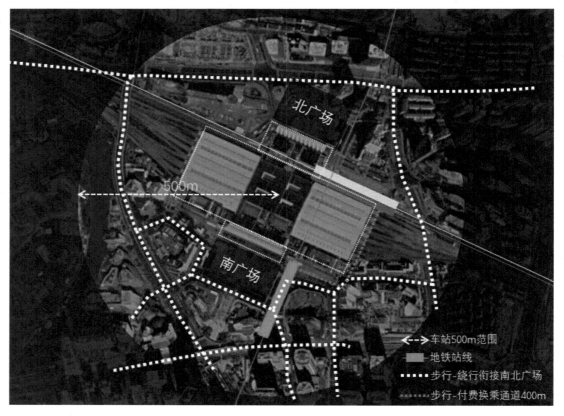

图 6-51 上海火车站地区地铁换乘关系

　　碎片化的步行换乘动线易造成各类中转人群的不必要的迂回、增加步程或容易迷失方向，为其出行带来较大不便，失去站区内交通节点间基本交通换乘的高效性；也会导致不少本地居民在城市出行中刻意避免穿越火车站的地铁换乘，丧失大量城市人群聚集的潜力，不仅制约火车站自身的运营效率，也对城市运转效率产生的抑制效应。

　　（2）集约化动线

　　集约化的换乘动线，优化火车站及城市人群的交通及空间便利性，提高空间使用效率及交通运营效率。以荷兰海牙中央车站为例（图6-52），有轨电车的轨道上架于火车站站厅，其站台与火车站台被统一地组织在同一个完整的空间之中，开放的火车站内置轻轨站，上下扶梯便可实现大小铁的换乘。而原本铁路站台的雨篷，则整合成二层公交中心和高架铁路站台，多种步行换乘被高度集约，成为多交通要素整合的核心出发点。

　　铁路（普速及高铁）、城市轨交、公交车等站点间的步行换乘集约化，使得换乘均控制在极短且直达的步行距离下，也使站点与步行目的地之间的衔接更为高效。目前每天有19万人使用海牙总站，

图6-52　海牙火车总站：站地区城市空间关系（上左），集约化换乘（上右），内景（下）

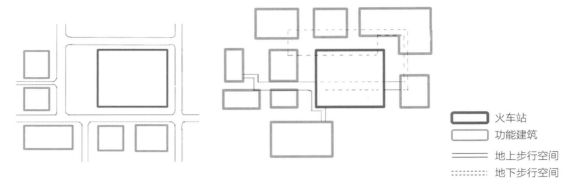

火车站
功能建筑
地上步行空间
地下步行空间

图 6-53　火车站区内薄弱与充分的功能衔接

且预计在未来10年内，这个数字会翻一倍①；反映出换乘系统的便捷化对高效人群集散及人流吸引集聚
具有强大效用。

2）功能衔接

步行网络除了发挥交通节点间换乘的基本
能效，还将人们居住、工作、购物、娱乐等行
为所需的多元城市功能在交通枢纽的覆盖范围
内组织联通起来。

站城空间中，车站枢纽与城市功能融合与
否很大程度上和节点与功能区之间的步行衔接
强弱（直接和间接）有密切关联（图6-53）。

（1）城市功能衔接薄弱

若站区内各类实体建筑均局限于红线范围
内，且在设计中仅考虑红线内部的组织逻辑，
与此同时交通、市政方面则倾向于工程技术目
标，而忽略将站区视为整体城市空间组成部分
对全域慢行系统进行规划，则往往形成各交通
节点与城市功能的衔接薄弱。

以武汉站为例，由于先站后城的建设，车
站功能单一且体量较大，在各个地块红线内部
最优化的思维下，从车站出发前往车站500m
范围内（几乎为步行极限）为数不多的商业、
办公、文化、娱乐场所，需要先出站到达室外
后穿越巨大尺度的站前广场与主干道路，而后
通过入口进入各功能场所（图6-54）。

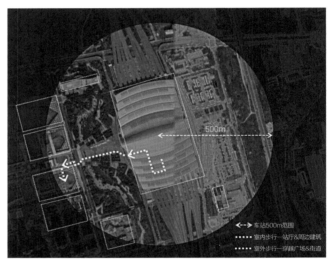

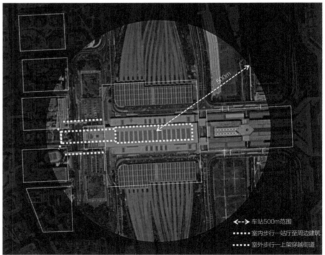

图 6-54　武汉站区（上）和上海虹桥站区（下）内枢纽与城市功能间的人行路径

① [EB/OL]. https://en.wikipedia.org/wiki/Den_Haag_Centraal_railway_station.

而上海虹桥站，同步考虑站与城的步行联系，在站区内布局一定规模的商务区，虽然现阶段也仅在站厅地下层向西延伸一条步行通道，距离车站最近的虹桥天街实现了地下步行直通，并可接驳不同街坊，尽管商务区距离地铁和铁路车站150～250m，但未来步行对活力的带动可以期待。

（2）城市功能衔接充分

深圳福田站，虽然车站规模不大，但极大化发挥了地下步行系统和城市功能的整合水平。将多样人群的转换组织在地下一二层，地下站厅层通过宽敞的步行系统在与地铁五线四站形成联通的基础上，直通沟通周边金融商务区众多写字楼的地下层，并充分衔接振华路地

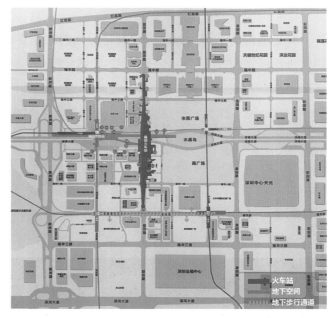

图 6-55　深圳福田枢纽地下步行网络

下商业街，该地下街联通了两个地铁站，拉通了该道路两侧所有的商办综合体（图6-55）。

轨道交通高度发达的日本在围绕站点立体化布局步行网络具有丰富实践经验。以东京为例，铁路车站地区地下1～4层几乎均设有公共活动空间，地下街道形成区域性网络，将商业、办公、展览、广场、停车等公共空间和功能组织在一起[1]；这样的区域性步行活力区又通过火车及地铁构成的轨道交通网相互链接，激活了整个东京的步行系统。

站区内由人流量大的铁路、地铁节点向城市充分蔓延，形成完善的步行系统，得以将主要城市功能空间整合在一起；对比地面层的街道系统，形成了风雨无阻的地下步行系统，并直接衔接各功能空间，有效避免了慢速步行行为与机动车的交互，大幅分担了街道层的步行行为，提升了通行效率，成为支撑城市公共生活不可或缺的空间系统，使站与城成为共生关系（图6-56）。

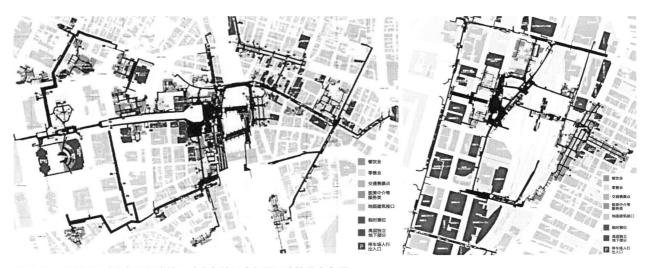

图 6-56　东京站区（左）及新宿站区（右）地下步行网及功能业态布局

① 王晶晶. 活在地下的城：东京的地下空间利用与立体化设计[J]. 世界建筑导报，2012，27（3）：18-23.

3) 场所特性

非交通目的的行为是站区公共空间活力的重要体现，在满足必要空间衔接需求的基础上，促进目的性步行行为向非目的性步行行为的兼容和延伸，才能激发步行场所的特色。

（1）步行空间的人本尺度

火车站不仅作为一个交通枢纽，也是重要的城市门户；除了实现交通功能，还需要配合宽阔的车站广场留给旅客驻足、聚集。我国大型站前广场的规模统计中，不乏几万甚至十几万平方米实例，如武汉站、常州北站等（图6-57），虽然形成的原因和考虑极端高峰的车站人员疏散相关，但人本尺度的场所特点是促进步行的根本。"上帝视角"构图的广场与景观，不仅鲜有市民进行休闲娱乐和交流邂逅，甚至加剧了车站与城市的分离和孤立。

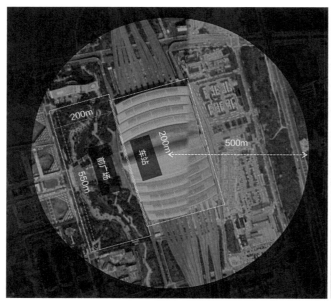

图6-57 武汉站（左）和常州北站（右）地区公共空间尺度

（2）步行空间的环境品质

创造火车站区及周边具有生活化、场所感的步行街区，其本质是将车站地区步行空间城市化，建立"以人为本"的空间组织逻辑。以首尔站为例（图6-58），原本围绕车站设有城市高架路"首尔路"，小汽车出行便捷优先；而如今，高架桥更新改造成为充满植物的绿色生态网红步行街[17]，该立体步道并非衔接重要城市功能的交通性通道，而更多是城市公共生活的活力空间载体。火车站、围绕车站的巨型商业中心、1km长的漫步道等场所要素共同促进了消费、社交等活动，形成了车站周边饱含人情味的公共空间。

东京的涩谷站（图6-59）更是依托成熟的轨道交通资源，打造2030年的未来城市中心。涩谷站地区不仅能为旅客、通勤者提供极其便利的步行网络，还利用空间的整合，鼓励集约化城市的开发建设，从而释放更多更优质的城市公共场所，提升城市整体环境，吸引人、聚合人，激发城市更大活力与潜力。

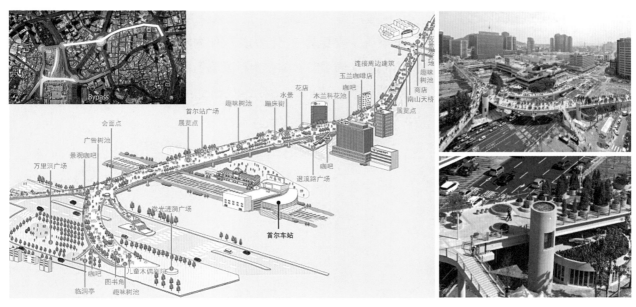

图 6-58　首尔站地区首尔路步行桥

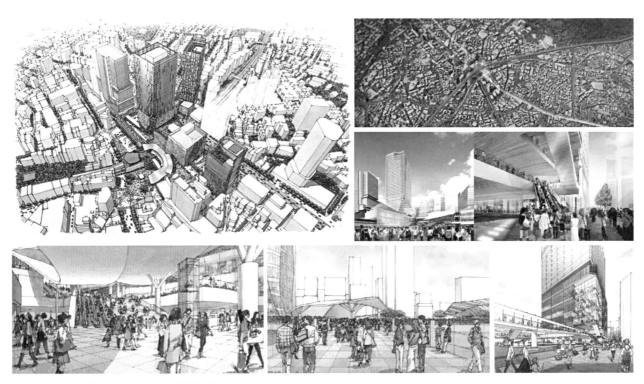

图 6-59　东京涩谷地区 2030 城市复兴计划

6.3
面向站城融合的运动组织策略

　　"站城融合"目标下的站区交通组织要兼顾车站的高效集散和城市的活力集聚，我国的车站地区交通状况差异较大，大城市倡导轨道交通与机动交通同步发展，而中小城市呈现机动交通主导的特征，因此，尊重大规模机动车使用的现况是构建我国"站城融合"的站区交通组织的基础。

对应至轨道、汽车和步行三项交通系统，需要重构出行优先权作为协调各交通要素的基本原则，并建立消除快速交通的切割影响、突显轨道交通服务、强化步行紧凑衔接的运动组织策略，逐步扭转小汽车大规模使用对"站城关系"的割裂（图6-60）。

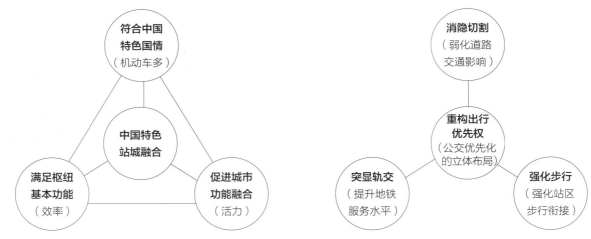

图6-60 站区宏观交通原则（左）和运动组织设计原则（右）

6.3.1 重构优先权和立体布局

所谓出行优先权的重构，是通过设置不同交通方式在车站区域铁路转换的便利优先程度，来调节人们对出行方式的选择优先。对于我国目前机动车交通占主导地位的普遍现象，全面借鉴伦敦或纽约"轨道+步行"为主的车站交通组织，尚有一定困难。但从长远来看，为实现低碳的出行模型和紧凑的空间利用，应制定公共交通逐步优先化的公共政策和立体化组织综合交通的设计思维。

1）优先权设计

大中型城市火车站区，无论以汽车还是轨道交通作为主导性集散工具，巨大的交通出行量和便捷转换要求交通组织进行立体化布局，但更需要通过构建优先权来实现公共目标。

荷兰鹿特丹中央车站区，地铁车站可直接接驳铁路站进站大厅，自行车停车库紧邻车站，有轨电车和公交车站距离大厅仅50m，小汽车可在极为有限的停车带上下客，但车辆停放区则远离车站500m以上，与城市共享。在紧凑的交通组织上，虽然没有复杂的布局，但"地铁＞自行车＞有轨电车和公交车＞私家车"的优先权非常清晰地体现了当地的交通策略设计。

东京不断更新的新宿车站区（图6-61），已将JR等多个铁路和站台区设置在地下，在南口、东口、西口三个方向的街道面平衡了不同交通的接驳：南口主站房主要接驳地铁和地面的步行人流，未设车辆停靠带，南口主站房对面的新南口大厦综合体除城市商业还设置了屋顶层的长途公交枢纽；东西作为腰部的出入口主要面向机动交通，西口拥有立体交通广场，集散地面的公交、大巴和地下的出租及私家车；而东口站前区不大，接驳有限的小车和货运，以及另一处地铁的人流（图6-62）。从运动系统组织布局中可见：①从地铁、公交、出租和私家车等进入三处车站出入口的步行距离比较

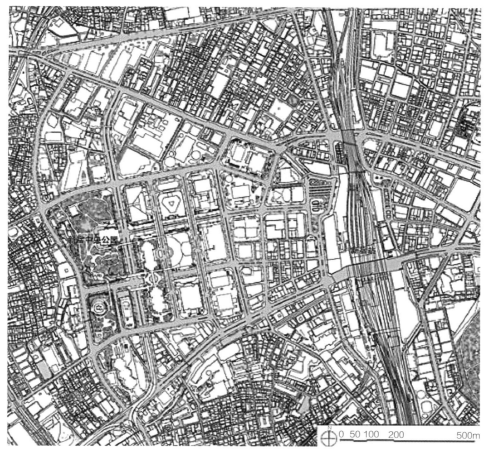

图 6-61　东京新宿地区总平面图

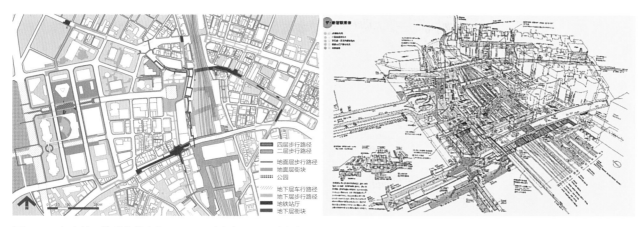

图 6-62　新宿地区轨道衔接步行网：平面（左），透视（右）

均衡，凸显"公平原则"；②在车站地区未设置专门的大型小汽车停车区域，不鼓励小汽车在站区的滞留；③即便地铁交通出行分担占优，地铁车站并未专门服务于车站，而更侧重带动城市日常活动；④地铁与铁路车站的步行换乘通过车站地区丰富的地下步行网络实现，其中地下步行街成为大人流集散的缓冲区。

我国铁路车站多使用"桥建一体、上进下出"方式，高架的汽车专用道直连二层进站层，协同线侧的地面层出站和相关的站前广场、停车广场、公交场站等，地下层设置停车区与地铁站厅；交通组织基本围绕铁路车站展开，从换乘的步程和舒适度上，部分项目中铁路车站的出入与小汽车的步行换乘接近优于地铁，铁路旅客更倾向选择小汽车的出行，容易诱发大流量汽车交通，在车站周边形成与城市的分割。

可见，根据我国的实际情况，交通方式优先权设计需要针对不同的城市、不同的站型而制订"一站一策"，避免过度模式化的车站交通组织设计。

2）立体化交通组织

大型车站地区的人员高密度流动，需要在最短的步行距离内高效集散，同时，也要兼顾城市人流的集聚活动，因而，在紧凑的宜步行区域内需要立体化的交通组织，协调人流、车流、货流的动线，解决步行和车行、轨道之间的矛盾。

在竖直向上，以铁路线为基准层，建立线侧的车步多层面或跨线的车步分层，以便捷接驳为原则，划分为三大层级：步行层、车行层、轨道层。尽可能通过竖向的交通组织，减少机动交通对步行连续性的干扰，减少铁路线对城市穿越动线的切割，减少集中的大流量车道对站城的分割，鼓励通过地铁车站为核心形成步行网，并以此激发城市和车站的结合。

在水平向上，交通系统的配置可以依托人流疏解的轻重缓急，通过分区分解不同的动线流向，也使得地铁、公交巴士、长途客运、出租、私家车等交通要素既在空间上能互不干扰，便于铁路车站的上下客组织，也能具备合理的换乘需求以及对车站区城市功能的结合。从我国大中城市未来的可持续发展来看，轨道交通等公共交通以及步行化的动线组织要发挥更大的价值。

6.3.2 缝合机动流的切割

铁路车站地区除了铁路带来的城市分割，大流量机动车道路也带来了二次分割，直接导致了站城的分离关系。目前，我国铁路站的机动车使用量居高不下，难以在短期内迅速改善。因此，除了制订鼓励公共交通出行的规划和政策，也需要通过交通组织的空间策略促进良性站城关系：一方面消隐部分快速道路来弱化切割；另一方面织补细密路网缝合城市。

1）消隐大流量道路的分割

除了大运量的轨道交通，机动车集散也是铁路车站地区的特定需求。目前我国大中型铁路车站都拥有公交巴士、长途客运等换乘接驳，而出租车和社会车辆（小汽车）的接驳需求占最大比例，机动车"快进快出"成为在车站交通组织中的重要原则。这就需要车站周边的城市道路等级提升，车道更

第 6 章　车站地区的运动组织

多交叉口更少，与城市交通分割的专属化倾向明确。

"快进快出"的机动交通需求，尤其在轨道交通还不完善的情况下，确实需要被重视，但不能因此而打断步行动线，形成一种交通组织投射在道路上的"站城分割"。

从行为和视觉上"消隐大流量干道的切割"是站城融合的重要交通组织策略，一方面，利用立体组织保证机动车道路的连续流，减少交叉口等待；另一方面，消隐局部道路所形成的活动基面，使得车站和周边城市功能间的步行顺畅连续，激发车站区的活力。依据大流量车道的基面，往往有三种可能。

（1）主要道路在地面，可以在局部地下化消隐，消隐区形成连续步行区（如香港西九龙站地区和德国柏林总站地区）；

（2）主要道路在地面且难以地下化，可以通过设置二层连续步行区消隐局部道路，并利用缓坡广场等连接（如米兰博里加迪borigardi车站区、二子玉川站、乌得勒支站）；

（3）主要道路被抬高为高架道路，虽然可以留出地面步行连续区域，但在视觉上的切割难以消失，需要尽可能精细化梳理车道动线，通过减小道路宽度和增加界面细部来减少高架的影响（如美国纽约中央车站区）。

在新建或改扩建的车站地区，大流量道路不宜仅仅作为单一的交通要素来展开设计组织，需要将这种出行的交通需求放置在车站区的整体环境中，与步行活动、建筑、公共空间等综合安排组织，就容易利用"局部消隐"手段，形成站城融合的环境。

香港西九龙高铁站区（图6-63），对部分机动车系统进行局部下埋，保证了过境快速交通不因车站置入而断裂，地面标高的城市步行层得以在各地块间保持片状连接，创造出人行主导的城市环境，使得车站功能、城市公共空间、周边多元功能相互整合。

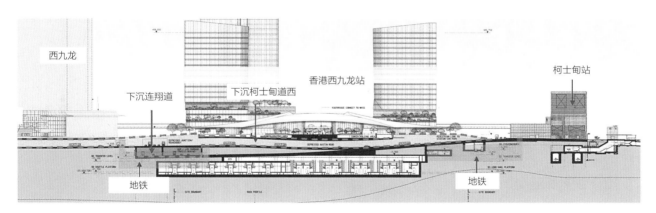

图 6-63　香港西九龙站地区快速路下穿剖示意图

在德国柏林总站周边（图6-64），地面层仅在车站北侧设置唯一一条主干道，集中设置轨道电车、公交站点及小汽车落客区，大量行人穿越，交通速度不快；而城市级别南北向快速路则隐藏于地下，穿越车站地区，并将快速路北出口设于车站以北，避免快速交通对车站周边慢行环境的干扰。

米兰博里加迪车站东侧片区（图6-65），利用场地高差，人行基面由北向南起坡并作为开放城市绿地，将站区范围内部分铁路轨道以及机动车感到隐藏在其下方，通过架起城市尺度的巨幅绿地公共步行空间巧妙实现快速机动系统的消隐。

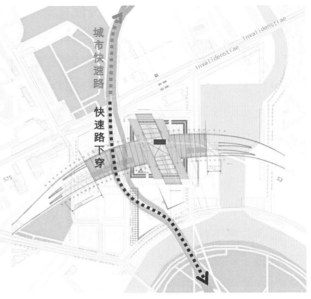

图 6-64　柏林总站地区城市快速路下穿

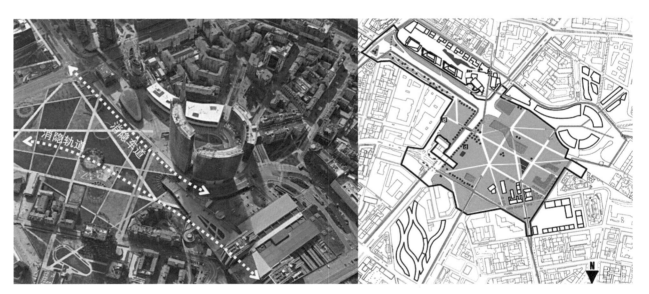

图 6-65　米兰博里加迪火车站地区平面图

2）织补细密路网

铁路站区庞大站房和超大街坊，对车站地区的车行和步行动线形成了空间上的阻断，大大降低了促进城市活力的高渗透性，站区道路组织的独立性以及进站停车带长度等要求满足了交通组织的快进快出，也是带来上述问题的主要原因之一。

城市中高密度区域的街坊尺度在120～150m，适合步行和慢速机动交通，如果快速道路交通组织在非街道层，或是轨道交通分担占优，车站地区就可以通过周边细密路网来形成与城市的共构式互动。因而，在新建车站和站房加建区域，要通过减小站区周边道路尺度、分解站房尺度和街坊尺度等系列手段来编织和修补细密的街道路网，特别是步行的路网，才能达到"站城融合"的目标。

　　芝加哥联合车站，是全美第三繁忙的车站，每年有超过300万的Amtrak乘客和3500万的Metra（省内城际）乘客使用该站，共有24条轨道线，铁路和站台均置于地下，站房分解成两部分布置在南运河街（S. Canal St.）南北两侧街坊，尺度为100m×130m左右，保持了周边城市街道在站区的贯通。沿运河为步行街道，其他的车站周边4条街道为双向4~5车道（含公交/停车带），街道两侧建筑间距在22~35m（包括道路红线和退界）。两个站房内的候车大厅通过跨道路的地下步行通道互通，并接驳靠运河侧的地下铁路站台。车站东侧的街坊为公交枢纽，主要的快速机动交通联系通过东侧两个街坊外的110快速路（W. Ida B. Wells Dr.）和芝加哥河北侧的南瓦克快速路（S. Wacker Drive）实现（图6-66）。

图 6-66　芝加哥联合车站地区的街道网格（下）和快速道路联系（上）

6.3.3 组织地铁为核的步行体系

随着国家铁路系统的不断完善，铁路出行的人群越来越多，接驳地铁将会成为大型铁路车站最主要的低碳换乘模式，从而大大降低对小汽车的依赖。另外，地铁作为市民通勤的主要工具，极大地推动了新城建设和旧城更新的发展。因此，在车站地区合理组织站城共享的地铁站布局，强化站区步行衔接，是站城融合目标下从"快进快出的交通中心"向"城市生活发生器"转型的关键交通策略。

1）站城共享的地铁站布局

我国近年陆续建成的大型铁路枢纽大多引入城市轨道车站，地铁站的布局主要满足集散效率和便捷换乘的需求，较少顾及与城市建设的联动。基于地铁和车站建设时序的先后，出现了"铁路站前区设站""铁路站房内设站"和"内外兼顾设站"三种布局类型（图6-67），如果仅关注铁路车站的集散目标，在目前设置安检的门禁车站情况下，站内设地铁站无疑是最有利的，但要兼顾城市需求、避免市民出行对车站的影响，则其他两种类型更利于站城共享。当车站整体或部分是开放的公共空间，则三种类型都可以实现站城共享。

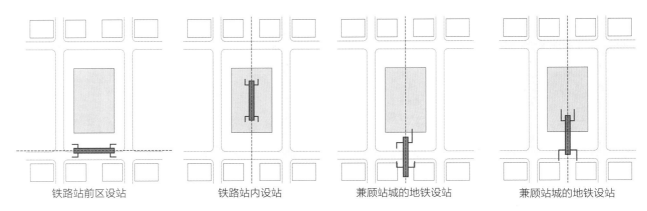

铁路站前区设站　　　　　铁路站内设站　　　　兼顾站城的地铁设站　　　兼顾站城的地铁设站

图 6-67 车站地区的地铁站布局

东京站地区是复杂地铁站网高效发挥综合服务水平的典型代表，由于远距离旅客和通勤者兼备，部分介入火车站范围内的地铁站点（即内外兼顾设站），兼顾城市和车站两方面密集与复杂的换乘行为，其与火车站的换乘距离保持在约150m范围内，并结合步行通道系统外向化蔓延汇入城市空间，保证其既能够实现与火车短距离的便捷换乘，也规避了与火车站内部交通流的相互干扰。站外轨道站点在一定距离范围内散布化布局，与更加丰富的城市功能充分衔接，并相互连接成网，实现站区内大规模的步行网络全联通；对于同样密集的城市人群而言，以火车站为中心向外延伸最远的地铁节点约为450m，轨道系统所覆盖到的步行活动区范围更大，与城市功能的衔接潜力更强（图6-68）。

深圳的福田地铁站作为我国地铁服务水平最高的铁路车站之一，拥有5条线4个地铁站，虽然均在车站之外，但衔接度极高，换乘距离最近在200m内，最远拓展距离约为550m，同时带状布局的铁路站形成对西侧城市商务区的步行覆盖，实现深港15min同城化通勤效应，依托地铁站网形成地下贯通的步行网络构建，并直接连通购物、办公等城市功能场所，成为大范围的轨道生活圈（图6-69）。

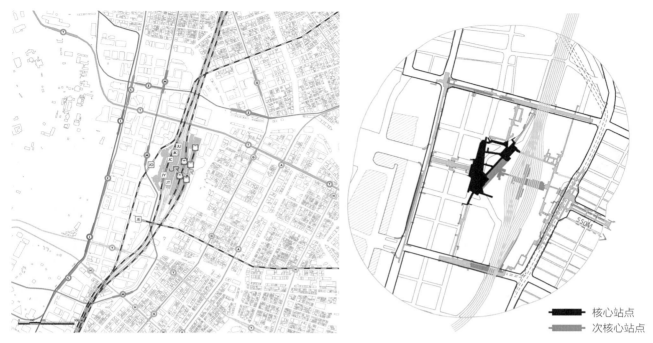

核心站点
次核心站点

图 6-68　东京站地区地铁站与城市地下步行网（左），以及其局部（右）

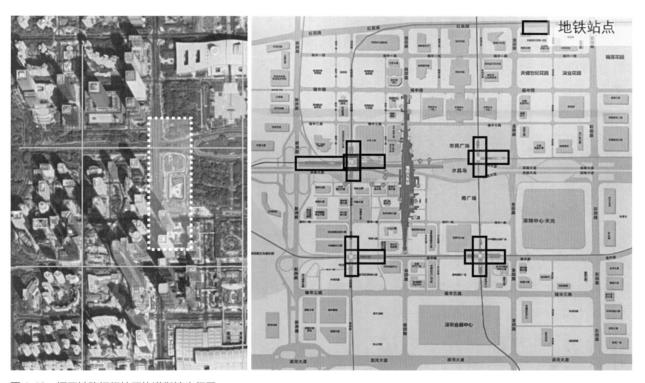

地铁站点

图 6-69　福田铁路枢纽地区轨道衔接步行网

　　应对我国目前的门禁式铁路站房，可以在站外（结合站前广场、道路、建筑）或站内的局部开放区域设置地铁站，并通过地下步行系统连接火车站和其他城市功能建筑，达到站城兼顾而互不干扰的效果。同时，在多线汇聚的条件下，尽量避免多线同站而诱发集中换乘需求，从而导致换乘人群的过度集聚和交叉影响，如能结合多线形成步行距离（100～200m）内的多站分散式布局，覆盖更大范围的步行可达区域激发城市发展，使城市轨道系统与火车站系统互不干扰有序接驳的基础上，达到多站点的站城共享效应。

2）构架站区步行网

地铁站是铁路站区的公共交通核心，需要和车站及周边城市功能发生密切的步行联系。消隐大尺度的机动车道、布局地铁站点等交通策略，都是为塑造高效便捷、宜人活力的步行环境，从而发挥出站城协同效应。强化站区内步行衔接，是站城融合交通策略的最后一环，从旅客出行需求、城市通勤客诉求以及人群使用感知等形成三方面策略：提炼结构动线、链接功能活动、塑造节点场所。

（1）提炼结构动线

站城融合下的铁路站区，存在两种主要步行动线——换乘为主的交通效率型和停留为主的活动体验型。在不同站区，两类动线的占比会有很大差别。从动线特点来看，前者出行目的性强、方向明确；后者注重多样体验，具有间歇却又连续定位的需求。因而，在分析两类步行动线中刚性的起始点和弹性的停留点基础上，归纳提炼出简明的结构性动线，避免过于复杂、曲折、回转等而导致方向认知不明的情况。

日本福冈小仓车站区，是车站和城市功能群高度融合的例子。交通点的布局如高架铁路站在二、三层进出口，城市轻轨站设置在整个车站综合体的核心三层，公交车、出租车等机动交通站点均在地面站前广场，三者换乘的刚性动线和跨越铁路的南北步行需求以及车站综合体及周边商业中餐饮消费、休憩娱乐等弹性动线整合在一起，勾勒出高辨识度而紧凑的主动线立体步行空间——城市通廊（图5-12）。

而荷兰海牙中央车站区，铁路和城市的交通换乘主导了步行活动，除铁路站台外的开放式车站内，充分利用了竖向空间整合了铁路（地面）、轻轨（二层）、公交（二层）、有轨电车（地面）等要素，透明而开放的玻璃盒子集约了"口"字形立体结构性动线，高可视和可达性保证了站内外换乘和城市穿越及停留动线的便捷（图6-70）。

（2）链接功能活动

站区步行网的建立，不仅便捷了铁路与城市的多种交通方式转换，也加强了车站与城市功能的紧密衔接。城市功能如大型购物中心、小型广场、商业街等与车站的相邻衔接，有助于形成车站高峰时刻的弹性集散区，也可以集聚周边城市人群，促进站区真正成为"城市生活发生器"。站区步行网作为骨架体系，除了衔接铁路车站、长途站、地铁站、公交站等目的性交通功能外，更需要衔接商业消费活动、办公商务、酒店会展、文化娱乐、公园休憩城市功能场所，才能获得更好的动线人群支撑，成为站与城融合的结合媒介。

在建的杭州西站地区（图6-71），充分利用铁路站、地铁等，塑造了"十"字形的城市步行街——富有特色的城市云谷，衔接城市广场、酒店、商业、办公等大量城市功能，高效地促进了商务主导的车站客群活动与杭州西部商务发展需求的内在结合。

上海虹桥高铁站区，不仅在车站内有局部开放的地下层城市步行通廊，链接虹桥机场、长途车站、公交枢纽、停车区等，也布置了多种旅行延伸的餐饮、土特产等商业；在站外部分，地下街道还延伸至虹桥商务区，串联了多个街坊中的大型商业中心、餐饮、办公、剧场等城市功能以及国家会展

图 6-70　荷兰海牙中央车站内景

图 6-71　在建的杭州西站地区

中心为主的场馆、酒店等功能，使虹桥高铁站的步行街不仅成为"空铁联运"的步行换乘纽带，也成为虹桥地区商务商业活动的核心（图6-72）。

　　除了建立城市功能的链接外，站区步行系统还可搭载文化、艺术、时尚发布等活动。巴黎市中心的圣拉扎尔（Saint Lazare）火车站在经过改造后，和城市步行系统联通的车站大厅（注：法国铁路站为站台候车，不设候车厅，大厅为公共区域）成为18h开放的步行街，容纳了零售、餐饮、时尚用品等商业店铺和街头演艺活动，在节庆日还成为演出、展览等大众文化的传播地，成为巴黎人记忆中最重要的公共场所（图6-73）。

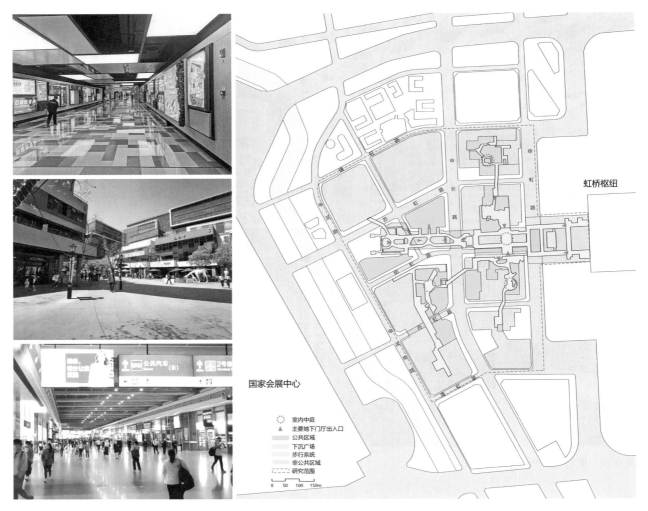

图 6-72 上海虹桥高铁站和商务区的地下步行系统

（3）塑造节点场所

站区步行网的构建中，车站往往是出发点和目的地，而城市的功能区是吸引人群的非交通性目的地。在不同需求的步行移动过程中，节点要成为接驳车站和城市功能区的"引导点"，就需要应对不同站城关系下的步行需求，通过空间认知和体验上的高辨识度，塑造特定的场所，满足步行动线中方位转换、停留观察等行为需求。

作为动线的转换节点，需要对不同转换方向明确的形式认知和标识指引；作为动线的停留节点，则还需要宽敞的公共空间和休憩场所及设施。两类节点功用可分可合，接送客人、动线转换等具有特定目的性且需避免其他活动干扰的节点宜单独设置，而约会点、停留、休憩、打卡等活动具有兼容性，可以整合成有特色的场所。

伦敦国王十字车站区的节点——车站半穹顶大厅（图6-74），通过步行可联通酒店、火车站台、地铁、街道等，帮助在多方向复杂空间中易迷失方向的人群建立清晰的定位和中转，步行通达的二层既是迎向出站旅客的等候区，也是旅客暂留小餐的休息区；具有空间吸引力、视觉冲击的穹顶空间设计强化其场所向心性，成为站区多个动线交汇的核心。

节点可以通过"交通核""城市核"等形式成为步行网中具有高辨识度而易于认知的特色场所，成

图 6-73　巴黎圣拉扎尔火车站大厅城市步行街

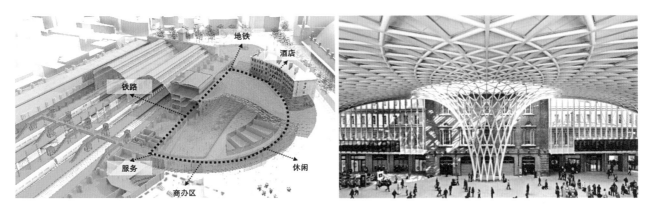

图 6-74　伦敦国王十字车站地区中庭广场组织形成各项人流汇集与转换

图 6-75　荷兰乌得勒支中央车站地区的节点

为站城协同效应的核心而激发城市活力。荷兰乌得勒支中央车站地区（图6-75），构建了"一"字形城市步行网，串联了老城、车站和新城，在穿越车站的主要动线上设置了两处极具空间吸引力与辨识度的节点——站前广场，成为组织站城功能活动融合的核心。南侧位于二层的空中广场，周边除了面向车站主入口大厅，还结合了商业中心、咖啡餐饮等功能，也衔接了一层的有轨电车站和自行车停车库，并通过顶部的圆圈构架创造了"泡泡顶"的场所感，北侧广场也联通了车站出入大厅、商场、写字楼、轨道电车站等，并通过大斜坡台阶营造了类似罗马西班牙大台阶的强烈场所感。

　　节点的场所感并不总是显现在有特色的平面布局中，在紧凑的站区剖面中的空间布局也往往是处理动线转换和认知定位的重要节点。如东京的涩谷车站地区，步行网络在整个三维空间内联通各条轨道、停车场和多个城市功能空间，"城市核"（图6-76）作为形象认知和空间体验上最具辨识度的竖向节点，成为链接多个层面步行网络的核心导向车站，也成为站区中使用频度最高的城市公共空间。

图 6-76　东京涩谷车站地区的"城市核"节点

本章参考文献

[1] Bacon E. Design of cities[M]. requisites，1974.

[2] 夏胜利. 高铁客运枢纽交通流线设计理论与方法研究[D]. 北京：北京交通大学，2016.

[3] 顾卓行. 轨道交通枢纽公共空间模式研究[D]. 成都：西南交通大学，2017.

[4] 张翼军，何杰，李炳林，张平升. 基于圈层结构的高铁枢纽交通集疏运体系研究[J]. 山东交通科技，2019（5）：17-21，25.

[5] 訾海波. 高速铁路客运枢纽地区交通设施布局及配置规划方法研究[D]. 南京：东南大学，2009. DOI: 10.7666/d.y1492764.

[6] 鲁亚晨，何丹恒，冯伟. 高铁枢纽地区的交通空间组织逻辑思考[A]. 中国城市规划学会城市交通规划学术委员会. 品质交通与协同共治——2019年中国城市交通规划年会论文集[C]. 北京：中国建筑工业出版社，2019：10.

[7] 王腾，卢济威. 火车站综合体与城市催化——以上海南站为例[J]. 城市规划学刊，2006（04）：76-83.

[8] 盛晖. 中国第四代铁路客站设计探索[J]. 城市建筑，2017（31）：22-25.

[9] 上海交通指挥中心. 上海门户，枢纽传说——虹桥枢纽十年运行数据解析（上篇）[EB/OL]. 上海交通指挥中心公众号（2019-10-25）.

[10] 简·雅各布斯. 美国大城市的死与生[M]. 金衡山，译. 南京：译林出版社，2005.

[11] [EB/OL]. https://baike.baidu.com/item/%E5%9C%B0%E9%93%81%E8%BD%A6%E5%9E%8B/5556856.

[12] 2020站城融合论坛专家调查问卷.

[13] [EB/OL]. 81.47.175.201/livingrail/index.php?option=com_content&view=article&id=551:vienna-main-station-hauptbahnhof-wien&catid=29:rail-terminals&Itemid=102.

[14] [EB/OL]. http://www.aitielu.cn/141.html.

[15] [EB/OL]. https://en.wikipedia.org/wiki/Den_Haag_Centraal_railway_station.

[16] 王晶晶. 活在地下的城：东京的地下空间利用与立体化设计[J]. 世界建筑导报，2012，27（3）：18-23.

[17] 林岚. 城市步行空间设计提升改造探析——以韩国"首尔路7017"为例[A]. 中国城市科学研究会，郑州市人民政府，河南省自然资源厅，河南省住房和城乡建设厅. 2019城市发展与规划论文集[C]. 北京：中国城市出版社，2019：6.

[18] 李宏. 斯图加特21世纪轨道交通综合体带动城市核心区可持续发展[J]. 时代建筑，2009（5）：72-75.

[19] 曾如思，沈中伟. 多维视角下的现代轨道交通综合体——以香港西九龙站为例[J]. 新建筑，2020（1）：88-92.

[20] 吴亮，陆伟，张姗姗. "站城一体开发"模式下轨道交通枢纽公共空间系统构成与特征——以大阪-梅田枢纽为例[J]. 新建筑，2017（6）：142-146.

[21] Julian Ross. Railway Stations: Planning, Design and Management[M]. Oxford, Boston: Architectural Press，2000.

[22] John Zacharias, Tianxin Zhang, Naoto Nakajima. Tokyo Station City: The Railway Station as urban place[J]. URBAN DESIGN International，2011, 16（4）.

[23] 株式会社建设技术研究所，国土文化研究所[R]. Stations for people - recent developments in Railway Station design, 2013.

[24] 林茂. 新城中心区以交通枢纽为中心的城市设计整合研究[D]. 成都：西南交通大学，2016.

[25] 金旭炜，毛灵，王彦宇. 铁路旅客车站结合城市设计"站城融合"理念探索[J]. 高速铁路技术，2020，11（4）：

17-20.

[26] 日建设计站城一体化开发研究会. 站城一体开发——新一代公共交通指向型城市建设[M]. 北京：中国建筑工业出版社，2014.

[27] 日建设计站城一体化开发研究会. 站城一体开发2——TOD46的魅力[M]. 北京：中国建筑工业出版社，2014.

[28] [EB/OL]. 乌得勒支中央站地区城市更新项目官网（https://cu2030.nl），乌得勒支中央站地区城市设计"结构规划（Structuurplan）"公开文件.

[29] 同济大学建筑与城市空间研究所，日本设计株式会社. 日本东京城市更新经验：城市再开发重大案例研究[M]. 上海：同济大学出版社，2019.

[30] 陆文婧. 轨道交通站域人车路径的模式与分析[D]. 上海：同济大学，2015.

[31] 吴晨，丁霓. 城市复兴的设计模式：伦敦国王十字中心区研究[J]. 国际城市规划，2017，32（4）：118-126.

[32] 何其甲. 当代铁路客运站核心区域步行系统研究[D]. 成都：西南交通大学，2010.

[33] 夏胜利. 高铁客运枢纽交通流线设计理论与方法研究[D]. 北京：北京交通大学，2016.

第 7 章
车站地区的形态塑造

7.1
车站地区的形态构成、问题和目标

7.1.1 车站地区的形态构成

车站地区的形态，由包括车站建筑和周边城市建筑组成的实体要素和公共空间组成的虚体要素构成。车站实体要素，由站房、行包房等主要功能和车站附属办公楼组成，其中部分功能是可以和城市兼容；城市实体要素，即各类非车站功能的建筑，通常有酒店、商业、办公、公寓等；虚体要素指广场、街道、公共花园等空间。站城融合中的虚体要素，如站前广场等，往往是站城之间的媒介，不能简单划分为"车站虚体"和"城市虚体"。

——结构性认知的虚体

公共空间通常是人们感知城市和公共生活的所在，城市中的步行生活也往往是在公共空间中实现。因此，人们对车站地区的格局认知，往往源自车站地区形态中的虚体要素，因而公共空间的构型具有结构性的作用。

——建立意向的实体

实体建筑不仅赋予人们对形态的感受和功能使用的容器，也是围合公共空间等虚体要素的物质界面，站区形态中的实体建筑组织是建立地区意象的重点。

7.1.2 存在的问题

20世纪80年代后快速建设的我国铁路车站有效地解决了我国百姓长途出行的需求，也拉动了区域间的文化交流和经济发展。但大体量、大广场、大马路为特征的车站形态，却带来了"站城分离"等问题。

当前对"站城融合"的热议，其背后的诉求和城市车站地区的发展目标有诸多相似之处，主要聚焦在促进铁路和城市的可持续发展、促进城市的更新和转型发展以及为城市提供更好的生活和工作模式；同时，城市高人口密度也是我国"站城融合"研究主要原因，在车站地区更需要土地的集约和高效利用。

我国的铁路车站经历了多代的演变，保持了和国情相适应的模式，与国外大多采用"利用站台候车、候车厅面积不大、进出站利用同一通道"等的开放式车站模式差异最为明显的是：安检严格的车站门禁区域、大客流候车所需的集中空间、减少人流对冲而设置的进出双通道等（图7-1），因而，"大客流、重安全"等特点不仅需要体现在车站设计上，也要贯穿在"站城融合"的探索过程中。

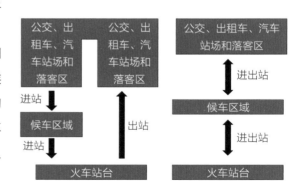

国内典型火车站区域交通流线　国外典型火车站区域交通流线

图7-1　车站典型流线

伴随着国内新一代车站建筑的演进（图7-2），客流组织由平面走向立体。站房、换乘等功能逐步由平面分布转为立体叠加。流线上由原来的同层进出演变为上下分层出入，疏解能力更强，候车区域也由多个候车室变为单个大型候车厅，更为明亮宽敞，与站台联系更加便捷高效。

这一演变过程中，就站房使用而言，用地趋于经济节约，旅客体验更为高效舒适。但同时，车站地区的协同发展，还有诸多未触及的不足之处：①车站地区的建筑密度和强度过低，大广场及其单一的交通或景观功能，使得车站成为与周围隔离的城市孤岛（图7-3）；②专用快速道路切割了与城市的联系，站城间的潜在步行联系未能得到足够的重视，在城市轨道交通欠发达的情况下，为了汽车进出车站的顺畅连接，采用了高架和地面快速路的做法，容易割裂与周边城区的关联（图7-4）；③站房和广场脱离人的尺度，与周边建筑体量反差过大，影响了城市中的人本尺度和文脉延续。中国工程院"站城融合发展战略"研讨会的问卷结果也表明了车站地区形态上的问题：①建筑密度低；②空间使用割裂；③尺度过大；④空间界面

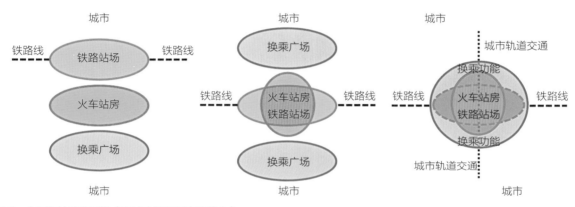

图 7-2　中国车站演变图解（车站功能和形态的整合）

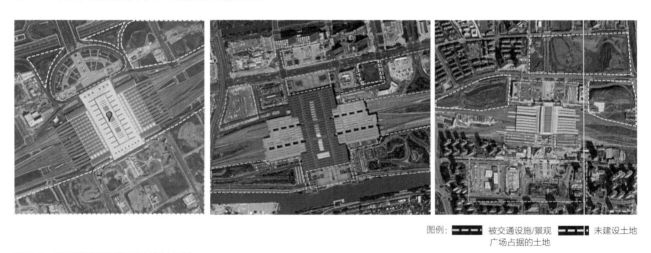

图例：▬▬▬ 被交通设施/景观　　▬▬▬ 未建设土地
　　　　　　广场占据的土地

图 7-3　部分密度较低的国内车站区域

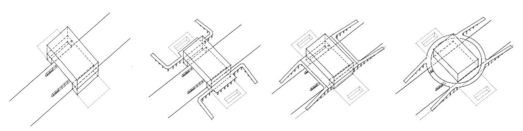

图 7-4　候车厅和城市的机动交通衔接

图 7-5 形态同质化

破碎；⑤形式特征同质化（图7-5）。

究其原因，①国内车站密度低，一方面土地集约利用经济性分析不足，且受设计规范中安全性制约较多，另一方面路地双方的立场和观念差异制约了车站与周边区块的互动开发；②③的产生是因应对"大、长、多、少"①等车站客流现状，采用了宽车道、大广场、大站房等设计策略；在较多的国内车站中存在④⑤现象，涉及以单一建筑而非城市公共空间为主体的设计组织方法带来的缺陷，以及审美单一倾向下的建筑设计创作等（图7-6）。

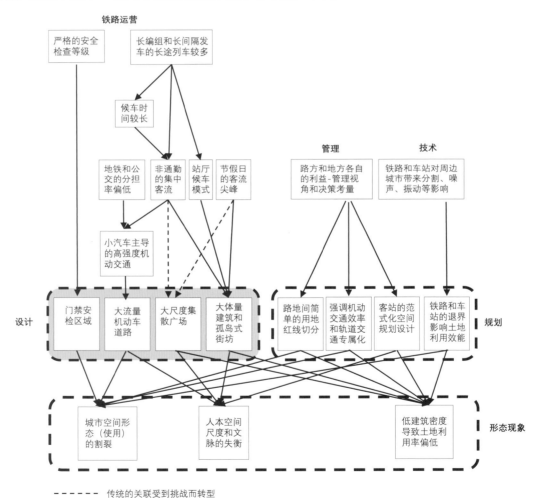

图 7-6 我国车站地区形态形象及其影响因素

---

① 即"旅客多、等候时间长、客流量大、出行经验少"，引自：戴一正，程泰宁，陈璞．"站城融合发展"初探[J].建筑实践，2019（9）：16-23.

7.1.3 面向"站城融合"的形态组织特征

"站城融合"作为车站地区发展目标,依据车站的规模、开放程度和城市经济能级等因素,会产生不同的站区形态,从全球的案例分析来看,主要体现为"站城共构、站城交织、站城叠合"三个层次的组织方式(图3-13)。

1)站城共构模式下的形态

这种模式在车站保持自身完整功能或设置门禁单元的前提下,强化了站与城共同构成街道或广场等城市空间,没有因大尺度的广场、体量或专用道路割裂与城市的关系。美国纽约中央车站、法国巴黎蒙帕赫纳思站、德国汉诺威主车站、日本东京二子玉川站(图7-7)等不同尺度的车站都遵循着这种组织方式,往往具有几个特点:

——空间:车站与城市通过地面或空中的街道、广场形成共构关系,站前空间可以与城市共享,结合步行活动往往形成宜人尺度的小型广场和街道。

——动线:车站大量依托城市轨道交通出入,机动交通(出租车和社会车辆)的出入动线不影响站城共构关系;车站周边的道路为站城共享且不鼓励机动车停车,更看重步行生活。

——尺度:车站临街(可以是空中街道)的体量和尺度可以是地标型,但保持与周边建筑协调,临街边界和其他城市建筑一样,构成了街道的有效围合限定,街道层功能构成街道生活的组成部分,与车站主体可以不同,具有公共开放性。

——管理:车站可以采用封闭管理,形成独立的门禁区域,但不是必要条件。

2)站城交织模式下的形态

该模式通过车站局部的开放,形成站城共享的公共区域,达到同时满足车站安全出行和城市日常公共生活的双重目标,荷兰乌得勒支车站、巴黎圣拉扎尔车站(图7-8)、西班牙马德里阿托查车站、瑞士苏黎世中央车站和我国上海虹桥高铁站,通过精细管理,实现了车站局部开放的站城交织(有限结合)的模式。其特征为:

——空间:在相对完整或采用门禁安保的主体部分之外,车站的局部空间(如站前广场、入口大厅、出站通廊等)可以通过某些空间组织方式,与城市的功能使用相结合,并为车站和城市双重服务。

——动线:步行是站城结合部分的主要动线,强调轨道交通和自行车(慢行)优先于小汽车的动线组织,且考虑轨道交通为车站和城市的双重服务。

——尺度:有限结合的区域更突出公共性,车站开放部分的尺度(如车站大厅等)和周边城市建筑相协调。

——管理:有限结合的区域属于公共空间,而采用门禁安保或相对独立的主体部分,也可设置管理特别通道穿越门禁区域。如果是通勤主导的车站,可以采用市民铁路年卡或城市公交卡,随时通过门禁出入口使用进出站通廊至城市另一端(参照乌得勒支车站),达到城市通廊的作用。

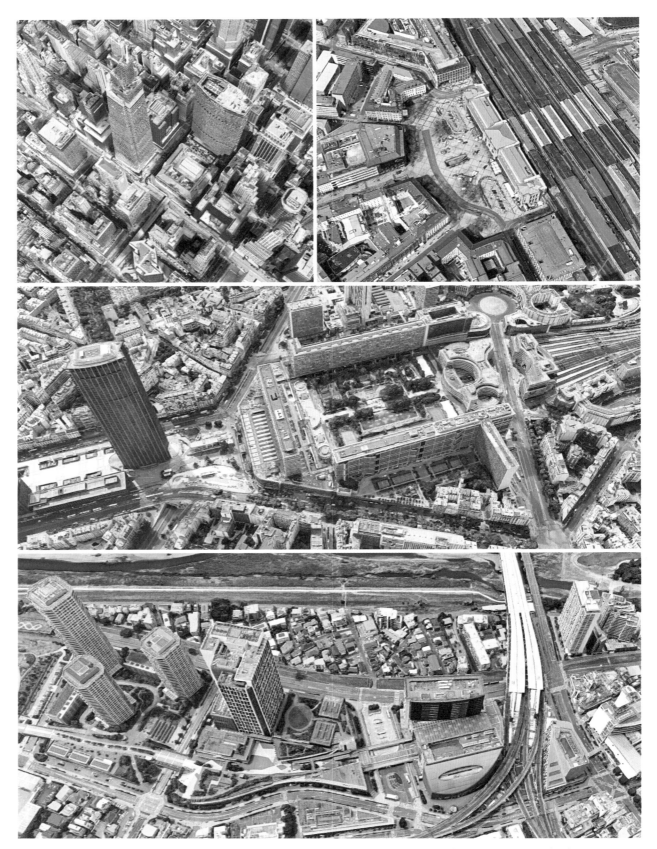

图 7-7　站城共构：纽约中央车站（左上）、汉诺威主车站（右上）、巴黎蒙帕赫纳思站（中）、东京二子玉川站（下）

图 7-8　站城交织：乌得勒支车站（左）、巴黎圣拉扎尔车站（右）（黄色部分为城市公共空间）

3）站城叠合模式下的形态

　　站城叠合，是车站和城市在空间上有所分隔但高度融合，以此来取代土地上的划界。这种类型并不等于车站完全开放，而是将采用门禁管理的车站对城市的影响降至最低，车站和城市在动线和空间上的无感衔接，使旅客在站城无界的舒适步程中完全融入城市日常生活，获得土地利用的高产出。日本东京的涩谷车站和北九州小仓车站是站城叠合的典例（图7-9），该模式下的特征为：

　　——空间：除采用门禁管理或检票出入的车站主体部分（如候车厅、站台）之外，大量的空间为城市服务，城市的功能空间和公共空间在数量上占优。当然，也有车站部分完全开放的情况，如法国南特、里尔、斯特拉斯堡等车站区。

　　——动线：步行是站城叠合的主体动线，认知清晰的结构性动线串联起车站和城市两个部分，且

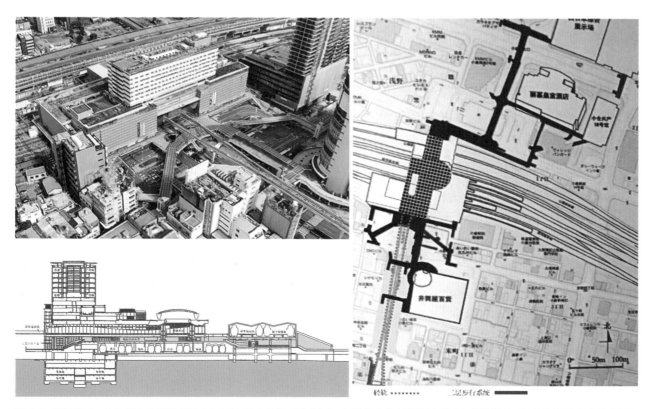

图 7-9　站城叠合：北九州小仓车站鸟瞰（左上）、空中步行系统（右）、车站综合体剖面（左下）（红框为站台区，黄色为城市公共空间）

可形成网络，形成站城的无缝对接，城市轨道交通与车站叠合区域接驳便利，并考虑轨道交通为站城双重服务，汽车动线也可便捷出入，但一般不考虑不鼓励小汽车滞留。

——尺度上，不刻意强调车站部分的个体形象和巨大尺度，而更关注站城叠合后形成的特征性建筑形象，但始终与周边建筑达成协调尺度。

不难发现，"站城融合"形态的三个层次与车站向城市开放的程度有关系，但更重要的是，无论车站作为城市街道、广场的有效边界，还是站城动线的无缝衔接，都体现了以使用者为本的城与站同步规划设计思维，而不是仅限车站本体为考量，也就是说，"站城融合"下形态的本质，是通过车站地区的谋划使之成为城市生活的容器而非单一的交通中心。

应对我国常见的"车站独立管理"需求，为达到"站城融合"下的目标，车站地区的形态组织需要具备以下四个方面的基本特征：A. 高密紧凑的空间利用；B. 结构清晰的形态组织；C. 尺度宜人的形态塑造；D. 步行优先的动线组织。其中的步行主导的动线部分在本书的6.3节"面向站城融合的运动组织策略"详述，本章下文主要侧重在前三个方面。

——紧凑集约的空间使用

置身于城市整体形态塑造的大环境里，意味着车站只是城市功能组合体中的一个要素。紧凑高密的使用，是指车站和其他城市功能在土地利用中，将设计聚焦在实体和虚体空间中的使用活动，通过密切的步行车行动线联系，形成紧凑的建筑形体关系，并共同塑造城市空间，而不是各个要素呈现松散的、各自独立的形态。在经济能级越高的城市中，对车站地区空间的综合利用需求越高，甚至可以突破土地边界限制而呈现在空间使用的立体组合上，即车站作为城市功能要素，可以与其他功能要素如商业、酒店等被立体组织在同一幅土地上，促进车站客流和城市人流（非客流）对车站地区的公共空间、交通设施和混合功能的共享，呈现出更高效率的使用。紧凑集约是"站城融合"的基本特征，但其程度要根据车站的规模和城市区位、能级等进行综合策划评判，不是一个简单的标准和模式。

——结构清晰的空间组织

车站地区是个复杂的城市综合区域，多类型的建筑体和公共空间容易产生方向感不清晰、目的地不明确的迷失感，"站城融合"需要突出建筑和空间组合下对市民和旅客动线的视觉引导，避免空间线索的混乱。这里的"结构"指的是公共空间（虚体）和建筑实体共同形成的空间结构，清晰的空间结构，有利于人们在认知体验中辨识出主要的步行动线，对"站城融合"下车站地区的复杂形态建立明确的空间定位和方向感。

——宜人尺度的形态塑造

大尺度站房建筑、大尺度站前广场以及宽大的站前车道是影响"站城融合"的突出因素，其根源是设计和决策的着眼点更多顾及车站本体的门户形象、强调机动车效率而忽视步行活动的作用。因此，结合已有或未来的建成环境，从城市街道、广场、动线、使用的整体角度来思考站与城的关系，才有可能形成人眼视角下的街道、广场、站房等一系列宜人尺度的整体形态。

7.2
集约——密度提升策略

让车站地区成为紧凑集约的使用状态，是"站城融合"的基本特征。密度提升策略，旨在独立的车站设计模式基础上，探索站区形态在城市界面、土地分划和空间利用等方面的协同发展，凸显车站地区的城市价值。

密度提升策略力图减少以建筑为中心、分块管理开展设计所产生的低效"剩余空间"和大广场、宽马路等专属空间的浪费，提高建筑占地密度，有助于实现空间的紧凑化，提升空间活力。

密度提升策略并不意味着在车站地区都要搞大规模开发，在一些经济能级较低人口较少的车站地区，可以通过缩减车站占地面积、开展低层高密度建设的策略来实现空间的紧凑使用。

7.2.1　城市界面：车站为中心转向城市空间为中心

建筑和外部空间的关系，通常反映在界面的处理上。独立的、与外部无需对话的建筑如小别墅、皇宫等，往往通过硬质的围墙或柔性的绿植作为界面来隔离外部、构筑一个内部世界。我国传统的造城观念如《清明河上图》，非常强调建筑与街道的互动关系，20世纪80年代后的城市建设中，过于强调建筑为中心的身份彰显，忽视了建筑与城市街道的互动关系，出现了不少类型建筑与城市脱节的现象，站城关系的分离正是这种背景下的结果。

作为与城市人车流动密切相关的公共建筑，需要扭转车站建筑只是独立单体的设计和决策思维，从面向停车场、交通广场、大绿化等的车站立面，向能围合限定高品质公共空间的城市界面转变，彰显车站是城市生活积极参与者的身份，这是站城融合的第一步。

观察欧洲极为寻常的车站，如意大利帕维亚火车站，或是繁华热闹的美国纽约大中央车站（图7-10），我们都可以看到一种车站的原型：车站形成了围合城市广场或街道的重要界面，这个界面的主体功能可以是车站的主入口大厅，也可以是街道上的零售、餐饮等。

当代更多的大型城市车站，如美国芝加哥Ogilvie交通中心、瑞士伯尔尼车站、荷兰鹿特丹车站等

图 7-10　城市界面：帕维亚火车站（左）和纽约大中央车站（右）

图7-11　城市界面：美国芝加哥 Ogilvie 交通中心（上）、瑞士伯尔尼车站（中）、荷兰鹿特丹车站（下）

（图7-11），尽管机动交通的出入和城市门户的形象要求更具挑战，尽管有东西方的文化差异和建筑思潮的进化，但仍然坚持抛弃狭隘的建筑为中心观念，强调"为公共空间而在"的理念贯穿在铁路车站的每次新建和改扩建项目中。

　　反观我国当下的车站规划设计，"车站建筑为中心"的设计决策观主导站区，几乎没有探讨车站建筑界面和街道广场等城市公共空间的密接关系，即便在城市设计阶段有不少方案涌现了这些"站城融合"最基本的形态内容，但到了车站单体工程设计阶段又悄然消失。

　　从以建筑为中心转向以公共空间为中心来构建城市界面的设计策略，需要建立在以公共交通和步行主导的车站使用，也需要弱化以土地为边界的权属观和管理界限。

7.2.2　土地管理：从分块到整合

我国的铁路部门和地方政府是两套行政管理体系，势必导致两种目标-利益视角下的车站地区决策观，实际上国外很多城市的车站建设也面临这种博弈的形态演进过程（图7-12）。"站城融合"的目标是路地双方的共赢，而土地和运营管理是这个共赢机制成功与否的基础。

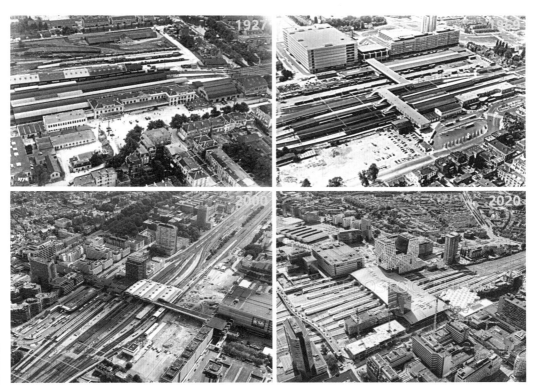

图 7-12　荷兰乌得勒支车站地区多方利益博弈下的形态演进

通常，铁路用地是国家划拨的，铁路系统的建设项目，从站房到行包房、行车公寓、电站乃至更多的车站配套工程都会安排在铁路红线范围内，从长远发展，往往铁路红线会划得更有余地。站前广场和公交、长途、地铁车站等交通设施都属于城市配套，很多情况下，都会各自划分一幅土地开展建设和管理。因而，车站地区形成了各方以土地红线为单位的分块组合，在全国各地盛行，如上海南站、漳州南站、重庆西站等，对站区的规划设计模式带来了思维上的局限，更是因此造成了旅客换乘距离较长，与周边城市街道生活脱离，土地利用低效等一系列结果。

为获得"站城融合"下的车站地区紧凑高效利用，需要转变基于土地的分块管理思维惯性，不仅将车站区的铁路设施集约化，使铁路用地红线划定更加精细化，还需要对站房与城市配套设施进行整合设计，通过立体空间的集约设计提高使用效率，也需要根据各地情况，合理地将城市其他功能，如酒店、商业、办公、展示等，适度地整合到车站地区的一体规划设计中，并通过连续一贯的机制保证实施，形成一个紧凑集约的"站城融合"区。

通过整合不同功用或权属的土地开展精细化的设计和管理，国内外都有成功的案例。我国的深圳北站（图7-13）利用西高东低地形，将轻轨4号线纳入铁路站进站区域，并与城市轨道、出租车等的

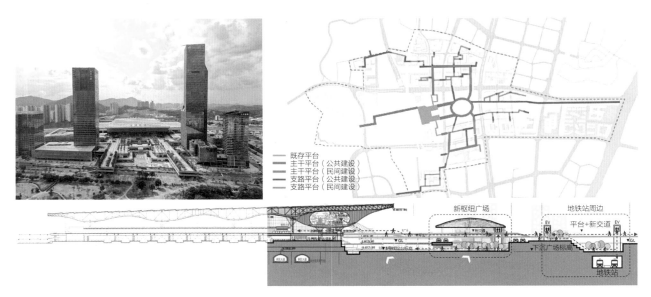

图 7-13　深圳北站：实景（左上）、城市设计方案的二层步行网（右上）、主轴线剖面（下）

换乘中心和餐饮商业区上空整合形成站前广场，两侧布置了立体的公交车和出租车，抬升至二层的空中站前广场也连接了酒店、办公等城市建筑，不仅使旅客的交通转换非常便捷，也激发了高铁和城际列车带动的商务商业需求，大大提高了土地的空间使用效率。

荷兰的海牙中心站（图7-14）在铁路车站内集聚了国家铁路、城市轻轨，并在站台上部设置了公交枢纽，车站沿街界面还可接驳市内有轨电车，车站的端部还有商业和办公塔楼。各种交通方式的换乘都可在50m内完成，出行效率较高，车站地区没有多余的低效和无效用地，彰显了精细化的整体空间设计和无缝管理。

日本北九州的小仓站，不仅容纳了不同铁路公司旗下的高铁（新干线）、国铁、城际和普通列车，还容纳了城市轻轨的终端站，车站综合体少量为车站功能，大多以商业、办公、酒店为主。通过一条南北向24h开放的城市通廊，不但完成了轻轨与铁路的"零换乘"，而且把城市人流和车站旅客流集聚在车站综合体，发挥了较高的经济效应，同时，南北通廊成为城市步行网络的主干，南接市中心商业区，北联码头区的商贸展示中心，成为最重要的活力区之一（图7-9）。

7.2.3　空间使用：从专属到共享

作为交通枢纽，铁路车站拥有严格独立的管理体系，这是讨论"站城融合"的前提。我国大多数的铁路车站，从站房出入口的雨篷投影线就开始划定了管理边界，即专属空间，而为铁路车站配建的公交、长途、地铁等交通设施和站前广场也成为某种意义上的功能专属空间。

站城融合，并不意味着车站所有区域完全向城市开放，而是可以保有适当的车站专属区。如东京的二子玉川站站房并未开放，但通过西侧的二层街道关联了商业、办公、住宅等城市功能。如果车站的局部区域可以向城市开放，缝合铁路和车站带来的割裂，往往可以激发更高的人流聚集效应。纽约大中央车站除了站台区，候车大厅等主要区域都向城市开放，虽然不完全适用于国内实际情况，但车站大厅与地铁、街道的城市步行网衔接非常顺畅，每日有将近75万人次出入车站。巨大的人流极大地

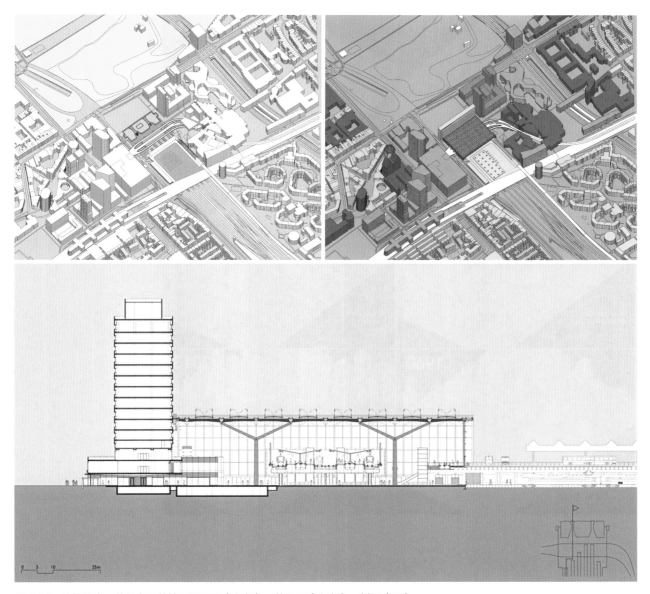

图 7-14　功能整合：荷兰海牙总站二层平面（上左）、总平面（上右）、剖面（下）

刺激了车站周边的土地价值，包括铁路咽喉区、站台区的车站上部和周边街坊以及公园大道两侧，城市（再）开发项目不断刷新高度（图7-15）；而公园大道上的高架车道有效地协调了繁忙的出租车等机动交通和街道生活的冲突；环绕车站的道路下方提供了临街零售店铺，成为街道上友好的生活街面；高架车道小尺度设计并未带来公园大道两侧的城市切割（图7-16）。

　　中央车站作为纽约的门户，如同开放的城市客厅，不仅为搭乘铁路、地铁、公交、机场巴士等不同交通工具的乘客提供便利服务，也让专门到访的游客感受到各种温暖与惊喜：车站大厅俨然成了纽约的门户标志，站内除了约60个商家（包括书店、超市、专卖店等，价格及质量与别处基本没有差别）、35处餐饮以及多个场地，还可满足休憩、购物、私人聚会、小型展览等各种活动需求，如每年圣诞月都由大都会交通博物馆举办火车模型展。

　　上海虹桥高铁站是国内车站局部区域向城市开放的先例。车站的安检口部从常见的站房出入口内

203

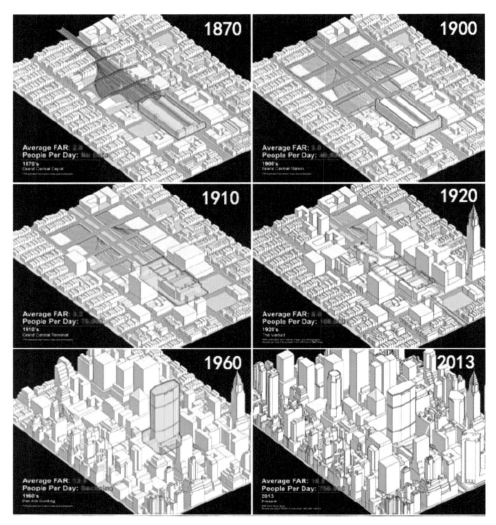

图 7-15　纽约中央车站的容积率和人流量的演变

图 7-16　纽约中央车站实景

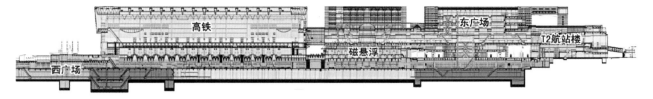

图 7-17　上海虹桥车站剖面（绿色为开放的城市通廊）

退，集中设置在高架候车大厅四周区域，使东西两侧的上下联系门厅和地下的出站通道开放成为室内城市公共空间（图7-17），并与机场、商务区、会展区等周边城市要素联通，形成了"空铁联运"枢纽中串联商务会展功能区的步行系统。地下一层的出站通廊，既汇集了铁路站台到达的出站口，也布置了铁路站台下的城市地铁出入口和众多餐饮商业设施，通廊还向两翼串联了社会车辆停车区、公交车和长途车候客区，以及连接了虹桥机场出发大厅和虹桥商务区的地下步行商业区。四通八达的步行活动使高铁站站台下方的城市通廊成为市民、上班族和旅客共享的室内公共空间。这个从专属的出站通道到共享的城市通廊之转变，经历了不小的争议和疫情下安全管控的挑战，但较高的使用密度和使用效率，切切实实地成为虹桥车站"站城融合"的核心——多种行为需求下的空间活力。虹桥站的局部空间开放共享，只有在城市系统的缜密论证和精细的管理机制支持下，才有可能实现。

虹桥站内的地铁车站，建设初期考虑更多的是地铁和高铁的便捷接驳，随着西侧虹桥商务区的建成使用，早晚高峰占40%强的地铁通勤客流，不得不多步行200m以上，出入高铁站内换乘地铁，如能在规划阶段尝试地铁同时为城市和高铁站共享，就可大大缩短市民出入地铁的步程，减缓铁路车站内的人流对冲。

同样，对于站前广场等专属空间，是否可以将缓冲春运高峰大人流的大尺度广场转换成若干尺度宜人且与城市商业等功能结合的小广场或商业步行街等共享空间，形成兼顾平时和高峰的弹性使用；公交枢纽等交通专属空间是否可以开放其上部或下部空间，形成综合利用，通过塑造"紧凑集约"的整体形态来提高车站地区的使用效率。

在郑州南站（原小李庄站）地区站城一体设计中，笔者团队对部分"专属空间"的共享化做了探索，提出了铁路车站地下站台上部的街道层设置为腰部进站区和公交枢纽，其上二层则设置为城市商业综合体，与车站二层局部对外开放的商业店铺共同构成城市商业步行街通廊，缝合了东西两侧的城市街坊。地铁车站也按铁路和城市共享原则布局，两对出入口分别连接车站和城市下沉广场，兼顾市民和旅客的出行需求，并以地铁站为核心，构建成体系的城市步行网（图7-18）。

结合旅客和市民需求，车站用地内的局部空间开放共享和兼容混合城市功能，可以大大支撑多样性的使用活动和高效率的空间利用，使车站地区从"单一专门的对外交通节点"转化成"复合多元的城市生活场所"——"站城融合"下紧凑集约的步行活动区。日本东京的新宿站、涩谷站、东京站、京都车站，英国伦敦利物浦街车站（图7-19），以及我国重庆沙坪坝站和杭州西站等新型车站地区就是在共享理念下，创造了高密度高强度的商业商务集聚地，成为重要的城市经济引擎区。

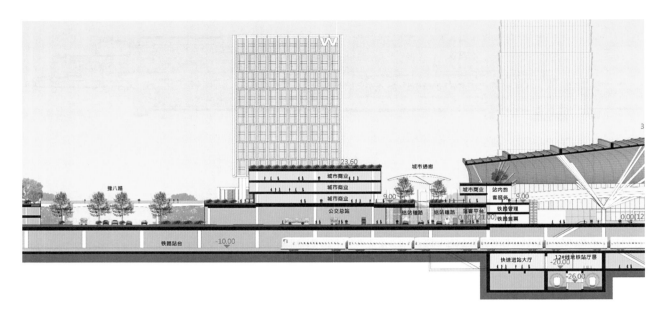

图 7-18 郑州南站（原小李庄车站）地区剖面

图 7-19 日本新宿站（上左）、涩谷站（上右）、东京站（下左）和英国伦敦利物浦街车站地区（下右）

7.3
清晰——结构塑造策略

研究车站地区的形态组织，要解决城市割裂、肌理断裂为表象的"站城分离"问题。其中，如何从人们在车站地区的认知体验，梳理和塑造清晰明了的形态结构，是有效统合原本分离、割裂的多个要素之关键。对于车站地区的多城市要素而言，需要研究"形态组织中的结构"；对于车站这个集聚人流的复杂要素而言，更需要依据车站特点构建与城市间"结构性的连接"。

7.3.1　形态组织中的结构

1）类型 A：由"单线"组织站城

"单线"作为结构来组织站城关系，既可以用于打造城市和车站的对景，又可以沟通被铁轨切割的两侧城市。"单线"一般主要为虚体（空间）构成，由实体建筑群围合。

从形状上分，单线可以是直线为主的几何轴线，也可以是自由曲线。几何形的轴线有视觉秩序，更容易被理解和体验。自由轴线，则有其体验丰富、应用更灵活等优点。日本东京的二子玉川站、荷兰鹿特丹总站、乌得勒支中央站、德国汉诺威主车站等（图7-20）车站地区都是通过"单线"空间来组织站城的整体形态。

图 7-20　东京二子玉川站（左上）、鹿特丹总站（右上）、乌得勒支中央站（左下）、汉诺威主车站地区的站城组织结构线（右下）（黄色）

2）类型 B：由"多线"组织站城

站区内的步行系统，可以作为"多线"骨架协同地面道路来组织站城的形态。日本和北美不少车站区域，利用地铁和轻轨形成了成网络的空中或地下步行系统，步道、通道、天桥等要素结合平台、垂直交通核等连接站城。如日本大阪车站地区、加拿大多伦多中央车站地区（图7-21）。

空中和地下步行系统是在地面交通空间挤压了街道情况下，由地铁或轻轨激发立体化步行的组织

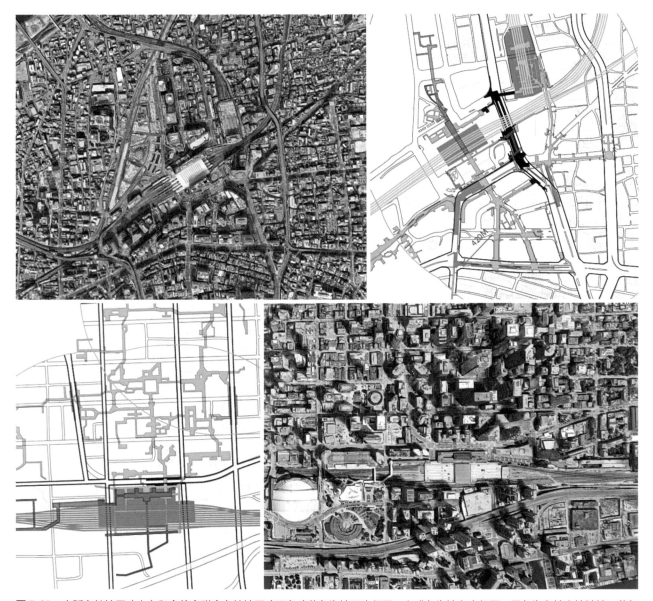

图 7-21　大阪车站地区（上）和多伦多联合车站地区（下）（蓝色为地下步行网、咖啡色为地上步行网、黑色为车站内地铁站、蓝灰色为周边地铁站）

手段，可以处理区域内空间被道路、河流等切割的问题，实现多个城市要素间同层连接，网络状的步行系统因为安全和便捷地连接了更多的城市功能，步行体验也往往较为丰富。

　　这一类型中较为极致的案例如涩谷站，空中共有3层步行系统，加上地面、地下的步行网络，连接了区域内4个火车站和多个地块的多个高层建筑；在网络的多个位置，设置了垂直方向的交通核，强化了垂直交通的空间体验，增强了可识别性（图7-22）。

3）类型 C：由"面"组织站城

　　广场，作为"面"的空间活动节点来组织站城。由火车站和周边的城市建筑一起围合共享广场，城市实体和这个公共空间也可以进行交互，面状的共享广场成为"站城融合"的主要媒介。这种形式是最传统和经典的方式，如意大利的威尼斯站、荷兰阿姆斯特丹南站等（图7-23）。站前广场作

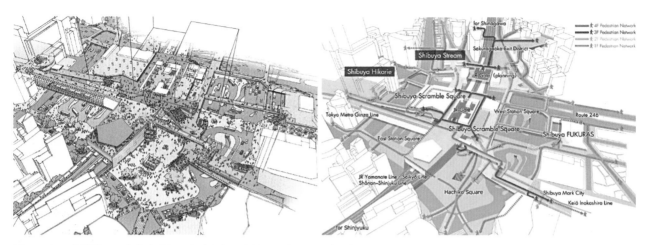

图 7-22　涩谷站地区：空中步道与平台（左）、多基面的步行流线（右）

图 7-23　威尼斯站（上）和荷兰阿姆斯特丹南站的广场（下）

为最基本的"面"状空间来组织站城形态，容易顾及了交通、疏散、景观等基本需求而忽略人本尺度，如法国斯特拉斯堡站、我国上海火车站等（图7-24），也容易忽略了周边的城市业态（街道层商业等）与空间使用的互动，使得"面"仅仅成为形态的视觉中心而不是活动的中心。

为了实现公共空间和车站实体要素的互动，需要解决如围合感不足、机动车道割裂、步行体验不佳等问题，还要结合车站的人群行为、车站的运行流程等进行综合考虑。

4）类型 D：由"体"组织站城

当车站与城市功能集聚起来组成综合体，可以成为站城形态组织中的核心，综合体最初呈现为独立单一的建筑体，随之发展成为建筑集群综合体，如日本京都站、美国旧金山跨湾换乘枢纽、德

图7-24 斯特拉斯堡站（上）和上海火车站地区的广场（下）

国柏林中央站、法国欧洲里尔车站等（图7-25）。作为典型的日本京都站（图7-26），车站与城市的商业、餐饮、演艺等多个功能结合，内部的空间体——中庭成为组织包括车站在内的所有功能要素的线索，站和城完全融合在一起，功能要素的高度结合，增加了商业的人气和候车时的乐趣，实现了站城功能使用上的共享共赢。

图7-25 日本京都站（左上）、美国旧金山跨湾换乘枢纽（右上）、德国柏林中央站（左下）和法国欧洲里尔站综合体（右下）

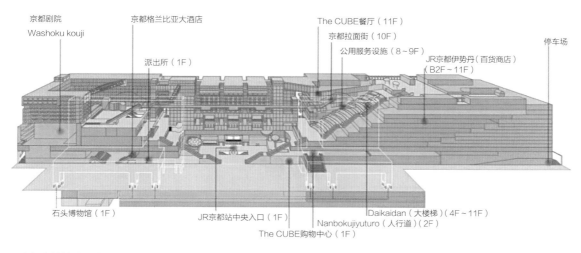

京都剧院
Washoku kouji　　京都格兰比亚大酒店　　The CUBE餐厅（11F）
　　　　　　　　　　　　　　　　　京都拉面街（10F）
　　　　　　　　派出所（1F）　　　　公用服务设施（8～9F）　　JR京都伊势丹（百货商店）
　　　　　　　　　　　　　　　　　　　　　　　　　　　（B2F～11F）　　停车场

石头博物馆（1F）　　　JR京都站中央入口（1F）　　Daikaidan（大楼梯）（4F～11F）
　　　　　　　　　　　　　　　　Nanbokujiyuturo（人行道）（2F）
　　　　　　　　The CUBE购物中心（1F）

图7-26　京都车站城市综合体的功能构成

7.3.2　结构性的连接

为达到站城融合之目标，在车站地区的形态组织中，特别需要研究车站与城市的连接以及铁路两侧城市的相互连接，这两类连接是基于城市动线的需要来组织的。其中机动化的城市动线在前述第6章有所介绍，而基于步行动线的连接往往是为了更好地衔接车站与城市，以及缝合铁路带来的割裂。

这里采用"城市基面"这一概念，用来指代城市空间中人们活动的主要平面，如城市广场和公园、主要的街道平面、商业街平面等。多数情况下，"城市基面"也可以简单理解为"地面"。因为人的活动往往在水平面上展开，过多的高差转化不适于步行体验。我国车站建筑中，候车厅的面积占据了站房的大半，是乘客在站房内主要的活动、停留空间。因此这里用城市基面和站房基面，作为城和站的代表，将上述的两个融合目标简化为：铁路两侧城市基面的连接以及城市基面和站房基面的衔接。

1）铁轨两侧城市基面的连接

铁路两侧城市基面的连接，是跨越铁路缝合城市并修复市民步行流线的基本需求。之所以强调市民的步行流线，是因为间隔1～2km的跨铁路道路连接密度对机动交通影响尚可接受，而铁路两侧的市民步行活动要求更密的联系，步行人流也带来更高的区域活力和公共性价值。穿过铁轨区的连接通道有轨上和轨下两种方式，对应于铁轨和城市基面的3类关系，具体的4种组织形式罗列如下（图7-27）。

（1）高架铁路

铁轨和站台在空中，地面可以设置步行（A）、自行车通道，轨下空间可以进行适当的利用。不过高架下的空间品质常常不高，空中的铁轨本身也可能会成为破坏景观的要素，噪声、光线等影响也会更明显。车站站房本身沿铁路线长达300～500m，很多车站在站房外侧设置穿越铁路的步行通道，但也有结合车站设置城市通廊。如鹿特丹中央站中，利用具有门禁的进出站通道，市民可以通过刷公交卡，免费穿越车站完成日常联通南北的步行需求（图7-28）。

（2）地面铁路

铁轨在地面时，城市基面被切断，可以通过轨上步道（B1）或轨下步道（B2）连接两侧。无论步

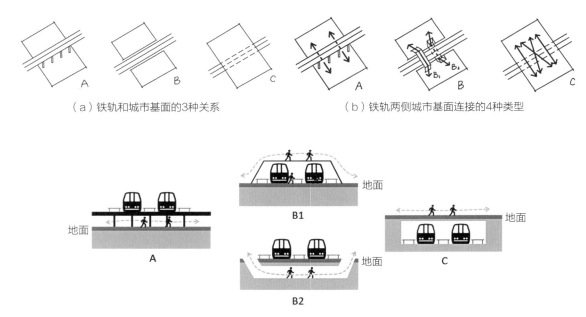

（a）铁轨和城市基面的3种关系　　　　　　　（b）铁轨两侧城市基面连接的4种类型

（c）铁轨两侧城市基面连接的4种类型（剖面）

图7-27 铁轨两侧城市基面连接的 4 种类型

图7-28 鹿特丹中央站的剖面（上）和兼顾进出站的城市通廊（下）

道架起或下穿，单纯的步行通道往往体验不佳，若能在功能上结合商业、文化、休闲设施，在空间上结合平台、广场、交通核等，甚至连成网络，则能改善城市人流穿行的体验。

　　轨上步道（B1），如日本东京新宿站、荷兰乌得勒支中央车站、我国深圳北站等设置了专门的人行天桥，其中乌得勒支中央车站从站区发展框架就确定要结合车站设立跨铁路城市步行通道，建成实景可见轨上步道在高架候车厅一侧设置，并接驳两侧广场，步道上还提供座椅供市民休息、眺望铁路站台和往来穿梭列车（图7-29）。

　　轨下步道（B2），上海南站、上海虹桥站、日本东京站等采用这种地下通道方式。东京的新宿站地下通道结合商业店铺，并接驳城市步行系统，形成网络（图7-30、图7-31）。

公共（产权）空间
- ■ 步行/自行车者
- ┈ 自行车道、城市走廊
- ■ 汽车和公共交通
- ■ 水
- ■ 桥，确切的位置/待定

私人（产权）空间
- ■ 建造地点包括私人的室外空间
- ■ 步行区
- ← 中心轴线的步行路线
- → 其他步行路线
- ■ 空中通道

图 7-29　乌得勒支中央车站的步行通廊：车站地区发展框架（左）；建成实景（右）

图 7-30　上海南站的地下步道实景（对应右图黄色区域）和地下一层平面

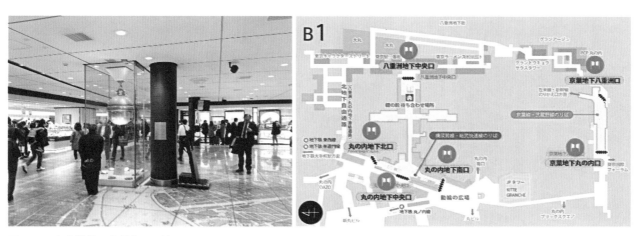

图 7-31　东京站地下步道实景和地下一层平面

（3）铁路下沉

铁轨埋入地下，对城市街道层的步行和车行动线影响最小，虽然铁轨下沉带来很多难题如城市管线、地铁埋深、防暴雨内涝等，相应的设计、施工难度和建设成本增加，但作为百年大计，不少城市如纽约、巴黎、伦敦等在100多年前就展开了铁路下沉的宏伟计划，也有部分城市已经和正在将城市基面抬高来获得类似铁路下沉的效果，如芝加哥、墨尔本（图7-32）、布鲁塞尔等。在初期，下沉的铁路上建设跨越的桥梁来连接两侧道路，如今更多的铁轨下沉区域常常在兼顾日常步车通行需求同时，建成公园、广场等公共空间和城市项目。如纽约的哈德逊编组站地区（Hudson Yards）、巴黎的左岸计划街区（图7-32）、伦敦利物浦街车站地区（图7-33）和我国北京副中心通州站地区（图7-34）。

2）城市基面和站房基面的连接

城市基面和站房基面的连接主要涉及铁路旅客的步行流线，其来向是多元且有主次的。城市基面可以是室外的（图7-35），如车站与城市共享的站前广场、步行基面、公园等；也可以是室内的，如站前商业空间的中庭、基准平面等。我国刚建成运营的嘉兴站中，就打造了地下的进站广场，可以视为第一城市基面，其上方有城市广场和公园，是第二个城市基面。

图7-32 墨尔本地区（左上）、巴黎左岸地区（右上）、芝加哥千禧公园区（下）的下沉铁路

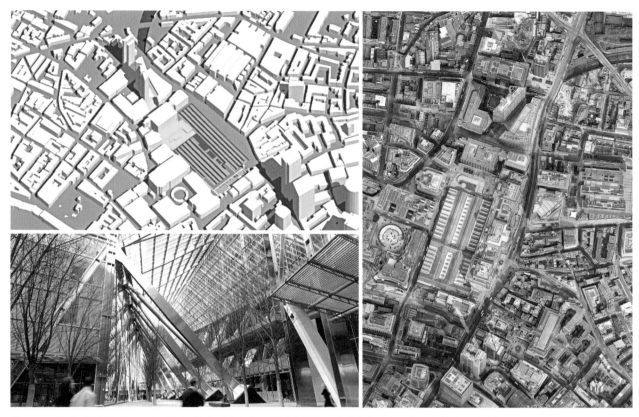

图 7-33　伦敦利物浦街站：下沉铁路和城市（左上）、轨道上的高层建筑中庭（左下）、车站地区（右）

图 7-34　北京城市副中心通州站方案：剖透视图（左）和效果图（右）

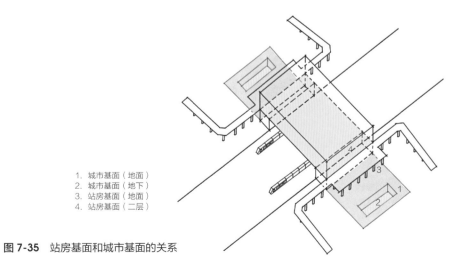

1. 城市基面（地面）
2. 城市基面（地下）
3. 站房基面（地面）
4. 站房基面（二层）

图 7-35　站房基面和城市基面的关系

我国早期的线侧式站房，与地面广场的联系紧密，既与城市基面衔接自然，也没有破坏景观的高架快速路。高架或地下站房，一般情况下，站房主入口如能结合地形改造后的空中街道或空中广场，或是与下沉城市基面发生关联，在站城的结构性连接上具有优势。行为上和视觉上的贴近，让乘客可以获得铁路站台和城市生活的信息，以及更佳的旅行体验。

（1）双重连接

双重连接是指既要便于站房和站台的连接，也要利于铁路两侧城市的沟通。大多数车站要获得铁路两侧城市的出入，通常是通过两侧的站前广场衔接线侧站房或线上（下）站房，但门禁管理的车站容易造成城市分割。在铁路上方修建道路和广场，强化城市道路、通廊等连接空间带来的形态组织，不仅可以实现利用铁路上部建设站房的空间效益，获得站房内部候车与站台的直接联系，也可以获得站房与外部城市街道的良好视觉和通达关系，如瑞典的斯德哥尔摩站、东京的新宿站、瑞士伯尔尼中央站、德国柏林Gesundbrunnen站等（图7-36）。

采用了轨上道路连接两侧城市，弱化了铁轨对城市的切割，但跨越道路会带来相对于火车站区域的"过境交通"。尤其是当车站的主要出入口开向这一道路方向时，可能会产生站城车站与城市交通流线之间的干扰，因此面临大流量穿越交通时，需要考虑设置局部车站专用车道或鼓励地铁为主的大运量公交出行。

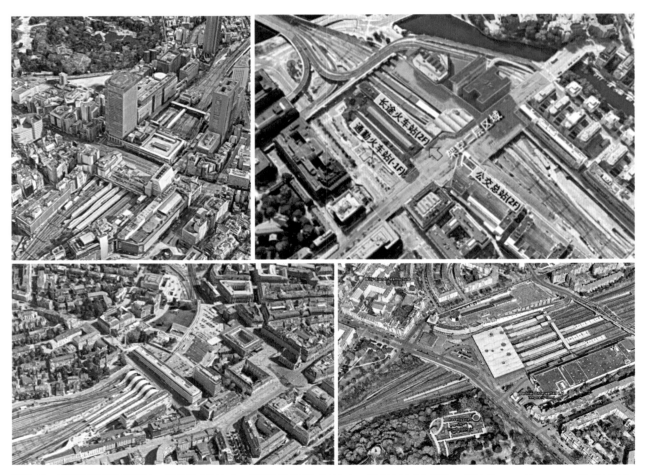

图7-36 道路横跨铁轨的车站：新宿站（左上）、斯德哥尔摩站（右上）、伯尔尼站（左下）、柏林Gesundbrunnen站（右下）

（2）地形重塑带来新连接

当铁路设置在地面而不得不面对其带来的城市切割，地形重塑往往可以带来形态组织的新思路。通过规划和场地处理，改变基本的铁轨和城市街道等场地关系，从而进一步调整车站地区站房和站台、站房与城市的关系，实现站房和城市基面同层等目标。通过车站地区中局部场地（室内或室外）的抬高或下沉，获得更为直接的视线和行为通达关系（图7-37），如在荷兰的乌得勒支中央车站，城市步行动线经过长缓坡和大台阶自然地引到二层站前广场，不仅直接连通站房的候车区，也跨越了地面铁路，通达城市另一侧（图7-38）。

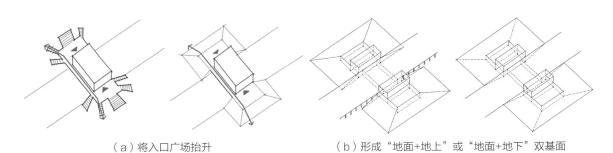

（a）将入口广场抬升　　　（b）形成"地面+地上"或"地面+地下"双基面

图 7-37 地形重塑带来的形态组织

图 7-38 乌得勒支中央车站的地形重塑：剖面（上）、东侧广场（左下）、西侧广场（右下）

2021年建成的嘉兴站，运用了"双基面"的策略，将地面的城市基面（公园和文化功能的老站房）与地下的车站基面结合在一起，完成了公园-文化功能的老站房和跨铁路的城市连接，以及地下站房与地面站台的便捷通达，形成一个小型车站下特殊的"站城融合"（图7-39）。

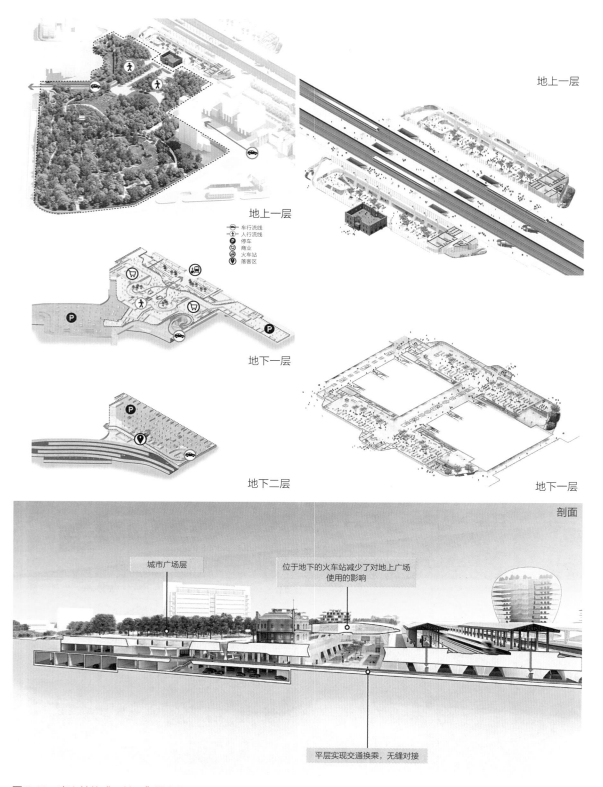

图 7-39　嘉兴站的"双基面"带来的形态组织：地上一层和地下一层、二层（上）、剖透视图（下）

7.4
宜人——尺度调整策略

车站地区的形态中，站与城的建筑体量和尺度上存在协调和对比两种形态组织思路。车站建筑和周边城市建筑的尺度关系如果接近，则视觉形态上是协调的，若体量大小相差悬殊，则形态上是对比关系。协调和对比并无优劣之分，只要适合场地都可采用，但除了相对大小之外，两者各自的绝对尺寸也很重要，影响着人们的实际体验。建筑物如果太大，易产生步行距离过长、绕行、尺度失真等问题；空间如果太大，也容易产生空旷单调等问题。

7.4.1 尺度与地标打造

车站是城市的重要公共建筑，是旅客来到一座城市的第一站，往往代表着城市的门户形象，因此无论是建筑外部形象，还是车站的外部环境或内部空间，都可能成为城市的地标，代表着地方文化和精神所在。

在国内外众多车站中，凸显站房建筑造型成为地标打造的重要手段，如我国的苏州站、重庆西站、随州南站等以及法国里昂的圣艾修伯里火车站（机场站）、葡萄牙的里斯本东站等，采用独特的站房建筑形象、趣味的形体和精美丰富的细节，给人留下深刻而独特的印象（图7-40）；为了将地标尺度适合人的体验尺度和场所环境，也有强调车站的某个局部形态特征，如苏州站的屋面构架、荷兰鹿特丹中央车站的进站大厅、乌得勒支中央车站的站前广场；此外，打造车站地标不局限在车站站房本身，还有通过结合车站区域的城市建筑形态如办公楼、商业综合体等来打造地标，如伦敦桥站的碎

图 7-40 随州南站（左上）、苏州站（右上）、里昂圣艾修伯里站（左下）、里斯本东方站（右下）

片大厦、巴黎蒙帕赫纳思车站的高层塔楼、东京涩谷站的办公大楼、杭州西站的云门等（图7-41）。

在具有悠久历史和特色形态的古老车站地区，保留和凸显原有的精美老站房建筑，弱化或消隐加建站房部分，反而能突出车站区地标的文脉和历史感，如我国的哈尔滨站和嘉兴站、英国伦敦的国王十字车站和利物浦街车站、日本的东京站等（图7-42）。

图 7-41 鹿特丹中央站（左上）、乌得勒支中央车站前广场（右上）、杭州西站地区（左下）、伦敦桥站和碎片大厦（右下）

图 7-42 哈尔滨站历史影像和复原设计（上）、伦敦利物浦街车站（左下）、东京站（右下）

图 7-43　比利时的安特卫普站（上）和美国的芝加哥联合车站（下）

对城市地标的认知还来自有特色的场所，如比利时的安特卫普站，在性能提升、功能现代化的同时，为了保留原有的精美站房，采用立体化策略，新增的2层铁轨埋入地下，多层站台间设置中庭，维持了车站区域亲切的形态尺度。芝加哥联合车站也属这类情况，作为芝加哥最繁忙的客运枢纽站，华丽堂皇的车站大厅成为认识芝加哥的第一站（图7-43）。

2021年"中国站城融合发展战略"论坛上，在对包括中国国家铁路集团有限公司和地方政府领导以及多个铁路站场设计单位专家等的综合问卷中，在关于站房是否应该成为独立地标的问题上，多达71%的人认为铁路车站不一定需要是地标。因此将车站建成单一的地标式的体量之诉求在今天的中国，也不再是唯一和主导性的（图7-44）。

车站的体量尺度问题，会因为车站的规模变大而更为突出，站城融合中尤其需要考虑人的体验。

6. 大型铁路车站应该是？（单选）

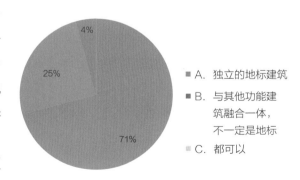

■ A. 独立的地标建筑

■ B. 与其他功能建筑融合一体，不一定是地标

■ C. 都可以

图 7-44　关于铁路车站是否该独立成地标的问卷结果

7.4.2　化解巨构尺度

站城融合协同发展需要建立人与站城的协调关系，即在行为联系上是紧凑的步程距离，从认知体验上是主次鲜明但不失人本尺度。因而，车站地区的尺度构建，首先是紧凑的步行区，也就是200～600m为宜的步行尺度；其次是视知觉层面的尺度，避免过于单调缺乏细节的形态，建立与周

边建筑协调的整体环境。

目前，我国的铁路客站形态越来越趋向"航站楼化"，即：由于大量停车需求而设置的长停车带，使得立面成为巨构尺度，配合为交通集中设置的大广场，这种形态组合似乎已成为一种范式。铁路客站由于和城市的关系极为密切，因此，不能简单地在形态处理上"类航站楼化"，成为尺度与城市环境脱离的建筑孤立体。虽然在反对千篇一律的形式和倡导"站城融合"发展的呼声下，站城形态的组织有了一些新的思路，但建筑巨型化、空间尺度超出人体感知，这些方面仍然有很大的改善空间。从这种形式的根源和人的体验出发，我们提出以下的思考：

（1）弱化机动交通组织对大尺度形式感的影响

虽然，目前在特大城市的主要车站中，城市轨道交通出入的比例在不断提升，如上海虹桥高铁站的轨道交通集散比已达旅客总量的近60%，小汽车和出租车组成的私人交通方式控制在36%以下（图7-45），轨道交通出入比例超过虹桥机场。但大量的城市铁路站地区，在相当长的由私人机动交通主导向大运量公共交通主导的过渡期内，需要面对机动交通组织对车站地区的影响。这是我国目前发展的客观事实，但并一定导致大尺度形式。

消隐和分解机动交通，可以弱化机动化为主导的形态推演，让建筑师更关注步行人群的视觉和旅行活动体验，让车站地区的环境尺度从以车为主向以人为主发生转变。

深圳北站的机动车动线分解是个值得学习的例子，虽然其立面尺度仍然在大广场的

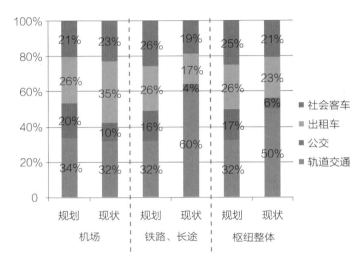

图7-45　上海虹桥高铁站的交通出行占比

配合下，扮演着城市门户的超级形态；日本东京新宿车站，是全球客流最高的车站，地铁的分担率确实很高，但仍有相当数量的小汽车集散需求，分层设置和环形停车带，有效地控制了广场和建筑的尺度，而后续的改造将更加强化步行体验，弱化私人交通对环境影响；荷兰乌得勒支中央车站的客流是其全国最高的，日到发旅客近20万，比肩我国的特大站。通过有轨电车最优布局、分解小汽车的动线和空中广场和街道基面的设置，消隐了小汽车的影响，车站建筑几乎没有正立面，与周边建筑26m左右的高度相比，50m×60m的宜人尺度广场同样成为城市的门户和地标场所。

（2）形态的分形和组合

车站建筑由于规模容量巨大，很难将其尺度化解，但仔细分析车站功能，通过内部空间的细分且外化到整体形式上，是可以适当地在尺度上降维处理的。

意大利米兰中央车站，是法西斯时期建设的国家项目，意在形成国家的形象标志，尽管如此，建筑师利用了古典的三段式处理，用大量的细部分解了体量，也化解了大尺度立面带来的视觉不适。我国哈尔滨车站和嘉兴站，虽然尺度小了许多，也是同样的分形处理，获得了精细的视觉体验。当代的建筑，需要借鉴传统的语法结合时代性来创新。荷兰鹿特丹铁路总站，为6台18线，日发送旅客13万人的规模，建筑师并没有将整个车站作为造型单元，而只是把出入口大厅与地铁站的车站出口结合，

图 7-46　米兰中央车站（左上）、嘉兴站（右上、左下）、鹿特丹中央车站（下中、右下）

形成一个形态要素来加以重点处理，在周边高楼林立的环境中，适宜的体量造就了令人印象深刻的地标形象（图7-46）。

　　在站城融合的目标下，车站本体会越来越注重与城市功能的结合，车站综合体往往可以通过全新的形态组合来化解尺度，形成耳目一新的形象。法国里尔车站综合体，虽然在新建片区，但车站的沿街尺度和环境协调宜人，同时，轨上办公区"靴子"的形象很快成为印象深刻的地标门户；日本东京涩谷车站，由于车站和其他城市功能的高度叠合建设，已经没有传统的车站痕迹，反而是综合体强调不同功能盒子的竖向叠放，造就了新车站区概念；我国深圳西丽车站地区的城市设计中标方案中，将车站主体与城市步行动线组合设计，分解了大体量，与周边环境非常协调。即便是单个超大尺度的车站综合体，也可以通过多因素加入的设计弱化其尺度。如京都站，通过将建筑立面做成若干个体块，使其和周边建筑较为融洽（图7-47）。

　　在可见的未来，随着安检技术的智能化和土地价值的不断提升，站城融合的目标也会直接和间接地投射在车站地区形态的组织上，庞大的车站体量和简单化模式处理的设计将不再适应城市和铁路发展的需要，而站城功能体的分形和重组形态处理可以有助于思考如何塑造车站地区的宜人尺度。

　　（3）宜人广场

　　宜人尺度不仅来之于建筑的处理，也和车站的广场有很大关联。我国不少案例中（表7-1），超大尺度的广场不仅大大减低土地的利用效率，更是破坏了整个车站区的旅行体验和城市感知。对外部空间的尺度把控，是建筑师和城市设计师的基本素养，但不少项目中，站前广场尺度是由小汽车和公交站场的需求来确定的，也和站前广场用于最高聚集人数疏散的计算有关，这里暂且不去讨论疏散空间的面积如何通过"弹性布局"来分解。但这个尺度的确定较少顾及旅客和市民的步行感受，虽然这源自小汽车主导的车站设计方法，但也与对高品质广场的尺度失控有关。

图 7-47 欧洲里尔站（上）、东京涩谷站（中上）、深圳西丽站方案（城市设计）（中下）、京都站（下）

大型站前广场规模统计 表7-1

广场尺寸	武汉站	武昌站	南京站	南京南站	济南西站	杭州东站	杭州站	合肥南站	福州站	福州西站
面宽（m）	550	250	220	450	460	330	210	210	110	400
进深（m）	200	120	160	220	110	130	150	180	70	220
面积（hm²）	18.8	4.4	7.8	11.1	11.1	8.7	2.43	3.72	3.88	14.2

　　良好的广场品质，既要考虑平面的尺度，也和围合广场的建筑或景观界面有关，甚至也要考虑顶盖的影响。站城融合下的站前广场，更适合成为城市和车站共享的广场，而非车站独用的，所以需要建立车站和城市建筑共同围合形成这个空间的环境观念。日本东京的东京站（245m×90m）、

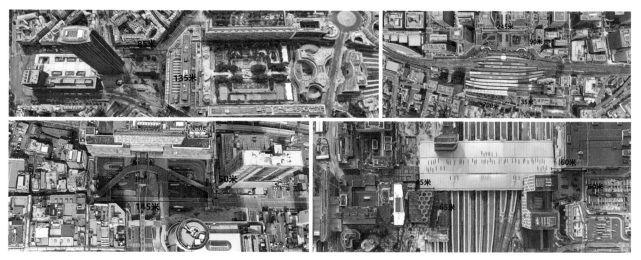

图 7-48 法国巴黎蒙帕赫纳思站（左上）、日本东京的东京站（右上）、福冈的小仓站（左下）、荷兰乌得勒支站的广场尺度（右下）

新宿站（120m×80m）、小仓站（145m×50m）、京都站（180m×70m），荷兰鹿特丹总站（100m×80m）、乌得勒支中央车站东广场（50m×60m），法国巴黎蒙帕赫纳思站（135m×85m）等，都是这个设计观下形成的广场空间。其中，不少是结合为交通组织设置的交通广场。例如日本福冈的小仓站，地面主要供小汽车和公交用途，旅客和市民则是通过由二层通廊来集散；又如日本东京的新宿站，下沉为主的站前广场主要为组织出租车、私家车和公交车服务，大量旅客人流则通过地下通道接驳地铁、商业以及空中步道接驳相邻的城市建筑等。当然，也有专门为行人服务的步行广场，如荷兰乌得勒支中央车站南北两侧的前广场，南广场不到60m见方的尺度，和周边3~4层高的建筑匹配，且有圆圈图案的广场透光顶棚限定，形成了非常宜人的尺度。而巴黎的蒙帕赫纳思车站的站前广场主要是交通环岛式的城市广场，车行和步行式混合，这里是城市空间结构的重要节点（图7-48）。

上述几种不同使用功能的广场，尺度把控是有效的，最大不超过100m是能看清人轮廓的尺度，最小也在40~50m左右，属于适宜停留、喝杯咖啡看看人来人往的尺度，较少有200m以上的空间。因此，车站及车站综合体建筑，需要推敲如何协调广场的大小及周边建筑文脉，成为站城融合的公共活动中心。

很多情况下，车站作为城市的门户，要有一定尺度的体量和形式，这种需求在世界各地的建设中都存在，需要甄别远观、中观和近观不同尺度下的地标身份，通过不同视距下的形态尺度处理，提供人本体验下站城形态协调的解决策略。

本章参考文献

[1] The Urban Land Institute. A Strategy for the Regeneration of the Utrecht Centraal Station Area. [R/OL]. (2005-5) [2020-01-14] https://nrw.nl/wp-content/uploads/2019/06/Rapport-ULI-Utrecht-2005.pdf.

[2] Transformation Processes of Large Railway Stations in Europe: when Urban Quality is directly related to positional value[A]. International Conference on Whole Life Urban Sustainability and its Assessment, Glasgow, 2007.

[3] Sebastiaan de Wilde. Rail estate, multiple use of space and railway infrastructure[D]. Utrecht: Movares Nederland B.V., 2006.

[4] Peters, Deike & Loukaitou-Sideris, Anastasia & Eidlin, Eric & Colton, Paige. A Comparative Analysis of High-Speed Rail Station Development into Destination and Multi-Use Facilities: The Case of San Jose Diridon[R]. MTI Report, 2017: 12-75.

[5] Piet Rietveld. The accessibility of Railway Stations: the role of the bicycle in The Netherlands[J]. Transportation Research Part D, 2000, 5(1): 71-75.

[6] PIETERS J. Dutch railways looking into building homes above train tracks[Z/OL]. (2019-7-10) [2020-01-14]. https://nltimes.nl/2019/07/10/dutch-railways-looking-building-homes-train-tracks.

[7] NIKKEN SEKKEI, KABUSHIKI KAISHA. Integrated Station-City Development: the next advances of TOD[M]. Tokyo, A+U Publishing Co., Ltd. 2013.

[8] M.berghauser Pont, P. Haupt. Spacemate: the spatial logic of urban density[M]. Delft: Delft University Press, 2004.

[9] LUCA B, TEJO S. Cities on Rails: The Redevelopment of Railway Stations and Their Surroundings[M]. Routledge, 2005.

[10] Lynch, K. A theory of good urban form[M]. Cambridge: MIT Press, 1981.

[11] 谷凯. 城市形态的理论与方法——探索全面与理性的研究框架[J]. 城市规划, 2001（12）: 36-42.

[12] 侯雪, 张文新. 不同空间利益主体对高铁站点建设与规划的影响研究——日本、荷兰和中国的对比[J]. 城市发展研究, 2018, 25（9）: 142-146.

[13] 董春方. 密度与城市形态[J]. 建筑学报, 2012（7）: 22-27.

[14] 盛晖. 站与城——第四代铁路客站设计创新与实践[J]. 建筑技艺, 2019（7）: 18-25.

[15] 张俊杰. 综合交通枢纽站城融合的研究与实践探索[N]. 建筑时报, 2019-08-05（8）.

[16] 中国铁道建筑总公司. 从一代到四代 中国铁建铁四院打造中国铁路客站新样板[Z]. 2017.

[17] 叶宇, 庄宇, 张灵珠, 等. 城市设计中活力营造的形态学探究——基于城市空间形态特征量化分析与居民活动检验[J]. 国际城市规划, 2016（1）: 26-33.

[18] 李松涛. 高铁客运站站区空间形态研究[D]. 天津: 天津大学, 2010.

[19] 庄宇. 要素和关系——当代城市设计实践中的议题和思考[J]. 时代建筑, 2021（1）: 16-21.

[20] 韩冬青, 冯金龙. 城市·建筑一体化设计[M]. 南京: 东南大学出版社, 1999.

[21] 付小飞. 虹桥综合交通枢纽后评估（初步报告）[R]. 2020.10, 华东建筑设计研究总院.

[22] 陆文婧. 轨道交通站域人车路径的模式与分析[D]. 上海: 同济大学, 2015.

[23] 肖诚, 叶君放.从交通枢纽到城市活力核心——以深圳北站枢纽地区城市设计为例[J]. 当代建筑, 2021（7）: 136-140.

[24] 龚维敏, 盛晖. 深圳北站[J]. 城市建筑, 2014（2）: 46-53.

[25] 戚冬瑾, 等. 公法与私法配合视角下的城市更新制度——荷兰乌特勒支中央火车站地区更新过程的启示[J]. 城市规划, 2021（5）: 92-102.

第 8 章

站城融合下的
价值创新

8.1
资源和潜力

8.1.1　铁路车站地区人流聚散的价值优势

城市由人组成，人的活力就代表着城市的活力，人的创造力就代表着城市的发展潜力。铁路车站及周边地区作为人流大量和快速聚散的城市公共场所，如果能够将人的优势充分发挥出来，将对城市的发展产生深刻和长远的影响。

铁路车站为城市人口的出行服务，在前往和离开车站，以及候车的过程中，旅客会产生购物和休闲等需求，催生车站的配套服务，其中就潜藏着经济效益。当铁路车站形成较大规模和达到较高质量的商业配套，也会对周边的住民产生吸引力，甚至吸引较远城区和邻近城市的人群通过铁路交通专程前往，从而形成以车站为中心的城市综合体乃至大型商圈。电影院、剧场、博物馆、科技馆、各类培训机构等文娱场所纷纷入驻，人们可以在此进行购物、交际、娱乐、休闲等多种活动。多元的生活场景提升人们的愉悦感，刺激了丰富多样和高层级的消费欲望，提升了商家收益，形成良好的经济循环，又进一步带动了车站地区城市环境的全面提升。

充分发挥车站的人群聚散优势，调动其消费和产业潜能，是车站地区充分发展的最优解；反之，车站如果不能与城市达成协调发展，那么会导致铁路和车站建设投入的回报低下，土地空间等资源价值得不到体现，对城市的发展作用不大、甚至造成阻碍。我国的铁路车站人流量巨大，在车站的停留时间较长，却普遍很少消费或者只进行最低限度的消费活动；除个别车站地区（如虹桥高铁站的虹桥天地商圈）以外，大部分车站地区都尚未形成规模化和高质量的城市商业体量。当前，"高铁经济"成为时兴高频词汇，城际高速铁路和城际轨道交通被纳入"新基建"范畴中，体现出国家和社会对利用高铁和城际铁路拉动经济增长的高预期。然而，各地打造的高铁新城大多是利用高铁概念带动车站周边的土地价格抬升和房地产开发，没有将车站的人流利用起来真正和车站形成互动，也难以围绕车站形成有影响力的城市商圈。我国车站地区的形态模式有待进一步研究，发展潜力尚需进一步开发。

8.1.2　需求层次的提升与铁路车站地区的转型

根据马斯洛的需求层次理论[1]，当人在满足了较低层次的需求，如生理需求和安全需求之后，会开始追求更高等级的需求，比如爱和归属感、尊重和自我实现。随着社会经济发展水平的提升，世界上各大城市市民的基本的生理需求已得到满足，开始追求更高层次的体验与享受。现代人的需求层次的升级，一方面表现为需求内涵的提升，比如，同样是吃，低层次的需求仅仅是果腹，高层次需求就对食物的品质和用餐的环境有了要求，甚至重点不再聚焦于食物，而更注重于其附加的社交价值和社会属性，借此宣告个人的品位、地位等；另一方面表现为需求的内容和范围的极大拓展，除了必要的吃穿住行，人们越来越多地从事非必要性的、精神层次的活动，并且越来越精细化和小众化，如看电影、观展、涂鸦、健身、做手工、逗宠物、亲子游戏、电子竞技等，人们的选择多样且自由，从中获取精神满足、审美提升和自我充实。当下城市中兴起的各类商业综合体、创意园区、特色街道和"网红"景点，正是迎合了当代人们越来越高的需求层次，创造出越来越异彩纷呈的城市生活。

铁路车站地区的转型与人们需求的升级是保持一致的。

1）简单上下车场时期

19世纪初，铁路刚刚从矿石运输的用途改为客运用途时，运速不快，安全性不佳，乘坐环境也恶劣，搭乘铁路的人群以矿工和沿线工人为主，铁路车站仅为运输沿线的简单的上下车场所，只有最基本的站台和雨篷（图8-1）。最早出现在城市中、服务于旅客的铁路车站多选址于土地价格相对较便宜的城郊，不同的公司各自设站，通过马车接送市区的旅客和沟通换乘，交通十分不便。

图 8-1　1865 年明信片上的利物浦布罗德格林火车站（Broad Green Railway Station）

2）城市门户时期

19世纪中叶的铁路技术改进，在欧美的城市中心区出现了真正为普通市民所用的旅客车站，具备完整的站厅；20世纪铁路迎来了大发展，各国通过新建、联合、重组等方式在城市中心区或中心区周边修建了一系列维多利亚式的宏伟瑰丽的铁路车站，成为进入城市的门户，继而引入地铁、公共电车等公共交通从而成为综合的交通枢纽；东亚的最早的一批车站同样是在这个时期由欧洲国家在开埠城市修建，具有鲜明的殖民色彩，文化与象征意义浓厚。

为了满足旅客出行和铁路员工日常使用的需求，车站内部和周边自发出现了零星的商品售卖和基础的食宿服务，有些逐步形成规范化的市场，车站地区成为新的中心城区。但一直到20世纪中叶，大部分铁路旅客的经济水平和消费能力都是有限的，铁路车站地区的环境和服务质量并不高，简单的商业配套从属于交通功能，无法支撑起更完整、丰富的业态系统。与此同时，庞大的站房和轨道也造成了城市空间分化、交通动线混杂、犯罪率飙升等问题。

3）城市综合体和街区化时期

二战后，世界进入了一个长时间的相对和平时期，经济复兴，技术进步带来了社会的空前繁荣和居民生活水平稳步提升，人们对于衣食住行的需求，不再停留生理和安全的低层次，表现在铁路出行上，要求得到更为安全便捷的出行体验和温馨、舒适的服务，愿意也有能力支付更高端、周全的服务溢价。欧美日等国从1960年代开始，陆续修建了高速铁路，铁路运载效率以及乘坐体验得到提升，也带动车站建筑的翻新，车站逐步从交通综合体转变为城市综合体，庞大的候车厅转化为开放的多功能场所，入驻了多样化的城市功能，如电影院、博物馆等。车站内部空间的使用效率提高，并逐步开始实现与城市空间的融合，车站地区也进行了新一轮的城市更新，经过交通动线整改，街区空间得到重塑，人居环境质量大为提升，除了原有的餐饮住宿等，居住、办公、商务以及为之服务的各类日常城市功能都出现在了车站地区，呈现出交通出行与城市生活交融的新局面。这种转变使得铁路车站地区重新成为城市发展的重心和城市生活的中心，利用强大的人口集聚效应实现土地和空间价值的抬升，并促使城市产业功能布局转型。典型代表有巴黎火车北站、里昂站、京都站、东京新宿站、大阪站、柏林中央火车站等。

4）系统整合时期

随着人们的需求更加精细化和差异化，铁路网上的不同车站之间开始有了符合各自定位的演变方向。位于城市中心的繁忙车站，与繁华的城市街区相融合，形成城市中最具竞争力的焦点地区、城市时尚生活的风向标，也成为人们出行的目的地，比如曾经作为东京玄关口、位于东京核中心的千代田区的东京站，通过丸之内历史建筑的修复与改造、八重洲口和日本桥口的再开发，平衡了历史保护与商业开发之间的关系，打通了车站与街道空间的联系，使东京站成为旅游、玩乐、聚会的目的地（图8-2）；位于城市边缘的铁路枢纽，则通过充分调动人流优势，带动周边城市的建设，人气逐步提升，形成新城甚至是新的城市副中心；城际和城郊铁路上的中小车站，则与本地社区和独特文化相结合，发挥成本优势，吸引人口从市中心回流，也吸引一部分企业和投资。不同车站发挥其不同的优势，支撑不同规模的产业，是避免同态过度竞争，促成系统性站城融合的关键。

图 8-2　东京站

我国大范围修建高速铁路是在2000年之后，发展非常迅速，同时也带动了大批铁路车站的改建与新建，这些车站建筑形象美观、设施完备，差旅配套的水准也很高，但就整个车站地区而言，还是以交通出行为主。有些车站周边的确也新建了大量办公与住宅建筑，但却往往由于功能的单一化和配套的不足导致人流惨淡、房产空置。观念的转型是车站地区转型的前提，对人们需求的认识不足是造成车站地区发展滞后于城市其他区块发展的根本性原因。

很长时间以来，我国的铁路车站都仅仅作为一个交通节点而存在，周边地区建设发展不足、环境脏乱差、业态低端、品质低下、秩序混乱、治安不佳。在固有的观念中，无论是政府，还是普通民众，都尚未意识到车站地区的人流聚散潜力，想不到车站也可以成为一个经济和文化繁荣的城市区域。然而，铁路和经济的发展、城市土地资源的紧张、人们的需求层次提升等多方面因素，均要求车站地区做出转型。国外的TOD理论和站城一体开发实例给我国的车站地区的发展提供了理论依据和案例支撑，但国外的经验与我国本土国情的结合过程仍旧会出现许多的问题，需要理论与实践并重、实事求是和变革创新同步推进，才能解决这些问题，将我国的车站地区建设水平提升到一个更高的层级。

总之，站城融合是新时代的发展战略，不再像过去一样仅仅关注量的问题，片面追求地产增值、产业增加，更重视的是质的问题，通过城市空间与产业的优化布局和车站地区空间与服务的质量的精品化、精细化、人性化，达成更为良性的发展路径。

8.2
节点和场所的价值

8.2.1 铁路车站的二元属性与节点—场所模型

铁路车站既是交通网络中的一个节点，又是城市中的一个公共场所，其节点属性主要体现在其与其他城市及地区的交通关联上，而场所属性主要体现在车站及周边地区的城市功能中。这两种属性同时存在正负相关：正相关的一面是，网络节点高可达性为城市活动提供关键需求，城市场所的高密度活动也为运输网络提供必要支持；负相关的一面是，高密度使用可能会阻碍交通基础设施的扩展，而高可达性也不利于宜居性[2]。

Bertolini（1999）建立的橄榄球形的节点—场所模型（the node-place model）[3]被广泛应用于评估车站地区的发展情况（图8-3）。x轴代表场所价值，y轴代表节点价值，根据在坐标系上的不同位置区分五种类型的车站地区：①平衡：节点和场所价值相当且相互支持，是最理想的状态；②从属：交通设施和城市功能都很少，开发缺乏必要性；③压力：交通设施和城市功能过多，互相争夺空间，可能导致冲突和混乱；④失衡节点：交通设施发达但城市功能很少；⑤失衡场所：城市功能聚集但交通设施不足。对于任何一类车站地区来说，加强交通要素整合以提高流动性和丰富城市功能以提升地区活力都是重要的主题，但会根据具体情况有所侧重。

对于节点—场所模型，对价值的量化以获取其坐标分布是关键所在。车站的节点价值往往采用可达性作为测算指标，计算方法有潜在可达性、加权平均旅行时间/成本、日可达距离和重力模型法等。其中，潜在可达性是计算交通节点区域可达性应用最为广泛的一种方法[5]。场所价值则表现出多样性，它可以由空间的实际使用决定，如工作机会和居民数量，也可以由房地产的租金水平等来确定。M. Van Bakel（2001）的研究中，衡量节点价值的可达性标准由铁

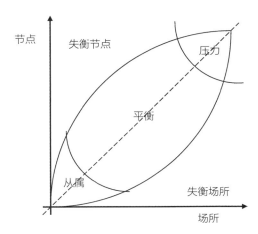

图8-3 节点—场所模型[4]

路、公路的连接类型和数量决定；衡量场所价值的是活动强度，即节点3km半径范围内的居住和工作活动总和[6]。

8.2.2　节点价值与场所价值的关系

在平衡的状态下，节点价值和场所价值是相互依存且互相成就的：交通优势为场所的营造带来人流资源和发展动力，良好的场所则促进地区发展，加强地区吸引力，反过来提升节点价值，获取双向的收益。但在失衡的状态中，二者反而互相牵制：以节点价值作为参照，过低的场所价值意味着车站带来的庞大人流未能转化为车站地区的收益，良好的交通条件反而加速了人流从该地区疏散，过多的交通基础设施可能还降低了地区的人居环境质量；过高的场所价值则意味着该地区的交通条件未能跟上发展需求，车站地区的外向辐射作用不足。正确认识和分析车站的价值潜力、协调节点与场所之间的关系，应成为车站地区建设和发展方向的决策依据。

铁路车站的节点价值的决定性因素是站点所在的区位。越是城市密布、经济发达的地区，就会产生越频繁的经贸往来和人员流通需求，从而发展出交通连接数量众多的大型车站；此外，在有多个铁路车站的城市中，各个车站在城市中的位置和定位也影响了其节点价值的高低。

铁路车站的场所价值依托于其节点价值，在铁路运速提升、运量加大的背景下，车站潜在的场所价值也在不断地提升。然而，这种潜在的价值能否凸显出来，很大程度上取决于车站与城市的融合程度。孤立和封闭的车站缺少与城市的互动，大建筑、大广场以及机动交通的阻隔令周边市民难以抵达，使用者仅限于旅客和车站的工作人员；缺少能让人驻足、交往、休闲、购物的公共场所，除了少量基础和低端的商业配套以外，业态种类匮乏，人们在车站从事的活动仅仅与交通出行相关——购票、安检、候车，行进线路固定，目的单一，极少出现自由选择和自主行为，就无从产生额外的经济及其他效益。与之相对应的，与城市进行互通互融的车站，引入丰富的城市功能与业态，作为城市中的一个公共场所而存在，既能够满足旅客较高层次的需求，也能吸引周边地区甚至其他城市的市民前来，铁路车站的空间得到充分的利用，经济、文化、社会、环境等形成正向反馈和良性循环，场所价值得以体现。今天，在讨论铁路车站地区，尤其是我国铁路车站的价值时，主要关注的其实就是场所价值的相对不足。

8.2.3　车站的价值潜能与适度开发

车站的价值潜能与所在地区经济发展、城市建设和市民生活水平状况息息相关，只有当车站的定位与城市发展的水平和市民的需求相适应时，才能发挥出最大的价值。在发达地区城市获得成功的站城关系模式，无法被欠发达地区的车站地区所复制。非枢纽性质的车站平时人流量有限，人群消费能力也有限，如果片面追求超出城市发展限度的高大上，反而会造成资源浪费，回报难以与巨大的投入相匹配。现如今，全国各地新兴的大大小小的高铁新城往往在远离城市中心的郊外拔地而起，打造"会展中心""高端商务"等概念，鲜少看到与本地经济文化和社会风貌真正契合的规划和设计，也就无法把概念真正落实，带动地方经济发展。

图 8-4　延冈站

地方车站的建设与改造，应理性地选择一条集约、精准、特色化的道路。以获得"2020日本建筑学会奖"的宫崎县延冈市延冈站改扩建项目为例，乾久美子建筑设计事务所设计改造完成后的车站建筑体量平易近人、灰空间匀质合理、交通立体组织、城市功能适当介入，促使延冈火车站成为振兴中心城区和开展各种市民活动的热闹场所（图8-4）。我国的车站建设需要走出片面追求恢宏尺度和巨大空间的误区，就要求在建设及开发前，进行充分的市场调研和论证，对城市产业经济的发展做出预判，对居民社会构成、生活水平和需求层次有所认知，从而做出稳健和周全的策划。

不同地区、不同规模的车站之间，虽然存在价值的高低差异，但并无高下之分。市郊通勤车站虽然站线数少，交通组织简单，但是它们承载着上班人群的往来，是整个铁路交通和城市公共交通系统中不可或缺的一环，这在铁路通勤系统发达的日本东京都市圈体现得较为明显：为了追求更好的生活环境和更低的居住成本，大量上班族选择居住在东京非中心区乃至郊区，从而产生了"二八定律"，即占总里程20%的轨道交通，承载了80%的交通需求。位于通勤线路沿线的车站地区往往依托通勤车站人群量大、总量稳定的优势来打造高品质、生活化的商住街区，吸引城市中心的产业和人群"逆流"，从而获得较好的回报。典型案例有东急电铁公司联合地方开发的二子玉川站街区，不仅给车站所在地区带来了话题度和新的城市活力，也使得东急电铁公司成为所有私营轨交企业中，每公里旅客收入最高的一家（图8-5）。二子玉川站类型的市郊车站与同属东急电铁的、位于东京副都心的涩谷站开发模式具有显著的差别，涩谷站属中心区枢纽节点型开发，二子玉川站属田园居住（郊区居住）型新城开发，两者的开发主体、强度、时长和辐射范围不一样，但都是适合各自实际情况的开发方式（图8-6～图8-8）。

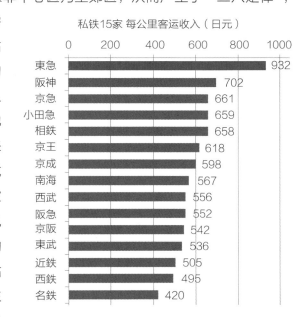

图 8-5　日本 15 家私铁企业客运每公里收入排行（含票务收入与其他铁路物业营业收入）

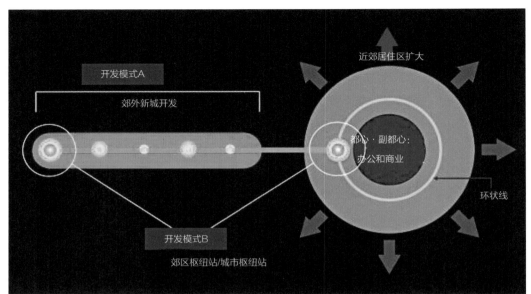

图8-6 东急电铁TOD
开发的两种模式
田园都市为开发模式
A，涩谷站街区为开
发模式B

图 8-7 二子玉川站
街区

图 8-8 涩谷站街区

8.3
站城融合带来新价值

8.3.1 新需求下的车站地区

车站地区的发展变化与城市的发展密不可分。商品经济时代，出于低成本生产的需求，物流便利的车站地区成为城市的生产资料和商品集散地；随着铁路运输对经济增长的促进作用增强，客运业务日益扩大，车站地区出现了少量的商店和酒店以满足工作人员和旅客吃饭、睡觉等基础生理需求，带来了潜在的商业机会。城市经济时代，基于社会空间分异的空间结构出现，工业主导的车站地区环境恶劣，地位衰退。然而随着生产力进一步发展，市民的基本需求得到满足，有了更高的追求，城市进入了消费经济时代，越来越多的铁路车站扮演起了商业建筑物的角色；通过对车站地区存量空间的再开发来振兴城市、提振消费、拉动经济增长，成为现如今发达国家人口较为集中的城市的热点城市开发和改造项目，也成为我国车站地区发展的启示与风向标。

当代那些成功转型的车站，已经不再仅仅是一个交通枢纽，而是综合了交通出行、商业购物、公共社交空间和文化艺术空间的城市生活容器。建筑密集、尺度宜人、空间融通、业态丰富，人员流动频繁且高效、行为和选择多样化。一些综合性、标志性的大型铁路车站中出现了博物馆、剧院、植物园等场所。随着城市的进一步演变，铁路车站地区也会出现许多新的可能，比如充分地与当代网红经济、体验经济、共享经济相结合，如伦敦的国王十字车站，由于J. K. 罗琳的魔法小说《哈利·波特》和风靡全球的同名商业电影的影响，吸引了大批游客专程来此来逛主题商店，并且在模仿电影里的情节拍照之后，上传社交网络；又比如，车站利用其公共场所和人群集聚优势，成为社会运动与新思潮传播的场所，如荷兰乌得勒支中央车站举办"Duurzame week"（可持续周）活动，旨在向市民宣传绿色可持续发展，提高市民的环保意识，设置了3个可以边荡秋千边为手机充电的装置（图8-9）；原本只是临时性的装置，由于太过受欢迎而被永久保留。这些新的城市社会生活现象，大大拓展了车站地区的价值内涵。

在我国，车站地区，尤其是城际车站，在新型基建背景下，将会出现更多新机遇。"新"体现在以下三方面：一是新在技术，城际轨道交通有大量新技术、智慧技术的应用，包括轮轨的新材料应用、实时供电充电的模式、自动的运行和控制系统，等等；二是新在空间，中国正在谋划面向现代化的中心城市与城市群建设，都市圈加速兴起。城际轨道促进形成新空间，新空间为城际轨道提供用武之地；三是新在投资主体，预计会有更多民营企业进入轨道交通上中下游的各个环节、各个行业领域[①]。铁路车站地区的城市建设与和5G网络、大数据和人工智能相结合，可用于自动安检、辅助定位、一站式导引等，有可能掀起车站地区城市空间形态的新革命。

图 8-9 乌得勒支车站可持续周秋千充电装置

---

① 城际轨道：新空间蕴藏新机遇[EB/OL]. http://news.cnr.cn/native/gd/20200426/t20200426_525068690.shtml.

8.3.2 站城融合创造新的价值

西方高铁引入市中心带动金融商务等高端功能开发属于城市更新和产业更替的内在要求，是政府通过高铁强化城市中心地位、拉动中心房价回升从而增加财产税收的需要[7]。在我国，站城融合的经济战略意义是通过国家和地方政府引导的基建项目拉动投资和产业增长，获取良好的回报。站城融合能够带来多方面的价值，体现在以下方面。

1）交通价值

交通价值是铁路车站最原初的价值。无论在历史发展的哪个阶段，包括伴随着小汽车和空中巴士的交通方式兴起的铁路车站的衰弱期，铁路交通运输所带来的快捷和大量的人员、技术和资本要素的流通，都是其他运输方式所无法比拟的。尤其在欧洲、日本和中国这些地区和国家，铁路是中长途旅行中的重要方式，甚至也覆盖了很大一部分1h左右的短途旅行。

但是，交通价值难以孤立存在，单一交通价值的最大化并不带来车站整体效益的最大化。比如，对于一些重要的枢纽车站，过于庞大的交通系统和配套基础设施，可能会占据过多的空间、降低环境质量，车站地区纯粹为交通服务而在其他方面的竞争力下降；又比如，换乘的快捷和便利能带来高效率的人员流动，但也有可能加速了人员的疏散，缩短了人在车站地区的停留时间，仅仅依靠铁路车票和差旅中简单的餐食销售，难以收回铁路前期建设和后期运营的巨大成本，更无从谈及盈利，在现代商业和一些机场建筑中，往往通过延长行经路线来获取更大的商业利益，但是对于人流量巨大、往来频繁的车站，片面通过降低通行效率来获取商业利益的方式并不可取。因此需要考虑交通与整体效益之间的动态平衡，既提供便利通行的条件，又要提供高品质的空间和多样化的选择。站城融合有利于加强车站与周边地区的联系，提升旅客在车站地区停留的意愿，并且增加旅客在车站地区的生产和消费活动。

我国过去不计成本地投资铁路这类基础设施，是为国民出行和民生服务的，大部分铁路运营都在亏损状态，虽然对于沿线经济增长和产业升级有促进作用，但铁路系统本身也应将扭亏为盈作为目标。国外的站城共同和一体化开发的诸多先例为我国提供了参考，促使我国车站地区从单一交通价值向多种价值维度转型。2014年国务院办公厅印发的《关于支持铁路建设实施土地综合开发的意见》明确了铁路车站周边区域采取综合开发与多种经营相结合的方式，达到铁路整体经济效益的提高以及旅客服务水平的提升[8]。

2）经济价值

经济价值是车站地区各参与主体最直接的利益所在，也最能直观地体现站城融合的价值。其他价值往往会通过经济价值呈现出来，并通过经济回报而获得再发展的动力，比如：交通的开发、运营者获取收益后，将更有余力改善交通条件；车站地区的商家获得了实际收益，才有可能提升对未来的预期，从而扩大投入、提升产品或服务的质量，满足市民更高的需求。

站城融合战略的提出，本质上是我国城市经济建设和产业升级的重要组成部分。2018年国家发展和改革委员会、自然资源部、住房和城乡建设部和中国铁路总公司等联合发布的《关于推进高铁站周边区域合理开发建设的指导意见》指出高铁车站周边开发建设要突出产城融合、站城一体……大城市高铁车站周边可研究有序发展高端服务业、商贸物流、商务会展等产业功能，中、小城市高铁车站应合理布局周边产业，稳妥发展商业零售、酒店、餐饮等产业功能。

　　从区域和城市范围来看，站城融合有利于城市空间有效拓展和结构整合优化、调整完善产业布局。比如哥本哈根的"指形规划"（The Finger Plan，1947）中，市郊铁路和地铁构成了引导城市增长期望的增长轴（图8-10）。我国的站城融合也与主要城市群的资源共享、协同发展息息相关，城际铁路的建设与1h通勤圈战略的提出不谋而合，比如2019年开通的穗深城际铁路，设计时速在140km，全线设15座车站，从新塘南站到深圳机场站最快仅需53min，其中新塘南站还被认为是我国第一座铁路TOD车站，推动了粤港澳大湾区珠江东岸香港、深圳、广州的经济、生活一体化。

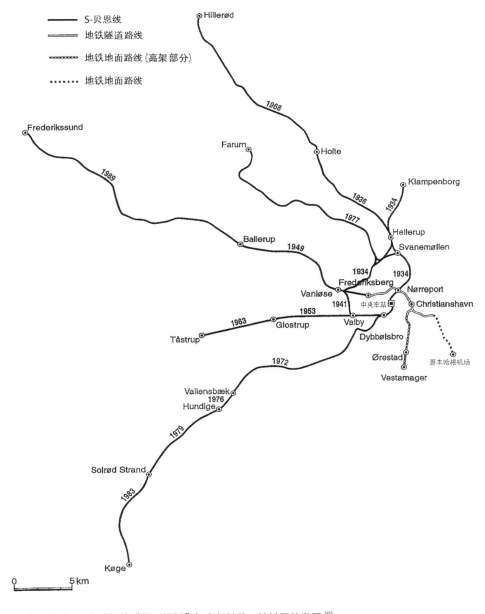

图 8-10　哥本哈根的"指形规划"与市郊铁路、地铁网的发展 [9]

从车站地区来看，站城融合有利于激发市场活力、增加投资热度、拉动物业升值。比如著名的"铁路+物业"模式，使得港铁连年盈利，沿线地铁站地区成为香港最具吸引力的区域，约42%的家庭、43%的就业人口、75%的商业和办公楼都位于地铁站半径500m以内[10]，虽然是城市轨道，但其经验同样可以用于铁路轨道车站地区。大阪梅田区域，也随着大阪车站、梅田车站等一系列车站的改造升级和周边地区的建设发展，逐步成为大阪、关西地区乃至整个日本最具经济活力的新中心（图8-11、图8-12）。英国伦敦的国王十字车站和欧洲之星伦敦站所在的圣潘克拉斯国际车站也在伦敦市中心150年来规模最大的区域重建项目中，逐步复兴形成新的城市组团，三星、谷歌、Facebook等科技公司入驻、Coal Drops Yard购物中心入驻、制造业巨头Rolls-Royce入驻，南丰、乐高家族相继买入国王十字资产，使得古老的国王十字区越来越爆发出巨大的活力。这些城市的经验表明，"价值捕获"——一种旨在捕捉新基础设施（尤其是交通）所创造的土地价值的基础设施融资概念，不仅对可持续金融有效，而且对可持续城市化也有效。

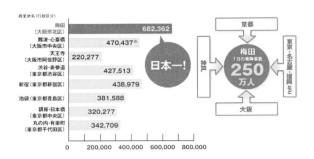

图8-11 日本全国商业店铺数排名

各施設情報は2020年3月現在のもの。

图8-12 大阪站梅田地区

3）社会价值

（1）公众交流

站城融合能够提升车站地区的环境质量、降低不安全的因素，将过去犯罪滋生的城市混乱区和封闭的纯交通区域的空间重塑、开放，转变为供市民游玩和交往的城市公共空间，打造成社会中不同人群会面、交流的大舞台。在车站中可以举办舞台表演、签售会、见面会、展览等（图8-13）。在各类旅客、游客、居民的交往中，有利于增强市民对城市的认同感和社会的凝聚力、向心力，有利于和谐与稳定。

（2）社会参与

站城融合坚持市场导向，鼓励多参与主体，充分发挥市场对资源要素的主导性作用。过去政府和铁路部门主导的建设具有全局的战略观，但却难以面面俱到，中小业主的诉求往往容易在大局中被忽略。而通过让渡权力和激励机制鼓励多主体参与车站地区建设、经营的前期决策和后期运营中，不仅有助于促进政府与市场的对话和协作，达成共识、保障各方利益和避免冲突，还能够充分发挥人们的主观能动性，激发实时创新。

图 8-13　铁路车站内的社会活动

（3）城市公平

站城融合提高了人居环境质量，有利于市民安居乐业。站城融合在提升地区市场活力的同时，也创造出了更多的就业岗位和创业机会，尤其是一些位于城市边缘的新开发车站，在合理规划和开发下，会逐步形成良好的社群乃至新城；与此同时，便利的交通为通勤者提供了更广阔的选择，相对城市公共交通，铁路能够辐射的范围更远、速度更快，通勤者可以在市中心工作而在这些新城租住或者置业。

4）文化价值

（1）建筑艺术价值

①历史建筑

铁路车站作为城市中的标志性建筑，很多时候本身就具有极高的历史价值，有些时候，车站地区本身也就是历史街区。如2014年被英美杂志*Mashable*授予世界上最美丽的火车站第一名的比利时的安特卫普中央车站，保留了1895～1905年间由路易·德拉肯塞里设计的石砌圆顶终点站大楼，拥有"铁路大教堂"的美称（图8-14），同时车站又紧邻世界上最古老的动物园之一——安特卫普动物园，与车站大楼共同构成了旅游观光的必经之地。

过去，历史建筑与开发建设冲突时，建筑保护往往会给发展让路。然而，除了可以直接创收的旅游价值以外，历史建筑能够增强地方辨识度、打造地方特色、吸引外来人群、创造新消费热点，在差异化竞争的背景下，其间接创造的经济价值可能远胜于舍弃历史建筑得到的短期、粗放的经济增长。而历史文脉、集体记忆方面的隐藏价值更是无法估量。现如今，历史建筑的价值日益得到重视，一些因各种原因损毁或部分损毁的建筑被修复重建，或者在站内修建博物馆，与新建区融合共生。

②新兴建筑

当代新建或重建的铁路车站，虽然没有历史建筑那般厚重，但许多由当代建筑名家打造，运用新

图 8-14 安特卫普中央车站大楼及候车厅

理念，更加合乎当代城市生活，也有极高的观赏和游览价值。同时，新兴建筑往往与新媒体、新业态结合，既能够广泛地传播以获取知名度，又迎合了时下年轻人的喜好，从而成为新的网红打卡圣地。比如MAD改造的嘉兴火车站，以"森林中的火车站"为概念，创造出日常、开放、绿色、人文的新型城市公共空间（图8-15）；又比如SOM改造的宾夕法尼亚车站的莫伊尼汉列车大厅宏伟的玻璃穹顶，一方面在唤回对宾夕法尼亚车站建筑遗产的记忆，另一方面其所营造出光明、敞亮的新空间也在昭示往后的辉煌（图8-16）。

图 8-15 嘉兴火车站   **图 8-16** 宾夕法尼亚车站

（2）文化传播价值

铁路车站作为旅行的出发点或收束点，往往可能也是一段生活的开始或结束；作为与亲朋好友告别或见面的场所，在人的情感经历中亦有特殊的象征意义。在许多名家著作中，铁路车站会化身成为故事的重要舞台，并因为著作及其改编、衍生的电影、舞台剧等形式的作品的影响力而广泛传播。

国王十字车站在《哈利·波特》作品中被虚构了一个9¾站台，在每部作品中都是主角出发去魔法学校和结束学校生活的地点，在作品的爱好者看来，这也是一个通往魔法世界的入口，成为其"朝圣"之地。车站为此开设了主题商店，并仿造了故事里行李车穿过站台墙壁的场景，强化了其作为现实世界和魔法世界交界点的印象，为爱好者们圆梦。

在全球享有盛名的还有与帕丁顿车站同名的"帕丁顿熊"。憨态可掬的帕丁顿熊受到了世界各国少年儿童的喜爱，帕丁顿车站的形象也在他们的心里扎了根。为此，帕丁顿车站也专门设立了帕丁顿熊的展示处和商品售卖馆，不仅满足了专程前来的孩子们，也吸引了一般游客们的目光、令其驻足，反过来也进一步扩大了作品的影响力。

作为故事舞台的车站不仅仅与现实中的城市生活相融合，还与人们幻想中的世界相融合，体现了更高层次的精神需求。故事和车站成为各自的代言，共同创造出一个大的文化形象，其中也蕴含着巨大的商业价值。

（3）文化产业/消费价值

对于占据更大比例的既没有恢宏建筑、也缺乏故事背景加持的普通铁路车站，文化的打造同样是其站城融合中的重要议题。通过打造"吸睛"的文化符号，同样能够吸引更多人专程前来，创造出更丰富的价值。社会以及经济发展到今天，纯粹依靠产品的基本使用属性已经难以满足消费者的需求，文创产业、体验经济和文化消费等成为新热点。文化消费推动世界主要城市响应资本的需求，以都市竞争的方式追求城市更新，使得城市景观标准不断提高，以独特的魅力吸引旅游、投资和商业活动等，兼具统一性和差异化的铁路客站枢纽成为城市内部空间转型的表征[11]。

总之，站城融合不是单一价值的增加，而着眼于整体价值的最大化。单一价值在车站地区的发展过程中，会因为边际递减效应而逐步失去增长性，从长远来看是无法为继的；唯有推动车站交通与城市经济社会生活之间的良好互动，根据车站自身定位和特色、挖掘更多的交通、经济、社会和文化中新的价值增长点，车站地区才会拥有持续发展的可能。

8.4
站城融合的切入点

8.4.1　以人为本的设计观和决策观

站城融合目标下的最终服务对象是人，为人的多样化选择性行为创造舞台；站城融合决策的根本出发点和最终评判站城融合的标准都是满足人日益变化和提升的需求。

1）新的出行方式与新客群

随着区域一体化、城市进一步集群发展，城际出行的需求也迅速提升。既有区域服务型企业带来的高频次差旅的商务人群，又有出于控制生活成本而居住在中小城市往返大城市中心上班的通勤人群，还有中短途目的地旅行，体验休闲生活的旅行爱好者和新媒体从业者等，更有在多个城市间走亲访友的旅客。

根据中国城市规划设计研究院长三角地区2018年10月的LBS数据，工作日日均跨市商务、小长假日均跨市休闲联系量分别占总出行人数的1.65%和2.51%，跨市通勤人数占1.58%；钮心毅等通过对长三角城市群16个城市的联通手机用户匿名信令数据研究发现上海周边城苏州市、嘉兴市、南通市、无锡市等地与上海已形成一定规模跨城通勤双向联系。可以预见，随着社会联系和经济流通的进一步加强，在主要城市群内，未来此类旅客的占比还将继续上升。并且，由于城际铁路运行的相对稳定、快速和物美价廉，会有相当一部分旅客选择铁路出行。

对于这一类新型旅客的行为习惯加以研究，在设计上予以考量，在规划和决策中进行引导，有利于长远的站城共同发展的。这类旅客的出行特点是，不仅要能够快速进出站、换乘以及灵活乘车，更需要车站及车站地区提供餐饮、休闲、会议、办公、社交等功能；同时，这类旅客的消费特点是，愿意为更快捷、舒适、差异化的服务支付相对较高昂的价格，这样就为站城融合提供了更大的价值提升空间。

2）旅客与市民的多元化、精细化的需求

国民生活水平的提高是整体性的，不仅仅是城际商务通勤和休闲旅客，大部分旅客对铁路出行的服务水平、场所品质也已经提出了更高的要求。当前铁路及车站服务水平已经能满足旅客的一般出行需求，与交通配套的餐饮食宿服务质量也已显著提升，但对于多元化、精细化的需求则仍有欠缺。比如，母婴哺乳、无障碍等体现社会关怀的空间的设置，AED、人工或智能向导等救急型的精细化设施，图书室、咖啡厅、网吧等为旅客候车提供闲暇时消遣、或是满足旅客临时查阅资料、发送邮件和线上会议的各类场所。

需要注意的是，站城融合不但面向铁路旅客，更面向广大市民。因此，站城融合不仅应考量与交通相关的那些需求，更应该考虑当代市民新生活中的种种需求。站城融合所针对的并非只是当下，更是面向未来的发展，因此要根据铁路车站所在城市能级和车站自身定位，将未来车站地区的各类使用者和他们的需求纳入决策与规划中，把车站地区打造成新的城市活跃区块。

8.4.2 空间活力和市场活性

市场具有实时、灵活的特点，能够积极地反馈企业和个人的需求和敏感地反映其动向，有效地调整价格、供求、竞争、激励以及约束，在资源配置中起决定性作用。在特定城市空间中，全面和多元化的市场能够有效地激发人们参与社会生产生活活动，从而构成空间活力的必要条件。

对于铁路车站地区的开发而言，脱离市场，既可能表现为忽视需求，也可能表现为夸大需求。前者会导致车站地区发展的价值单一化、片面化，往往以单一交通价值为导向，缺少生产、流通和消费的各项活动，人们除了搭乘交通工具之外很少有其他的选择，空间缺失了选择性的活动，就没有了活力；后者常见于中小城市的高铁新城，往往照搬国内外的车站地区开发典型案例，却远远超出了车站所在的城市或者地区的实际市场容量，导致造出的大片办公楼、会展中心和住宅空置，巨大的空间中却没有人的活动，美好的愿景和真实的发展情况脱节。

因此，要充分激活车站地区的空间，必须发挥市场在资源配置中的决定性作用。在我国，铁路车

站的建设与地区开发通常是由铁路部门和地方政府分别主导的，国情决定牵头者必然是公共部门，但如今也越来越重视社会资本、市场运营的力量。从自上而下的策略向自下而上的思路转变，政府退出了对大包大揽，逐步成为幕后提供引导、支持的公共服务者。投资方面，从政府转变为政府引导社会投资，通过政府搭建的投资平台如交通平台、城建平台引入开发商获取土地和项目、参与开发。运营方面，BT（Build-Transfer，建设—转让）模式或者BOT（建设—运营—转让，Build-Operate-Transfer）模式备受推崇，既能帮助企业以较低的成本获取政府开发项目，也有助于企业多元化发展。

国外的铁路开发和经营主体相对多元，有国营铁路部门、政府、地方公共团体这些公共机构，也有私营铁路公司、民间资本等。以日本东京为例，既有国有铁道公司JR，也有大型民营铁路。日本铁路曾经一度全部国有化，但利润低下、负债不断扩大，因此在1987年后，对国有铁路分割民营化。现如今，几大民营公司的盈利都在100%以上，甚至更高，它们的经营范围除去交通运输，还包括土地和商业地产的开发，公共汽车、计程车、旅游观光、饭店设施以及大型百货公司的运营[12]，采用"多源融资、分工建设、共同开发、收益还原"的综合开发机制[13]（图8-17）。

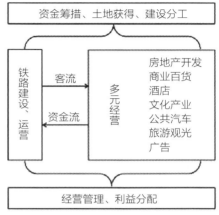

图 8-17　日本铁路多元经营模式框架[14]

8.4.3　协同发展的制度和政策

1）车站地区的开发主体与发展模式

站城融合是大型和长期的城市项目，铁路车站地区的开发过程中涉及多种参与主体：铁路公司、政府、投资与开发商、规划与设计部门、建设部门、物业和业主等。同时，站城融合也面临着土地、建设、市场、法律、政策等多重风险，建立一个有效的合作机制能够统筹各方利益，整合相关要素，规避潜在风险[14]。面对站城融合过程中的复杂主体，重要的是处理公共职能部门与私人机构之间的关系。我国的铁路车站地区开发是由国家铁路部门和政府的城市部门主导的，那么国外同样由政府牵头的项目将十分具有参考意义。在政府发展模式中，在公共和私人机构之间围绕空间开发构建紧密的发展关系（PPP：Public-private Partnership）被认为是一种典型的发展模式[15]。

以"欧洲之星"里尔站为例，1988年2月，里尔的公私合作章程被发布，旨在评估里尔车站地区城市发展的可行性，在PPP基础上建立了政策—管理—技术三方合作机制。里尔市市长莫鲁瓦负责政策方面，作为政府代言人协调各国及地方政府、法国国家铁路公司（SNCF）、银行与商业协会以及市民团体之间的关系，负责各个不同机构的协商，将里尔作为巴黎—伦敦—布鲁塞尔三条高铁线路中转的关键节点，并敲定里尔老城中心的边缘作为高铁站点的选址的核心力量；领土设备中央公司前董事巴罗托负责管理从吸引投资到开发和商户的全过程，同时也是协调政治与技术的中间力量；库哈斯通过竞赛赢得了技术顾问的职务，负责站点地区的规划、主要建筑的设计以及担任该地区多数建筑设计的顾问。

2）站城协同发展需要制度和政策革新

而由于协同经验的相对滞后，我国铁路车站地区的开发存在着大量"条块分割"现象，导致资源无法互通和充分被利用，成为制约站城融合的重大因素。

立项决策阶段，国家发改委主管高速铁路的立项及审批，地方政府和中国铁路总公司共同决定线位规划和站房选址，但对于很多地方城市而言，铁总对决策的影响力更强，导致线位规划和站房选址往往远离城市，更利于交通线路的分布而非城市的发展。

开发建设阶段，铁总主导铁路车站的建设和管理，地方政府主导站房红线外包括站前广场、交通及配套工程，铁总与地方政府管理权责边界分明；并且，由于我国的土地性质被严格限定，要在交通地块进行综合开发需要变更土地性质，在没有利益保障的前提下，铁路主管部门不会同意在其红线范围内进行商业开发[16]。此外，城市各部门之间的管理也存在割裂，比如城建和交通部门之间的沟通与合作顺利与否，也会极大影响到车站地区的建设质量。

国外车站地区开发的各参与主体，往往是在利益的驱动下来共同协商。针对我国国情，利益协同固然也是必要的，但为确保站城融合的顺利实现，更需要依靠政策和制度保障。国家层面需要加强站城融合对城市发展具有积极促进作用的认识，从政策上明确站城共同发展的总方向，并逐步推进土地混合使用的弹性制度，以确保站城融合有法可循；铁路总公司与地方政府在前期决策时，应更多地从区域和城市发展的方向来制定指导性的规划纲领，不仅涉及物质空间规划，更要包括土地开发周期、市场定位、风险应对、发展机制多层面[17]；在开发阶段，要建立各参与方沟通的平台，构建开发全过程框架，尤其要注意可能会发生权责交混的复杂地带，预留商议和变更的空间。

本章参考文献

[1] Maslow A H. A theory of human motivation[J]. Psychological review，1943，50（4）：370.

[2] Bertolini L, Spit T. Cities on rails: The redevelopment of Railway Stations and their surroundings[M]. London; E & FN Spon, 1998：9.

[3] Bertolini L. Spatial development patterns and public transport: the application of an analytical model in the Netherlands[J]. Planning Practice and Research, 1999, 14（2）：199-210.

[4] Peek G J, Bertolini L, De Jonge H. Gaining insight in the development potential of station areas: A decade of node-place modelling in The Netherlands[J]. Planning, Practice & Research, 2006, 21（4）：443-462.

[5] 宋文杰，史煜瑾，朱青，张文新，丁俊翔. 基于节点—场所模型的高铁站点地区规划评价——以长三角地区为例[J]. 经济地理，2016，36（10）：18-25，38.

[6] Van Bakel M. Stedelijke ontwikkeling van knooppunten in de Deltametropool: Een model dat een keuze voor de locatie van te ontwikkelen knooppunten kan onderbouwen[D]. Utrecht, University Utrecht, 2001.

[7] 丁志刚，孙经纬. 中西方高铁对城市影响的内在机制比较研究[J]. 城市规划，2015（7）：25-29.

[8] 戴一正，程泰宁，陈璞. "站城融合发展"初探[J]. 建筑实践，2019（9）：16-23.

[9] Knowles R D. Transit oriented development in Copenhagen, Denmark: from the finger plan to Ørestad[J]. Journal of transport geography, 2012, 22：251-261.

[10] YIN Ziyuan. Study on Relationship between Catchment and Built Environment of Metro Station in Hong

Kong and Shenzhen[D]. Hong Kong: City University of Hong Kong, 2014.

[11]　榎戸敬介. 視覚的消費をとおした都市再開発：東京駅周辺地区のリ·デザイン[J]. 千葉商大紀要，2018，55（2）：15-26.

[12]　蒋俊杰. 日本市郊轨道交通发展模式[J]. 都市快轨交通，2017（3）：124-128.

[13]　土屋仁志. 近代日本铁路企业的多元化经营与城市商圈的形成[J]. 国际城市规划，2014（3）：35-40.

[14]　李传成，毛骏亚. 日本铁路公司土地综合开发盈利模式研究[J]. 铁道运输与经济，2016（10）：83-89.

[15]　殷铭，汤晋，段进. 站点地区开发与城市空间的协同发展[J]. 国际城市规划，2013，28（3）：70-77.

[16]　Moulaert F, Rodríguez A, Swyngedouw E. The Globalized City: Economic Restructuring and Social Polarization in European Cities[M]. Oxford: Oxford University Press, 2003.

图表来源

第1章

图1-1 https://en.wikipedia.org/wiki/File:High_Speed_Railroad_Map_of_the_United_Kingdom.svg

图1-2 作者自绘.

图1-3 作者自绘.

图1-4 百度地图大数据. 中国城市群出行分析报告[R]. 2016.

图1-5 李伟. 借鉴世界城市经验论北京都市圈空间发展格局[A]. 中国城市规划学会. 多元与包容——2012中国城市规划年会论文集[C]. 昆明:云南科技出版社，2012：98-111.

图1-6 Calthorpe, P. The Next American Metropolis: Ecology, Community, and the American Dream[M]. New York: Princeton Architectural Press, 1993.

图1-7 赵倩丽，陈国伟. 高铁站区位对周边地区开发的影响研究——基于京沪线和武广线的实证分析[J]. 城市规划，2015.

图1-8 王昊，胡晶，赵杰. 高铁时期铁路客运枢纽分类及典型形式[J]. 城市交通，2010，8（4）：7-15.

第2章

图2-1 https://www.networkrail.co.uk/stations/liverpool-street/

图2-2 https://www.tokyoinfo.com/access/gate/

图2-3 https://www.kyotostation.com/

图2-4 https://www.madrid-guide-spain.com/atocha.html

图2-5 https://saitoshika-west.com/blog-entry-770.html

图2-6 https://www.foraldraledighet.se/vallingby

图2-7 https://www.frameweb.com/news/benthem-crouwel-architects-undulating-steel-waves-entice-more-travellers

图2-8 https://www.tokyu.co.jp/shibuya-redevelopment/shibuya/index.html

图2-9 http://shinjuku-busterminal.co.jp/

图2-10 https://www.som.com/projects/broadgate__exchange_house

图2-11 谷歌地球.

第3章

图3-1～图3-5 作者自绘.

图3-6 左/谷歌地球，右/https://www.gmp.de/cn/projects/463/berlin-central-station

图3-7 左/谷歌地球，右/http://www.designwire.com.cn/post/15057

图3-8 本章参考文献[15].

图3-9 维基百科.

图3-10 http://m.cila.cn/uploadfiles/201512/3446161.jpg

图3-11 https://www.163.com/dy/article/DNQ6VO1H051484CH.html

图3-12 https://www.sohu.com/a/213416089_249626

图3-13 作者自绘.

图3-14 https://www.bau.fraunhofer.de/en/press_events/events/bcc2016/bcc2016-cn/ud/lcbc.html

图3-15　https://www.163.com/dy/article/EJ3KMKGL0514FD4Q.html

图3-16　https://www.sohu.com/a/272913533_651721

图3-17　https://www.meipian.cn/1jebr3t5

图3-18　https://www.sohu.com/a/457222047_332290

图3-19　http://baijiahao.baidu.com/s?id=1710945013578008610

第4章

图4-1　https://www.sohu.com/a/274561853_313175

图4-2　谷歌地球.

图4-3　http://www.china-dftlxh.cn/Tdetails.html?id=26&detailsId=1461

图4-4　改绘自https://m.sohu.com/a/358819939_234784

图4-5　http://www.csueus.com/News/ShowArticle.asp?ArticleID=80

图4-6　https://www.163.com/dy/article/CUL518IJ0515C3JA.html

图4-7　https://www.archdaily.cn/cn/922367/su-li-shi-zhong-yang-che-zhan-durig-ag

图4-8　谷歌地球.

图4-9　https://www.sohu.com/a/165382039_656518

图4-10　https://www.jzda001.com/index/index/details?type=1&id=6546

图4-11　上-作者自摄，下-谷歌地球.

图4-12　谷歌地球.

图4-13　作者自摄.

图4-14～图4-16　谷歌地球.

图4-17　本章参考文献[40].

图4-18～图4-20　https://www.sohu.com

图4-21　http://www.tod-center.com/a/share/tod/2016/1103/192.html

表4-1　本章参考文献[39].
表4-2～表4-4　作者自绘.

第5章

图5-1～图5-3　作者自绘.

图5-4　https://www.m.zhybb.com

图5-5　https://www.sohu.com/a/320051110_493897

图5-6　作者自绘.

图5-7　百度街景.

图5-8　谷歌地球.

图5-9　作者自绘.

图5-10　冯-格康，玛格及合伙人事务所. 柏林中央火车站[J]. 世界建筑，2018，（4）：48-55.

图5-11　作者自绘.

图5-12、图5-13　谷歌地球.

图5-14　作者自绘.

图5-15　左-谷歌地球，右-作者自绘.

图5-16～图5-22　作者自绘.

图5-23　郑健．"新时代站城融合协同发展"[R]．中国站城融合发展论坛大会报告.

图5-24　谷歌地球.

图5-25　左-https://www.city.osaka.lg.jp/toshikeikaku/page/0000005277.html，中-https://www.sansokan.jp/
tyousa/movement/kouzou/osaka2012/2012_3_2.html，右-https://www.sansokan.jp/tyousa/movement/
kouzou/osaka2013/2013_3_2.html

图5-26　https://www.sansokan.jp/tyousa/movement/kouzou/osaka2014/2014_3_2.html

图5-27　https://umeda-connect.jp/concept

图5-28、图5-29　改绘自https://www.plowmancraven.co.uk/projects/kings-cross-central/

图5-30～图5-33　作者自绘.

图5-34　https://plateauview.jp/

图5-35　改绘自https://www.arup.com/projects/broadgate-placemaking-strategy

图5-36　https://www.broadgate.co.uk/

图5-37　左-改绘自https://www.jreast.co.jp/e/press/2012/pdf/20120902.pdf，右-雅虎地图.

图5-38　改绘自https://hywang.myportfolio.com/shinjuku-station-study

图5-39　https://www.sohu.com/a/368465897_260595

图5-40　https://www.archdaily.pe/pe/02-200893/foster-partners-re-imagina-la-celebre-grand-central-
station?ad_medium=gallery

图5-41　作者自绘.

表 5-1　作者自绘.

第6章

图6-1、图6-2　本章参考文献[1].

图6-3　作者自绘（数据来源：维基百科）.

图6-4　作者自绘（数据来源：上海交通指挥中心）.

图6-5～图6-8　作者自绘（数据来源：维基百科、高速与城市）.

图6-9　作者改绘（数据来源：参考文献[5]）.

图6-10　作者改绘（数据来源：2018年中国城市通勤研究报告）.

图6-11～图6-13　作者自绘（数据来源：维基百科）.

图6-14　作者自绘（数据来源：上海交通指挥中心）.

图6-15　作者自绘（数据来源：本章参考文献[5]）.

图6-16　作者自摄.

图6-17～图6-22、图6-24、图6-26、图6-29、图6-30　作者自绘.

图6-23、图6-27　谷歌地球.

图6-25　谷歌地球（左），百度百科（右）.

图6-28　本章参考文献[28].

图6-31　http://www.baohe.gov.cn/xxgk/zzjg/qzfbm/nzzgb/gynz/nzdt/6294491.html

图6-32　http://zzhz.zjol.com.cn/system/2013/11/12/019700588.shtml; https://zhuanlan.zhihu.com/

p/163862379

图6-33 www.nytimes.com（左），www.archdaily.com/286857/which-grand-central-vision-is-the-best-for-new-york?ad_medium=gallery（右）

图6-34 左-www.pinterest.com，右- www.ucl.ac.uk

图6-35 本章参考文献[27]（左），http://www.360doc.com/content/19/1128/11/32324834_876089014.shtml（右）

图6-36 作者改绘自百度地图.

图6-37 作者自摄.

图6-38 作者自绘.

图6-39 根据百度地图绘制.

图6-40 http://image.baidu.com

图6-41 改绘自https://www.gmp.de/cn/projects/463/berlin-central-station

图6-42 https://www.gmp.de/cn/projects/463/berlin-central-station

图6-43 www.dutchrailsector.com/rail/den-haag-centraal/

图6-44 作者自绘.

图6-45、图6-46 根据谷歌地球改绘.

图6-47 作者自绘.

图6-48 改绘自百度图库.

图6-49 改绘自www.detail-online.com.

图6-50 作者自绘.

图6-51 根据百度地图绘制.

图6-52 作者自绘/自摄/谷歌地球.

图6-53 作者自绘.

图6-54 根据百度地图绘制.

图6-55 作者自摄.

图6-56 本章参考文献[16].

图6-57 根据百度地图绘制.

图6-58 左-http://www.map.youtube.com，右上-www.mvrdv.nl，右下-www.cdnews.co.kr

图6-59 http://www.360doc.com/content/19/1128/11/32324834_876089014.shtml

图6-60 作者自绘.

图6-61 本章参考文献[29].

图6-62 本章参考文献[30].

图6-63 中国站城融合发展战略研究论坛报告.

图6-64 谷歌地球/根据谷歌地图绘制.

图6-65 根据谷歌地球绘制.

图6-66 谷歌地球.

图6-67 陈杰绘制.

图6-68 王馨竹绘制（左）、本章参考文献[30]（右）.

图6-69 根据百度地图绘制/自摄改绘.

图6-70 谷歌地球.

图6-71 中联筑境设计方案.

图6-72　左-作者自摄，右-作者自绘.

图6-73　Arup公司报告.

图6-74　改绘自www.pinterest.com

图6-75　谷歌地球.

图6-76　www.nikken.co.jp，谷歌地球.

表6-1　作者自绘.

第7章

图7-1、图7-2、图7-4、图7-6、图7-27、图7-35、图7-37　作者自绘.

图7-3、图7-8、图7-20、图7-21、图7-23、图7-48　改绘自谷歌地球.

图7-5　左-https://www.360kuai.com/pc/960727c2daa27f26a?cota=4&tj_url=so_rec&sign=360_7bc3b157，中-https://zhuanlan.zhihu.com/p/34075026，右- http://www.rkghbl.com/digital.asp?genusid=1441

图7-7、图7-10、图7-11、图7-15、图7-19、图7-25、图7-32、图7-36　谷歌地球.

图7-9　上-谷歌地球，下-参考文献[20]，右-作者自摄.

图7-12　上左（1927）ZIJLSTRA J,LANSINK V .Utrecht Centraal : Het station in beeld 1843 – 2016[M]. Utrechts : Beeldbank Het Utrechts Archief, 2016
上右（1969）https://www.reddit.com/r/InfrastructurePorn/comments/5gva5x/utrecht_central_station_netherlands_in_1969_2001/
下左（2000）https://www.youtube.com/watch?v=brb-KljQwH8
下右（2020）https://www.aerophotostock.com/media/ff6d79c1-8594-4b9b-9823-3121ad4081bf-utrecht-station-utrecht-centraal-het-stadskantoor-en-de-jaar

图7-13　上左-作者自摄，上右、下-本章参考文献[23][24].

图7-14　上-作者自绘，下-https://www.archdaily.cn/cn/782864/hai-ya-zhong-yang-che-zhan-zhuan-xing-gai-zao-xiang-mu-benthem-crouwel-architects

图7-16　https://ui.kpf.com/blog/2016/2/2/history-of-grand-central-terminal-development

图7-17　本章参考文献[21].

图7-18　作者自绘.

图7-21　上左、下右-谷歌地球，上右、下左-本章参考文献[22].

图7-22　https://www.nippon.com/en/views/b07801/

图7-24　上-改绘自谷歌地球，下-改绘自百度地图.

图7-26　https://www.sohu.com/a/143919288_805299

图7-28　上-https://www.archdaily.cn/cn/772004/lu-te-dan-zhong-yang-huo-che-zhan-benthem-crouwel-architects-plus-mvsa-architects-plus-west-8/54b87ae4e58ecee5db0000e5-render，下-作者自摄.

图7-29　左-Masterplan Stationsgebied Utrecht[R]. Gemeente Utrecht,2004. 右-谷歌地球.

图7-30　左-作者自摄，右-https://www.douban.com/doulist/30363714/

图7-31　左-https://www.tokyoinfo.com/access/gate/，右-谷歌地球.

图7-33　上-作者自绘，下-https://www.som.com/projects/201_bishopsgate_and_the_broadgate_tower，右-谷歌地球.

图7-34　左-http://www.cnmzppw.com/tv/20191212104007.html，右-https://www.sohu.com/a/400575661_

281835

图7-38 上-https://www.gooood.cn/utrecht-central-station-by-benthem-crouwel-architects.htm?central_mobile=true，下-https://cu2030.nl/

图7-39 https://mp.weixin.qq.com/s/5XNROiQj5pvrAzJSCsFUCg

图7-40 上左-https://www.archdaily.com/，上右-百度地图，下左-https://www.ectorparking.com/fr/blog/les-navettes-laeroport-de-lyon-saint-exupery/，下右-https://en.wikipedia.org/wiki/Gare_do_Oriente#/media/File:Esta%C3%A7%C3%A3o_do_Oriente,_Lisboa,_Portugal_(19198862262).jpg

图7-41 上左-https://www.archdaily.com/，上右-https://architectenweb.nl/media/illustrations/2014/10/6ae0eabf-4aaa-4ad6-8c63-0e8849c69869_1080.jpg，下左-http://wenhui.whb.cn/zhuzhan/jjl/20210407/399159.html，下右-谷歌地球.

图7-42 上左-https://upload.wikimedia.org/wikipedia/commons/d/d0/Jiaxin_Station.png，上右-https://www.archdaily.cn/cn/954786/mad-jia-xing-huo-che-zhan-shi-gong-zhong-jiu-zhan-fang-xin-sen-lin，下左作者自摄，下右-https://www.tsunagujapan.com/how-to-spend-a-whole-day-in-tokyo-station/

图7-43 上左-https://www.shutterstock.com/image-photo/belgium-antwerp-station-building-splendid-monument-665545657，上右-作者自摄，下-谷歌地球.

图7-44 作者自绘，数据来源：中国站城融合战略论坛调研报告.

图7-45 作者自绘，数据来源：本章参考文献[21].

图7-46 米兰中央车站、鹿特丹中央车站-谷歌地图，嘉兴站-https://www.archdaily.cn/cn/954786/mad-jia-xing-huo-che-zhan-shi-gong-zhong-jiu-zhan-fang-xin-sen-lin?ad_source=search&ad_medium=search_result_all

图7-47 欧洲里尔站、东京涩谷站、京都站-谷歌地球，深圳西丽站-https://dc.sznews.com/content/2020-03/10/content_22943604.htm，http://www.sznews.com/news/content/2020-11/10/content_23707519_3.htm

表7-1 作者自绘，数据来源：王中原. 火车站站前广场人性化设计研究[D]. 武汉：武汉理工大学，2017.

第8章

图8-1 https://commons.wikimedia.org/wiki/File:Broad_Green_railway_station.jpg

图8-2 http://www.tokyostationcity.com/learning/about_tsc/

图8-3 Peek G J, Bertolini L, De Jonge H. Gaining insight in the development potential of station areas: A decade of node-place modelling in The Netherlands[J]. Planning, Practice & Research, 2006, 21（4）: 443-462.

图8-4 https://www.topys.cn/article/30334.html

图8-5 2014年度の各社有価証券報告書，K.I.T.虎ノ門大学院三谷宏治 制.

图8-6 https://www.thepaper.cn/newsDetail_forward_1587698.

图8-7 谷歌地球.

图8-8 https://www.tokyu.co.jp/shibuya-redevelopment/

图8-9 https://nieuws.ns.nl/station-utrecht-centraal-in-teken-duurzame-week/

图8-10 Knowles R D. Transit oriented development in Copenhagen, Denmark: from the finger plan to Ørestad[J]. Journal of transport geography, 2012 (22): 251-261.

图8-11 （日）全国大型零售商店总览2014[J]. 东洋经济新报社，2013.

图8-12　https://umeda-connect.jp/concept/

图8-13　作者自摄.

图8-14　https://en.wikipedia.org/wiki/Antwerpen-Centraal_railway_station

图8-15　https://www.gooood.cn/jiaxing-train-station-china-by-mad.htm

图8-16　https://www.som.com/china/projects/moynihan_train_hall

图8-17　李传成，毛骏亚. 日本铁路公司土地综合开发盈利模式研究[J]. 铁道运输与经济，2016（10）：83-89.

感谢所有提供资料、图片的单位和个人（编写组联系邮箱：arch-urban@163.com）

致谢

本书的成果,从研究立项到全文完成,要感谢许多人的支持。

首先,我们要感谢中国工程院院士、全国工程勘察设计大师程泰宁先生和中国国家铁路集团有限公司郑健总工程师,在他们的主持和组织下,我们得以在中国工程院的重大课题平台上,与中国城市规划设计研究院、东南大学、国家铁道部第四勘察设计研究院、中联筑境等规划设计研究机构的同行们互相学习,共同完成这项工作。

我们要感谢我国著名的城市设计实践者、俄罗斯艺术与科学院名誉院士、同济大学教授卢济威先生,他对"站城一体化"独特的思考和深入浅出的经验分享,鞭策和激励着我们不断突破习惯思维迎接挑战。

感谢全国工程勘察设计大师、中国城市规划设计研究院前院长李晓江先生,株式会社日建设计公司执行董事中国区总裁陆钟骁总建筑师、城市项目总部高级规划设计张晓辉总监,株式会社日本设计公司的葛海瑛首席设计师,法国AREP设计集团的姜兴兴总裁,AECOM公司执行董事中国区TOD负责人陈国欣先生,通过和他们的交流以及多个项目的资料分享,使我们拥有更宽广的视野,也对我国的"站城融合"发展更有信心。

感谢中国城市规划学会城市设计学术委员会和中国建筑学会地下空间学术委员会,在朱子瑜主任和沈中伟主任的组织下,每次学术交流活动都使我们获得更多的理念和灵感,践行"知行合一"之路。

感谢全国工程勘察设计大师中铁四院的盛辉总建筑师、中铁二院的金旭炜总建筑师、中国铁路设计集团的周铁征总建筑师、同济大学建筑设计研究院轨道分院的魏巍总建筑师、华东建筑设计总院的付小飞副总建筑师、中联筑境的于晨副总建筑师以及同济大学的陈小泓教授、西南交大的崔旭教授、东南大学的王炜教授、香港大学的Alain Chiaradia教授以及重庆交通开投枢纽集团易兵副总工程师、仲量联行战略顾问部王萌总监、戴德梁行董事李鹏飞总监,他们关于项目策划、设计和开发实施的多次报告和交流,常常让我们项目组茅塞顿开、受益匪浅。

感谢东南大学的王静教授,对中国工程院课题"站城融合发展"战略研讨会和系列丛书的组织安排付出的心血,感谢中国建筑工业出版社原社长沈元勤、教育教材分社社长高延伟和陈桦、王惠两位编辑在丛书的立项申请、书稿排版、编辑审阅等方面给予了极大帮助和支持。

　　本书的顺利完成，要特别感谢参加撰写的戚广平副教授和王馨竹、周玲娟、张迪凡、杨森琪、赵欣冉、陈恩山，以及课题研究小组的袁铭、陈杰、张灵珠、吴姗姗、李丹瑞、姜明池、吴屹豪等，虽然他们来自多个设计、研究机构，但都为本课题的完成和丛书的出版做出了很大的贡献。

左手

2021年11月